普通高等教育"十三五"规划教材（计算机专业群）

MATLAB 程序设计教程

（第三版）

主　编　刘卫国

中国水利水电出版社
www.waterpub.com.cn
·北京·

内 容 提 要

本书是在第二版的基础上修订改写而成，全书基本保持第二版的体系结构，但更新了软件版本、充实了实例，使得全书内容更丰富、教学适应性更强。全书按照由浅入深、循序渐进的原则进行编排，在讲清有关数学背景及算法思想的基础上，介绍了 MATLAB 的功能，并结合实例介绍 MATLAB 的应用。全书主要内容有 MATLAB 操作基础、MATLAB 矩阵及其运算、MATLAB 程序流程控制、MATLAB 绘图、MATLAB 数据分析与多项式计算、MATLAB 解方程与最优化问题求解、MATLAB 数值积分与数值微分、MATLAB 符号运算、MATLAB 图形句柄、MATLAB 图形用户界面设计、Simulink 动态仿真集成环境以及 MATLAB 外部接口技术。

本书可作为高校理工科各专业大学生、研究生学习的教材，也可供广大科技工作者阅读使用。

图书在版编目（ＣＩＰ）数据

MATLAB程序设计教程 / 刘卫国主编. -- 3版. -- 北
京 : 中国水利水电出版社，2017.6（2025.1重印）
普通高等教育"十三五"规划教材. 计算机专业群
ISBN 978-7-5170-5395-8

Ⅰ. ①M… Ⅱ. ①刘… Ⅲ. ①Matlab软件－高等学校
－教材 Ⅳ. ①TP317

中国版本图书馆CIP数据核字(2017)第105368号

策划编辑：石永峰　责任编辑：张玉玲　加工编辑：郭继琼　封面设计：李　佳

书　名	普通高等教育"十三五"规划教材（计算机专业群） MATLAB 程序设计教程（第三版） MATLAB CHENGXU SHEJI JIAOCHENG
作　者	主　编　刘卫国
出版发行	中国水利水电出版社 （北京市海淀区玉渊潭南路 1 号 D 座　100038） 网址：www.waterpub.com.cn E-mail: mchannel@263.net（答疑） 　　　　 sales@mwr.gov.cn 电话：（010）68545888（营销中心）、82562819（组稿）
经　售	北京科水图书销售有限公司 电话：（010）68545874、63202643 全国各地新华书店和相关出版物销售网点
排　版	北京万水电子信息有限公司
印　刷	三河市德贤弘印务有限公司
规　格	184mm×260mm　16 开本　20.5 印张　502 千字
版　次	2005 年 3 月第 1 版　2005 年 3 月第 1 次印刷 2017 年 6 月第 3 版　2025 年 1 月第 10 次印刷
印　数	34001—37000 册
定　价	42.00 元

前　　言

20 世纪 80 年代出现了科学计算语言，亦称科学计算软件，MATLAB 语言就是其中之一。MATLAB 有矩阵实验室（MATrix LABoratory）之意，代表了当今国际科学计算软件的先进水平。MATLAB 起源于矩阵运算，但它将数值计算、符号计算、图形处理、系统仿真和程序流程控制等功能集成在统一的环境中，并具有与其他程序设计语言的应用接口以及许多面向特定应用领域的工具箱，在科学研究以及工程设计领域有着十分广泛的应用。

《MATLAB 程序设计教程》第一版于 2005 年 3 月出版，第二版于 2010 年 2 月出版。该书出版的十多年，也是 MATLAB 在我国得到不断普及和应用的十多年。时至今日，MATLAB 已经发展成为适合多学科、多平台，广泛应用于科学研究和工程应用领域的程序设计语言。从 2006 年起，MathWorks 公司每年发布两次以年份命名的 MATLAB 版本，其中 3 月份左右发布 a 版，9 月份左右发布 b 版，包括 MATLAB R2006a（7.2 版）、MATLAB R2006b（7.3 版）、…、MATLAB R2012a（7.14 版）。2012 年 9 月，MathWorks 公司推出了 MATLAB R2012b，即 MATLAB 8.0 版，该版本从操作界面到系统功能都有重大改变和加强，随后推出了 MATLAB R2013a（8.1 版）、MATLAB R2013b（8.2 版）、…、MATLAB R2015b（8.6 版）。2016 年 3 月，MathWorks 公司推出了 MATLAB R2016a（9.0 版）、2016 年 9 月推出了 MATLAB R2016b（9.1 版）、2017 年 3 月推出了 MATLAB R2017a（9.2 版），这是本书交稿时的最高版本，以后还会不断推出新的版本。在功能上讲，从 MATLAB R2012b 开始，MATLAB 的操作界面和基本功能是一样的，所以不必过于在意版本的变化。本书以 MATLAB R2016a（9.0 版）作为操作环境。

在 MATLAB 版本不断更新的同时，MATLAB 的应用领域也得到不断拓展，在许多学术刊物上都可以看到 MATLAB 的应用案例。在高等院校，无论是在课程教学，还是在课程设计、毕业设计等培养环节中，应用 MATLAB 已十分普遍，MATLAB 成为重要的解题工具，将 MATLAB 融入其他课程的教学以及教学环节成为改革传统教学的重要措施。许多高等院校将 MATLAB 语言列入培养方案，纳入计算机教育课程体系，开设了相应的课程。

《MATLAB 程序设计教程》一书出版后，被许多高校选做教材，受到同行及读者的欢迎，在此我们表示诚挚的谢意。为了适应新的技术发展要求，并总结教材前两版在教学过程中的体会与经验，更好地为教学服务，作者在本书第二版的基础上进行了合理的取舍，并作了许多修改、补充和完善，形成本书第三版。第三版基本上保持第二版的体系结构，但更新了软件版本、充实了实例，使得全书内容更丰富、教学适应性更强。

全书按照由浅入深、循序渐进的原则进行编排，在讲清有关数学背景及算法思想的基础上，介绍 MATLAB 的功能，并结合实例介绍 MATLAB 的应用。全书主要内容有 MATLAB 操作基础、MATLAB 矩阵及其运算、MATLAB 程序流程控制、MATLAB 绘图、MATLAB 数据分析与多项式计算、MATLAB 解方程与最优化问题求解、MATLAB 数值积分与数值微分、MATLAB 符号运算、MATLAB 图形句柄、MATLAB 图形用户界面设计、Simulink 动态仿真集成环境以及 MATLAB 外部接口技术。两个附录分别给出了 MATLAB 常用命令与函数分类索引表和 MATLAB 常用的 LaTeX 字符集，可供读者需要时查阅。

本书可作为高校理工科专业大学生、研究生学习的教材，也可供广大科技工作者阅读使用。本书配有电子教案及相关教学资源（案例、程序源代码等），读者可以从中国水利水电出版社网站（http://www.waterpub.com.cn）或万水书苑网站（http://www.wsbookshow.com）下载。

本书由刘卫国任主编。第1、9～11章由刘卫国编写，第2～5章由蔡立燕编写，第6、7章由童键编写，第8、12章由蔡旭晖编写。此外，参与讨论与部分编写工作的还有周欣然、曹岳辉、李利明、何小贤、刘泽星、刘胤宏、舒卫真、孙士闯、张娟、毛颖、邹奇林等。在本书编写过程中，吸取了许多老师、读者的宝贵意见和建议，在此表示衷心的感谢。

由于作者水平所限，书中难免出现不妥之处，敬请各位读者批评指正。

编者

2017年3月

目　　录

第 1 章　MATLAB 操作基础

20 世纪 80 年代出现了科学计算语言，亦称科学计算软件，MATLAB 语言就是其中之一。MATLAB 有矩阵实验室（MATrix LABoratory）之意，代表了当今国际科学计算软件的先进水平。MATLAB 起源于矩阵运算，但它将数值计算、符号计算、图形处理、系统仿真和程序流程控制等功能集成在统一的环境中，并具有与其他程序设计语言的应用接口以及许多面向特定应用领域的工具箱，在科学研究以及工程设计领域有着十分广泛的应用。

本章首先介绍 MATLAB 的发展、主要功能，并通过几个例子演示 MATLAB 的功能，然后介绍 MATLAB 系统环境的使用方法。通过本章的学习，读者将对 MATLAB 有一个整体认识。

- MATLAB 的发展
- MATLAB 的主要功能
- MATLAB 系统环境
- MATLAB 帮助系统

1.1　MATLAB 概述

MATLAB 自从 1984 年由美国 MathWorks 公司推出以来，经过不断改进和发展，现已成为国际公认的优秀科学计算应用开发环境。MATLAB 具有计算功能强、编程效率高、使用简便、易于扩充等特点，深受广大科技工作者的欢迎。

1.1.1　MATLAB 的发展

MATLAB 的产生可以追溯到 20 世纪 70 年代后期，时任美国新墨西哥大学计算机科学系主任的 Cleve Moler 教授在给学生讲授线性代数课程时，希望教学生使用当时流行的线性代数软件包 LINPACK 和特征值问题求解的软件包 EISPACK，但发现用其他高级语言编程极为不便。于是，Cleve Moler 教授为学生编写了方便使用 LINPACK 和 EISPACK 的接口程序并命名为 MATLAB，这便是 MATLAB 的雏形。

早期的 MATLAB 是用 FORTRAN 语言编写的，尽管功能简单，但作为免费软件，还是吸引了大批使用者。1983 年春天，Cleve Moler 教授到斯坦福大学讲学，MATLAB 深深吸引了工程师 John Little。John Little 敏锐地觉察到 MATLAB 在工程领域的广阔前景。在 John Little 的推动下，由 John Little、Cleve Moler 和 Steve Bangert 合作，于 1984 年成立了 MathWorks 公司，并正式推出了 MATLAB 1.0 版（DOS 版）。从这时起，MATLAB 的核心采用 C 语言编写，功能越来越强，除原有的数值计算功能外，还新增了图形处理功能。

此后，MATLAB 的版本不断更新。MathWorks 公司于 1992 年推出了具有划时代意义的 4.0 版，并于 1993 年推出了其微机版，该版本可以配合 Windows 操作系统一起使用，随之推出了符号计算工具包和用于动态系统建模及仿真分析的集成环境 Simulink，并加强了大规模数据处理能力，使之应用范围越来越广。1994 年推出的 MATLAB 4.2 版扩充了 4.0 版的功能，尤其在图形界面设计方面提供了新的方法。1997 年春，MATLAB 5.0 版问世，该版本支持了更多的数据结构，如单元数据、结构数据、多维数组、对象与类等，使 MATLAB 成为一种更方便、更完善的科学计算语言。1999 年初推出的 MATLAB 5.3 版在很多方面又进一步改进了 MATLAB 的功能，随之推出的全新版本的最优化工具箱和 Simulink 3.0 版达到了很高水平。之后，MATLAB 还在不断改进和发展，2000 年 10 月，MATLAB 6.0 版问世，在操作界面上有了很大改观，为用户的操作提供了很大的方便；在计算性能方面，速度变得更快，性能也更好；在图形用户界面设计上更趋合理；与 C 语言的应用接口及转换的兼容性更强；与之配套的 Simulink 4.0 版的新功能也特别引人注目。2001 年 6 月推出的 MATLAB 6.1 版及 Simulink 4.1 版，功能已经十分强大。2002 年 6 月又推出了 MATLAB 6.5 版及 Simulink 5.0 版，在计算方法、图形功能、用户界面设计、编程手段和工具等方面都有了重大改进。2004 年 7 月，MathWorks 公司推出了 MATLAB 7.0 版，其中集成了 MATLAB 7 编译器、Simulink 6.0 仿真软件以及很多工具箱。这一版本增加了很多新的功能和特性，内容相当丰富。2005 年 9 月，又推出了 MATLAB 7.1 版。

从 2006 年起，MathWorks 公司每年发布两个以年份命名的 MATLAB 版本，其中 3 月左右发布 a 版，9 月左右发布 b 版，包括 MATLAB R2006a（7.2 版）、MATLAB R2006b（7.3 版）、…、MATLAB R2012a（7.14 版）。

2012 年 9 月，MathWorks 公司推出了 MATLAB R2012b（8.0 版），该版本从操作界面到系统功能都有重大改变和加强，随后推出了 MATLAB R2013a（8.1 版）、MATLAB R2013b（8.2 版）、…、MATLAB R2015b（8.6 版）。

2016 年 3 月，MathWorks 公司推出了 MATLAB R2016a（9.0 版）、2016 年 9 月推出了 MATLAB R2016b（9.1 版）、2017 年 3 月推出了 MATLAB R2017a（9.2 版），这是本书交稿时的最高版本，以后还会不断推出新的版本。在功能上，从 MATLAB R2012b 开始得到了不断改进和扩充，而且每一个版本都有新的特点，但从 MATLAB R2012b 以来，MATLAB 的操作界面和基本功能是一样的，所以不必过于在意版本的变化。本书以 MATLAB R2016a 版为操作环境，全面介绍 MATLAB 的各种功能与使用。

1.1.2　MATLAB 的主要功能

MATLAB 是一种应用于科学计算领域的高级语言，它的主要功能包括数值计算和符号计算功能、绘图功能、编程语言功能以及应用工具箱的扩展功能。

1. 数值计算和符号计算功能

MATLAB 以矩阵作为数据操作的基本单位，这使得矩阵运算变得非常简捷、方便、高效。MATLAB 还提供了十分丰富的数值计算函数，而且所采用的数值计算算法都是国际公认的、最先进的、可靠的算法，其程序由世界一流专家编制，并经高度优化。高质量的数值计算功能为 MATLAB 赢得了声誉。

在实际应用中，除了数值计算外，往往还要得到问题的解析解，这是符号计算的领域。

MATLAB 先后和著名的符号计算语言 Maple 与 MuPAD（从 MATLAB 2008b 开始使用 MuPAD）相结合，使得 MATLAB 具有符号计算功能。

2. 绘图功能

利用 MATLAB 绘图十分方便，它既可以绘制各种图形，包括二维图形和三维图形，还可以对图形进行修饰和控制，以增强图形的表现效果。MATLAB 提供了两个层次的绘图操作：一种是对图形句柄进行的低层绘图操作，另一种是建立在低层绘图操作之上的高层绘图操作。利用 MATLAB 的高层绘图操作，用户不需过多地考虑绘图细节，只需给出一些基本参数就能绘制所需图形。利用 MATLAB 图形句柄操作，用户可以更灵活地对图形进行各种操作，为用户在图形表现方面开拓一个广阔的、没有丝毫束缚的空间。

3. 编程语言功能

MATLAB 具有程序流程控制、函数调用、数据结构、输入输出、面向对象等程序语言特征，所以使用 MATLAB 也可以像使用 BASIC、FORTRAN、C 等传统编程语言一样进行程序设计，而且简单易学、编程效率高。因此，对于从事数值计算、计算机辅助设计和系统仿真等领域的人员来说，用 MATLAB 编程的确是一个理想的选择。

MATLAB 是解释性语言，程序执行速度较慢，而且不能脱离 MATLAB 环境而独立运行。为此，MathWorks 公司提供了将 MATLAB 源程序编译为独立于 MATLAB 环境运行的可执行文件以及将 MATLAB 程序转化为 C 语言程序的编译器。

4. 工具箱的扩展功能

MATLAB 包含两部分内容：基本部分和各种可选的工具箱。基本部分构成了 MATLAB 的核心内容，也是使用和构造工具箱的基础。工具箱扩展了 MATLAB 的功能。MATLAB 工具箱分为两大类：功能性工具箱和学科性工具箱。功能性工具箱主要用来扩充其符号计算功能、可视建模仿真功能及文字处理功能等。学科性工具箱专业性比较强，如控制系统工具箱（Control System Toolbox）、信号处理工具箱（Signal Processing Toolbox）、神经网络工具箱（Neural Network Toolbox）、最优化工具箱（Optimization Toolbox）、金融工具箱（Financial Toolbox）、统计学工具箱（Statistics Toolbox）等，这些工具箱都是由该领域内学术水平很高的专家编写的，用户可以直接利用这些工具箱进行相关领域的科学研究。

MATLAB 具备很强的开放性。除内部函数外，所有 MATLAB 基本文件和各工具箱文件都是可读可改的源文件，用户可通过对源文件的修改或加入自己编写的文件去构成新的专用工具箱。

1.1.3　初识 MATLAB

为了使读者对 MATLAB 有一个初步认识，下面先看几个简单的例子。

例 1-1　绘制正弦曲线和余弦曲线。

在 MATLAB 命令行窗口中输入命令，命令执行后绘制函数曲线。

```
>> x=[0:0.5:360]*pi/180;
>> plot(x,sin(x),x,cos(x));
```

其中，第 1 条命令建立 x 向量，x 从 0°变化到 360°并转换为弧度（pi 代表圆周率）。第 2 条命令绘制函数曲线，命令中 sin、cos 分别是 MATLAB 提供的正弦函数和余弦函数。命令执行后，将打开一个图形窗口，并在其中显示正弦曲线和余弦曲线，如图 1-1 所示。

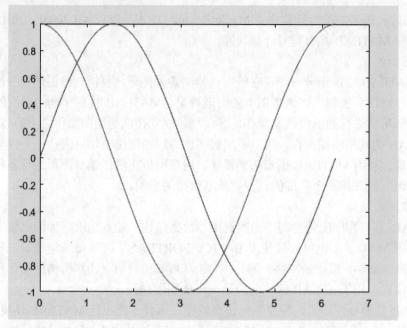

图 1-1　正弦曲线和余弦曲线

例 1-2　求方程 $3x^4+7x^3+9x^2-23=0$ 的全部根。

在 MATLAB 命令行窗口中输入命令，命令执行后得到输出结果。

```
>> p=[3,7,9,0,-23];          %建立多项式系数向量
>> x=roots(p)                %求根
x =
    -1.8857 + 0.0000i
    -0.7604 + 1.7916i
    -0.7604 - 1.7916i
     1.0732 + 0.0000i
```

其中，第 1 条命令建立多项式系数向量，第 2 条命令调用 roots 函数求方程的全部根。

例 1-3　求定积分 $\int_0^1 x\ln(1+x)dx$。

在 MATLAB 命令行窗口中输入命令，命令执行后得到输出结果。

```
>> f=@(x) x.*log(1+x);       %定义被积函数，其中 log 是 MATLAB 提供的对数函数
>> integral(f,0,1)           %求定积分
ans =
    0.2500
```

也可以通过符号计算来求符号定积分。在 MATLAB 命令行窗口中输入命令，命令执行后得到输出结果。

```
>> syms x
>> int(x*log(1+x),0,1)
ans =
    1/4
```

此外，还可以通过 Simulink 仿真来求该积分。

例 1-4　求解线性方程组。

$$\begin{cases} 2x - 3y + z = 4 \\ 8x + 3y + 2z = 2 \\ 45x + y - 9z = 17 \end{cases}$$

在 MATLAB 命令行窗口中输入命令，命令执行后得到输出结果。

```
>> a=[2,-3,1;8,3,2;45,1,-9];
>> b=[4;2;17];
>> x=inv(a)*b
x =
     0.4784
    -0.8793
     0.4054
```

其中，前两条命令建立系数矩阵 a 和列向量 b，第 3 条命令求根，inv(a)为 a 的逆矩阵，也可用 x=a\b 求根。

也可以通过符号计算来解此方程。在 MATLAB 命令行窗口中输入命令，命令执行后得到输出结果。

```
>> syms x y z
>> [x,y,z]=solve(2*x-3*y+z-4,8*x+3*y+2*z-2,45*x+y-9*z-17)
x =
     321/671
y =
    -590/671
z =
     272/671
```

上述几个例子展示了 MATLAB 的强大功能，相信读者在接下来的学习与使用中，会有更深刻的体会。作为操作练习，读者可以在 MATLAB 系统环境下验证上面的例子。

1.2　MATLAB 系统环境

要进行 MATLAB 的各种操作，首先要准备 MATLAB 系统环境，包括系统的安装、启动，使用完成后还要退出系统。

1.2.1　启动与退出 MATLAB 系统环境

1. MATLAB 的安装

MATLAB 采用流行的图形用户操作界面，集命令的输入、执行、修改、调试于一体（称为集成环境），操作非常直观和方便。在使用 MATLAB 之前，首先要安装 MATLAB 系统。

一般情况下，MATLAB 安装包是一个 ISO 格式的镜像文件。安装前，先建立一个文件夹，再用解压软件将安装包解压到该文件夹中。安装时，双击安装文件 setup.exe，按弹出的对话框提示完成安装过程。例如，在"文件安装密钥"对话框选择第一个选项，要求输入文件安装密钥。打开 readme.txt 文件，再将文件安装密钥粘贴到"文件安装密钥"对话框的文本框中，然后单击"下一步"按钮。又如，在"产品选择"对话框选择要安装的系统模块和工具箱，可根据自己的需要选择要安装的产品，选择之后单击"下一步"按钮。

进入系统文件安装界面，屏幕上有进度条显示安装进度，安装过程需要较长时间。安装完成之后，进入"产品配置说明"窗口，一般直接单击"下一步"按钮，完成系统安装。

接下来需要激活 MATLAB，在操作界面依次选择手动激活和许可证文件即可。

2．MATLAB 的启动

与一般的 Windows 程序一样，启动 MATLAB 系统有 3 种常见方法。

（1）在 Windows 桌面，单击任务栏上的"开始"按钮，选择"所有程序"→"MATLAB R2016a"→"MATLAB R2016a"程序选项。

（2）在 MATLAB 的安装路径中找到 MATLAB 系统启动程序 matlab.exe，然后运行它。

（3）将 MATLAB 系统启动程序以快捷方式的形式放在 Windows 桌面上，在桌面上双击该图标。

启动 MATLAB 后，进入 MATLAB 系统环境，如图 1-2 所示。

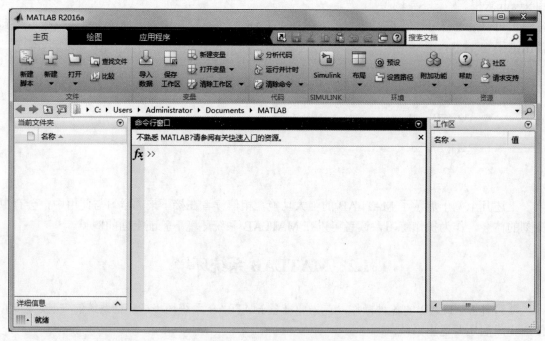

图 1-2　MATLAB 系统环境

3．MATLAB 的退出

要退出 MATLAB 系统，有两种常见方法。

（1）在 MATLAB 命令行窗口中输入 Exit 或 Quit 命令。

（2）单击 MATLAB 主窗口的"关闭"按钮。

1.2.2　MATLAB 操作界面

从 MATLAB R2012b 开始，MATLAB 采用与 Office 2010 相同风格的操作界面，用 Ribbon（通常翻译成"功能区"）界面取代了传统的菜单式界面。功能区由若干个选项卡构成，当单击选项卡时，并不会打开菜单，而是切换到相应的功能区面板。

MATLAB 操作界面由多个窗口组成，其中标题为"MATLAB R2016a"的窗口称为MATLAB

主窗口。此外，还有命令行窗口、当前文件夹窗口、工作区窗口和命令历史窗口，它们可以内嵌在 MATLAB 主窗口中，也可以以独立窗口的形式浮动在 MATLAB 主窗口之上。单击窗口右上角的显示操作按钮 ，再从展开的菜单中选择"取消停靠"命令或使用快捷键 Ctrl+Shift+U，就可以浮动窗口。如果希望重新将窗口嵌入到 MATLAB 主窗口中，可以单击窗口右上角的显示操作按钮 ，再从展开的菜单中选择"停靠"命令或使用快捷键 Ctrl+Shift+D。

1. MATLAB 主窗口

MATLAB 主窗口除了嵌入一些功能窗口外，主要包括功能区、快速访问工具栏和当前文件夹工具栏。

MATLAB 功能区提供了 3 个选项卡，分别为主页、绘图和应用程序。不同的选项卡有对应的工具条，通常按功能将工具条分成若干命令组，各命令组包括一些命令按钮，通过命令按钮来实现相应的操作。"主页"选项卡包括"文件""变量""代码""SIMULINK""环境"和"资源"命令组，各命令组提供了相应的命令按钮；"绘图"选项卡提供了用于绘制图形的命令；"应用程序"选项卡提供了多类应用工具。

在选项卡右边的是快速访问工具栏，其中包含了一些常用的操作按钮；在功能区下方的是当前文件夹工具栏，通过它可以很方便地实现文件夹的操作。

若要调整主窗口的布局，可以在"主页"选项卡的"环境"命令组中单击"布局"按钮，再从展开的菜单中选择有关布局方式的命令；若要显示或隐藏主窗口中的其他窗口，可以从"布局"按钮所展开的菜单中选择有关命令。

2. 命令行窗口

命令行窗口用于输入命令并显示除图形以外的所有执行结果，它是 MATLAB 的主要交互窗口，用户的大部分操作都是在命令行窗口中完成的。

MATLAB 命令行窗口中的">>"为命令提示符，表示 MATLAB 处于准备状态。在命令提示符后输入命令并按下 Enter 键（回车键）后，MATLAB 就会解释执行所输入的命令，并在命令后面显示执行结果。

在命令提示符">>"的前面有一个函数浏览按钮 fx，单击该按钮可以按类别快速查找 MATLAB 的函数。

一般来说，一个命令行输入一条命令，命令行以 Enter 键结束。但一个命令行也可以输入若干条命令，各命令之间以逗号分隔，若前一条命令后带有分号，则逗号可以省略。例如：

```
>> p=15,m=35
p =
    15
m =
    35
>> p=15;m=35
m =
    35
```

这两个命令行都是合法的，第一个命令行执行后显示 p 和 m 的值，第二个命令行因命令 p=15 后面带有分号，p 的值不显示，而只显示 m 的值。

如果一个命令行很长，需要分成两行或多行来输入，则可以在第一个物理行之后加上 3 个小黑点并按下 Enter 键，然后接着在下一个物理行继续输入命令的其他部分。3 个小黑点称为续行符，即把下面的物理行看做该行的逻辑继续。例如：

>> s=1-1/2+1/3-1/4+1/5-1/6+1/7-...

1/8+1/9-1/10+1/11-1/12;

这是一个命令行，它占用两个物理行，第一个物理行以续行符结束，第二个物理行是上一行的继续。

在 MATLAB 中，有很多的控制键和方向键可用于命令行的编辑。如果能熟练使用这些键将大大提高操作效率。例如，当将命令 x1=(log(3)+sqrt(5))/2 中的函数名 sqrt 输入成 srt 时，由于 MATLAB 中不存在 srt 函数，MATLAB 将会给出错误信息。命令执行情况如下：

>> x1=(log(3)+srt(5))/2

未定义函数或变量 'srt'.

重新输入命令时，用户不用输入整行命令，而只需按上移光标键（↑）调出刚才输入的命令行，再在相应的位置输入 q 字母并按下 Enter 键即可。在按 Enter 键时，光标可以在该命令行的任何位置，没有必要将光标移到该命令行的末尾。反复使用上移光标键，可以回调以前输入的所有命令行。还可以只输入少量的几个字母，再按上移光标键就可以调出最后一条以这些字母开头的命令。例如，输入 plo 后再按上移光标键，则会调出最后一次使用的以 plo 开头的命令行。表 1-1 列出了 MATLAB 命令行编辑的常用控制键及其功能。

表 1-1　命令行编辑的常用控制键

键名	功能	键名	功能
↑	前寻式调回已输入过的命令	Home	将光标移到当前行首端
↓	后寻式调回已输入过的命令	End	将光标移到当前行末尾
←	在当前行中左移光标	Del	删除光标右边的字符
→	在当前行中右移光标	Backspace	删除光标左边的字符
PgUp	前寻式翻滚一页	Esc	删除当前行的全部内容
PgDn	后寻式翻滚一页	Ctrl+C	中断一个 MATLAB 任务

在 MATLAB 命令后面可以加上注释，用于解释或说明命令的含义，对命令执行结果不产生任何影响。注释以%开头，后面是注释的内容。

3. 当前文件夹窗口

MATLAB 系统本身包含了数目繁多的文件，再加上用户自己建立的文件，更是数不胜数。如何管理和使用这些文件是十分重要的。为了对文件进行有效的组织和管理，MATLAB 有自己的文件夹结构，不同类型的文件放在不同的文件夹下，而且通过路径来搜索文件。

当前文件夹是指 MATLAB 运行时的工作文件夹，只有在当前文件夹或搜索路径下的文件、函数才可以被运行或调用。如果没有特殊指明，数据文件也将存放在当前文件夹下。为了便于管理文件和数据，用户可以将自己的工作文件夹设置成当前文件夹，从而使得用户的操作都在当前文件夹中进行。

当前文件夹窗口默认内嵌在 MATLAB 主窗口的左部。在当前文件夹窗口中可以显示或改变当前文件夹，还可以显示当前文件夹下的文件及相关信息。单击当前文件夹窗口的显示操作按钮⊙或在当前文件夹窗口的右键快捷菜单中，可以选择有关命令实现相关操作。例如，在当前文件夹窗口的快捷菜单中选择"指示不在路径中的文件"命令，则子文件夹以及不在当前文件夹下的文件显示为灰色，而在当前文件夹下的文件显示为黑色。在当前文件夹窗口中通过 Backspace 键或快捷菜单中的"向上一级"可以返回上一级文件夹。

可以通过当前文件夹工具栏中的地址框设置某文件夹为当前文件夹，也可使用 cd 命令。例如，将文件夹 e:\matlab9\work 设置为当前文件夹，可在命令行窗口输入如下命令。

```
>> cd e:\matlab9\work
```

4．工作区窗口

工作区也称为工作空间，它是 MATLAB 用于存储各种变量和结果的内存空间。在工作区窗口中，可对变量进行观察、编辑、保存和删除。工作区窗口是 MATLAB 操作界面的重要组成部分。在该窗口中以表格形式显示工作区中所有变量的名称、取值，从表格标题行的右键快捷菜单中可选择增删显示变量的统计值，如最大值、最小值等，如图 1-3 所示。

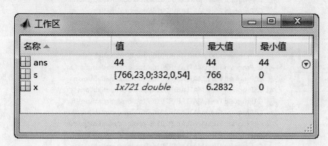

图 1-3　在工作区窗口显示变量

5．命令历史记录窗口

命令历史记录窗口中会自动保留自系统安装起所有用过的命令的历史记录，并且还标明了使用时间，从而方便用户查询，且通过双击命令可进行历史命令的再次执行。如果要清除这些历史记录，可以在窗口快捷菜单中选择"清除命令历史记录"命令。

1.2.3　MATLAB 的搜索路径

当用户在命令行窗口输入一条命令后，MATLAB 将按照一定顺序寻找相关的命令对象。基本的搜索过程如下：

（1）检查该命令对象是不是一个变量。

（2）检查该命令对象是不是一个内部函数。

（3）检查该命令对象是否为当前目录下的程序文件（在 MATLAB 中称为 M 文件）。

（4）检查该命令对象是否为 MATLAB 搜索路径中其他目录下的 M 文件。

假定建立了一个变量 examp，同时在当前文件夹下建立了一个 M 文件 examp.m，如果在命令行窗口输入 examp，按照上面介绍的搜索过程，应该在屏幕上显示变量 examp 的值。如果没有建立 examp 变量，则执行 examp.m 文件。

当 MATLAB 执行 M 文件时，都是在当前文件夹和设定好的搜索路径中搜索，如果 M 文件存放在其他位置，MATLAB 就找不到该文件。一般情况下，MATLAB 系统本身的 M 文件都存放在系统默认的搜索路径中，而用户建立的文件有可能没有保存在搜索路径中，而保存在自己的工作文件夹中，这时需要将用户的工作文件夹加入到 MATLAB 搜索路径，从而将用户文件夹纳入 MATLAB 系统统一管理。

（1）用 path 命令设置搜索路径。使用 path 命令可以把用户文件夹临时纳入搜索路径。例如，将用户文件夹 e:\matlab9\work 加到搜索路径下，可在命令行窗口输入如下命令。

```
>> path(path,'e:\matlab9\work')
```

（2）用对话框设置搜索路径。在 MATLAB"主页"选项卡的"环境"命令组中单击"设置路径"命令按钮，或在命令行窗口执行 pathtool 命令，将出现"设置路径"对话框，如图1-4 所示。

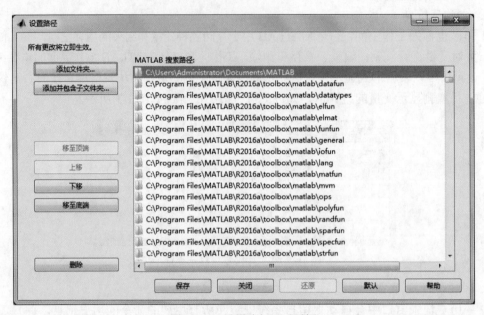

图 1-4　"设置路径"对话框

通过"添加文件夹"或"添加并包含子文件夹"按钮将指定路径添加到搜索路径列表中。对于已经添加到搜索路径列表中的路径可以通过"上移""下移"等按钮修改该路径在搜索路径中的顺序。对于那些不需要出现在搜索路径中的路径，可以通过"删除"按钮将其从搜索路径列表中删除。

在修改完搜索路径后，单击"保存"按钮，系统将所有搜索路径的信息保存在 MATLAB 安装文件夹下的 toolbox\local 文件夹下的文件 pathdef.m 中，通过修改该文件也可以修改搜索路径。

1.3　MATLAB 帮助系统

MATLAB 提供了数目繁多的函数和命令，要全部把它们记下来是不现实的。可行的办法是先掌握一些基本内容，然后在实践中不断总结和积累，掌握其他内容。通过软件系统本身提供的帮助功能来学习软件的使用是重要的学习方法。

MATLAB 提供了丰富的帮助功能，通过这种功能可以很方便地获得有关函数和命令的使用方法。MATLAB 中通过帮助命令或帮助界面可获得帮助。

1.3.1　MATLAB 帮助窗口

MATLAB 帮助窗口相当于一个帮助信息浏览器。使用帮助窗口可以搜索和查看所有

MATLAB 的帮助文档，还能运行有关演示程序。通常进入 MATLAB 帮助窗口可以通过以下 3
种方法。

（1）单击 MATLAB 主窗口"主页"选项卡"资源"命令组中的 按钮，或单击"帮助"
下拉按钮并选择"文档"命令。

（2）单击 MATLAB 主窗口快速访问工具栏中的 按钮，或按 F1 功能键，再单击"打开
帮助浏览器"链接。

（3）在 MATLAB 命令行窗口中输入 doc 命令。

在 MATLAB 帮助信息起始窗口中，可以选择 MATLAB 主程序、Simulink 或各种工具箱，
然后进入相应的帮助信息浏览窗口。例如，在 MATLAB 帮助信息起始窗口中选择"MATLAB"
选项，即进入 MATLAB 主程序帮助信息浏览窗口，如图 1-5 所示。

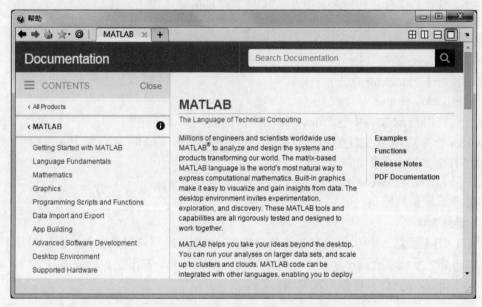

图 1-5　MATLAB 主程序帮助信息浏览窗口

MATLAB 主程序帮助信息浏览窗口包括左边的帮助向导页面和右边的帮助信息显示页面
两部分。在左边的帮助向导页面选择帮助项目名称，将在右边的帮助显示页面中显示对应的帮
助信息。

1.3.2　MATLAB 帮助命令

要了解 MATLAB，简洁、快速的方式是在命令行窗口中通过帮助命令对特定的内容进行
快速查询。MATLAB 帮助命令包括 help、lookfor 以及模糊查询。

1. help 命令

help 命令是查询函数语法的最基本方法，查询信息直接显示在命令行窗口。在命令行窗口
中直接输入 help 命令将会显示当前帮助系统中所包含的所有项目，即搜索路径中所有的文件
夹名称。

同样，可以通过 help 加函数名来显示该函数的帮助说明。例如，为了显示 magic 函数的
使用方法与功能，可使用如下命令。

```
>> help magic
magic    Magic square.
        magic(N) is an N-by-N matrix constructed from the integers
        1 through N^2 with equal row, column, and diagonal sums.
        Produces valid magic squares for all N > 0 except N = 2.
```

MATLAB 按照函数的不同用途分别存放在不同的子文件夹下，用相应的帮助命令可显示某一类函数。例如，所有的线性代数函数均收在 matfun 子文件夹下，用命令：

```
help matfun
```

可显示所有线性代数函数。

2．lookfor 命令

help 命令只搜索出与那些关键字完全匹配的结果，而 lookfor 命令对搜索范围内的 M 文件进行关键字搜索，条件比较宽松。例如，执行下列 help 命令：

```
>> help inverse
未找到 inverse。
```

因为不存在 inverse 函数，所以命令的搜索结果为"未找到 inverse。"。

又如执行下列 lookfor 命令：

```
>> lookfor inverse
```

命令执行后将得到 M 文件中包含 inverse 的全部函数。

lookfor 命令只对 M 文件的第一行进行关键字搜索，若 lookfor 命令加上-all 选项，则可对 M 文件进行全文搜索。例如：

```
>> lookfor -all inverse
```

注意搜索结果的差别。

3．模糊查询

MATLAB 提供了一种类似模糊查询的命令查询方法，用户只需要输入命令的前几个字母，然后按 Tab 键，系统就会列出所有以这几个字母开头的命令。知道了命令或函数名后，就可以进一步用 help 命令查询其详细用法说明。

1.3.3　MATLAB 演示系统

对于初学者，MATLAB 自带的演示系统非常有用。要打开该演示系统，可以在 MATLAB 主程序帮助信息浏览窗口单击Examples链接项，或在 MATLAB 主窗口单击"主页"选项卡"资源"命令组中的"帮助"下拉按钮并选择"示例"命令，或在命令行窗口输入 demo 或 demos 命令。进入演示系统界面后，可以选择需要的演示实例。

实验指导

一、实验目的

1．熟悉 MATLAB 的系统环境及基本操作方法。

2．掌握 MATLAB 的搜索路径及其设置方法。

3．熟悉 MATLAB 帮助信息的查阅方法。

二、实验内容

1．先建立自己的工作文件夹，接着将自己的工作文件夹设置到 MATLAB 搜索路径下，再试验用 help 命令能否查询到自己的工作文件夹。

2．在 MATLAB 环境下验证例 1-1 至例 1-4，并总结 MATLAB 的主要优点。

3．利用 MATLAB 的帮助功能分别查询 inv、plot、max、round 等函数的功能及用法。

4．完成下列操作：

（1）在 MATLAB 命令行窗口输入以下命令，观察工作区窗口的内容。

```
x=0:pi/10:2*pi;
y=sin(x);
```

（2）在 MATLAB 命令行窗口输入以下命令，分析图形的含义。

```
plot(x,y);
```

（3）在工作区窗口右击变量 x、y，再在快捷菜单中选择"删除"命令将它们删除。

（4）在 MATLAB 命令行窗口重新输入"plot(x,y);"命令，此时屏幕上出现什么信息？说明什么？

5．访问 MathWorks 公司的主页，查询有关 MATLAB 的产品信息。

思考练习

一、填空题

1．MATLAB 是_____的缩写。

2．MATLAB 的命令提示符是_____，表示 MATLAB 可以接收并执行所输入的命令。在命令提示符的前面有一个按钮，单击该按钮可以快速查找 MATLAB_____的功能。

3．MATLAB 功能区提供了 3 个选项卡，分别为_____、_____和_____。

4．设置 MATLAB 搜索路径有两种方法，一是用_____命令，二是在 MATLAB"主页"选项卡的"环境"命令组中单击_____命令按钮或在命令行窗口执行_____命令，在"设置路径"对话框中进行设置。

5．以下两个命令行的区别是_____。

```
x=10,y=-10
x=10,y=-10;
```

二、问答题

1．如何启动与退出 MATLAB 系统环境？

2．简述 MATLAB 的主要功能。

3．如果一个 MATLAB 命令包含的字符很多，需要分成多行输入，该如何处理？

4．help 命令和 lookfor 命令有何区别？

5．在 MATLAB 环境下，建立了一个变量 fac，同时又在当前目录下建立了一个 M 文件 fac.m，如果需要运行 fac.m 文件，该如何处理？

第 2 章　MATLAB 矩阵及其运算

正如 MATLAB 的名字——"矩阵实验室"的含义一样，MATLAB 是由早期专门用于矩阵运算的科技软件发展而来的。矩阵是 MATLAB 最基本、最重要的数据对象，MATLAB 的大部分运算或命令都是在矩阵运算的意义下执行的，而且这种运算定义在复数域上。正因为如此，使得 MATLAB 的矩阵运算功能非常丰富，许多含有矩阵运算的复杂计算问题，在 MATLAB 中都很容易得到解决。因为向量可以看成是仅有一行或一列的矩阵，单个数据（标量）可以看成是仅含一个元素的矩阵，故向量和单个数据都可以作为矩阵的特例来处理。

本章介绍 MATLAB 的数据类型、MATLAB 变量及其使用、创建矩阵的方法、矩阵分析的方法、各种类型数据的表示方法与运算以及稀疏矩阵的概念与操作。

本章要点

- MATLAB 数据类型、变量和数据操作
- MATLAB 矩阵的操作、运算与矩阵分析
- MATLAB 字符串、结构数据和单元数据
- MATLAB 稀疏矩阵及其操作

2.1　MATLAB 数据类型

MATLAB 数据类型较为丰富，既有数值型、字符串等基本数据类型，又有结构（structure）、单元（cell）等复合数据类型。在 MATLAB 中，没有专门的逻辑型数据，而以数值 1（非零）表示"真"，以数值 0 表示"假"。数据类型的多样性增强了 MATLAB 的数据表达能力，给实际应用带来了方便。本节先介绍数值型数据。

MATLAB 数值型数据是最基本的一类数据，包括整型数据、浮点型数据（实数）和复型数据。系统给每种数据类型分配不同字节的内存单元，由此决定了数据的表示范围。

1. 整型数据

整型数据是不带小数的数，有带符号整数和无符号整数之分。表 2-1 列出了各种整型数据的取值范围和对应的转换函数。

表 2-1　MATLAB 的整数类型

类型	取值范围	转换函数	类型	取值范围	转换函数
无符号 8 位整型	0 到 2^8-1	uint8	无符号 16 位整型	0 到 2^{16}-1	uint16
无符号 32 位整型	0 到 2^{32}-1	uint32	无符号 64 位整型	0 到 2^{64}-1	uint64
带符号 8 位整型	-2^7 到 2^7-1	int8	带符号 16 位整型	-2^{15} 到 2^{15}-1	int16
带符号 32 位整型	-2^{31} 到 2^{31}-1	int32	带符号 64 位整型	-2^{63} 到 2^{63}-1	int64

例如：
```
>> x=int8(129)
x =
    127
>> x=int16(129)
x =
    129
```
带符号 8 位整型数据的最大值是 127，int8 函数转换时只输出最大值。

2. 浮点型数据

浮点型数据有单精度（single）和双精度（double）之分，单精度型实数在内存中占用 4 个字节，双精度型实数在内存中占用 8 个字节，双精度型的数据精度更高。在 MATLAB 中，数据默认为双精度型。single 函数可以将其他类型的数据转换为单精度型，double 函数可以将其他类型的数据转换为双精度型。

3. 复型数据

复型数据包括实部和虚部两个部分，实部和虚部默认为双精度型。在 MATLAB 中，虚数单位用 i 或 j 表示。例如，6+5i 与 6+5j 表示的是同一个复数，也可以写成 6+5*i 或 6+5*j，这里将 i 或 j 看作一个运算量参与表达式的运算。

如果构成一个复数的实部或虚部不是常量，则使用 complex 函数生成复数。例如，complex(2,x)生成一个复数，其实部为 2，虚部为 x。可以使用 real 函数求复数的实部，imag 函数求复数的虚部，abs 函数求复数的模，angle 函数求复数的幅角，conj 函数求复数的共轭复数。例如：
```
>> x=4;
>> y=complex(3,x)
y =
    3.0000 + 4.0000i
>> abs(y)
ans =
    5
>> real(y)
ans =
    3
>> conj(y)
ans =
    3.0000 - 4.0000i
```
也可以使用 class 函数获取某个数据的类型。例如：
```
>> class(9)
ans =
double
```
命令执行结果说明，MATLAB 数值数据默认为双精度型。

2.2　变量和数据操作

计算机所处理的数据存放在内存单元中，程序通过内存单元的地址来访问内存单元。在高级语言中，无需直接给出内存单元的地址，而只需给出内存单元命名，以后通过内存单元的名字来访问内存单元。命了名的内存单元就是变量，在程序运行期间，其内存单元中存放的数据可以根据需要随时改变。

2.2.1　变量与赋值

变量代表一个或若干个内存单元，为了对变量所对应的存储单元进行访问，需要给变量命名。在 MATLAB 中，变量名是以字母开头，后接字母、数字或下划线的字符序列，最多 63 个字符。例如，myvar12、my_var12、myvar12_均为合法的变量名，而 12myvar、_myvar12 则为非法的变量名。另外，在 MATLAB 中，变量名区分字母的大小写。这样，myvar、MYvar 和 MYVAR 表示 3 个不同的变量。

值得注意的是，MATLAB 提供的标准函数名以及命令名必须用小写字母。例如，求矩阵 A 的逆用 inv(A)，不能写成 Inv(A)或 INV(A)，否则会出错。

MATLAB 赋值语句有两种格式：

（1）变量=表达式。

（2）表达式。

其中，表达式是用运算符将有关运算量连接起来的式子，其结果可以是单个的数，也可以是一个矩阵。关于 MATLAB 运算详见 2.4 节。

在第（1）种语句形式下，MATLAB 将右边表达式的值赋给左边的变量；在第（2）种语句形式下，将表达式的值赋给 MATLAB 的预定义变量 ans。一般地，运算结果在命令行窗口中显示出来。如果在语句的最后加分号，那么，MATLAB 仅仅执行赋值操作，不再显示运算的结果。如果运算的结果是一个很大的矩阵或根本不需要运算结果，则可以在语句的最后加上分号。

在 MATLAB 语句后面可以加上注释，用于解释或说明语句的含义，对语句处理结果不产生任何影响。注释以%开头，后面是注释的内容。

例 2-1　计算表达式 $\dfrac{\cos|x+y|-\sin 78°}{x+|y|}$ 的值，其中 $x=1+2i$，$y=3-\sqrt{17}$。将结果赋给变量 z，并显示计算结果。

在 MATLAB 命令行窗口输入命令并得到输出结果。

```
>> x=1+2i;
>> y=3-sqrt(17);
>> z=(cos(abs(x+y))-sin(78*pi/180))/(x+abs(y))
z =
   -0.3488 + 0.3286i
```

其中 sqrt、cos、abs、sin 均是 MATLAB 提供的数学函数，pi 和 i 都是 MATLAB 预先定义的变量，分别代表圆周率 π 和虚数单位。

2.2.2　预定义变量

在 MATLAB 工作空间中，还驻留有几个由系统本身定义的变量。它们有特定的含义，在使用时，应尽量避免对这些变量重新赋值。表 2-2 列出了一些常用的预定义变量。

表 2-2　常用的预定义变量

预定义变量	含义	预定义变量	含义
ans	计算结果的默认赋值变量	nargin	函数输入参数个数
eps	机器零阈值	nargout	函数输出参数个数
pi	圆周率 π 的近似值	realmax	最大正实数
i, j	虚数单位	realmin	最小正实数
inf, Inf	无穷大，如 1/0 的结果	lasterr	存放最新的错误信息
NaN，nan	非数，如 0/0、inf/inf 的结果	lastwarn	存放最新的警告信息

注意：MATLAB 预定义变量有特定的含义，在使用时应尽量避免对这些变量重新赋值。以 i 或 j 为例，在 MATLAB 中，i 和 j 代表虚数单位，如果给 i 或 j 重新赋值，就会覆盖掉原来虚数单位的定义，这时可能会导致一些很隐蔽的错误。例如，由于习惯的原因，程序中通常使用 i 或 j 作为循环变量，这时如果有复数运算就会导致错误。因此，不要用 i 或 j 作为循环变量名，除非确认在程序运行期间不会和复数打交道，或者使用像 7+5i 这样的复数记法，而不用 7+5*i，前者是一个复数常量，后者是一个表达式，即将 i 看成一个运算量，参与表达式的运算。也可以在使用 i 作为循环变量时，换用 j 表示复数。

2.2.3　内存变量的管理

1．内存变量的删除与修改

MATLAB 工作区窗口专门用于内存变量的管理。在工作区窗口中可以显示所有内存变量的属性。当选中某些变量后，选择右键快捷菜单中的"删除"命令，就能清除这些变量。当选中某个变量后，双击该变量或选择右键快捷菜单中的"打开所选内容"命令，将进入变量编辑器，如图 2-1 所示。通过变量编辑器可以直接观察变量中的具体元素，也可以修改变量中的具体元素。

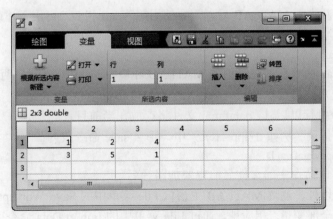

图 2-1　变量编辑器

通常，对于较大矩阵的输入，可采用变量编辑器，操作方法是：

（1）在工作区窗口的右键快捷菜单中选择"新建"命令，并给变量命名。

（2）在工作区中双击该变量，打开变量编辑器。

（3）在变量编辑器的空白表格中填写元素值，表格的每一个方格对应矩阵的一个元素。

clear 命令用于删除 MATLAB 工作空间中的变量。who 和 whos 这两个命令用于显示在 MATLAB 工作空间中已经驻留的变量名清单。who 命令只显示出驻留变量的名称，whos 在给出变量名的同时，还给出它们的大小、所占字节数及数据类型等信息。例如，例 2-1 中的命令执行后，使用 who 和 whos 命令的结果分别如下所示。

```
>> who
您的变量为:
x  y  z
>> whos
```

Name	Size	Bytes	Class	Attributes
x	1x1	16	double	complex
y	1x1	8	double	
z	1x1	16	double	complex

2. 内存变量文件

利用 MAT 文件可以把当前 MATLAB 工作空间中的一些有用变量长久地保留下来。MAT 文件是 MATLAB 保存数据的一种标准格式的二进制文件，扩展名一定是.mat。MAT 文件的生成和装入由 save 和 load 命令来完成。常用格式为：

save 文件名 [变量名表] [-append][-ascii]
load 文件名 [变量名表] [-ascii]

其中，文件名可以带路径，但不需带扩展名.mat，命令隐含一定对.mat 文件进行操作。变量名表中的变量个数不限，只要内存或文件中存在即可，变量名之间以空格分隔。当变量名表省略时，保存或装入全部变量。-ascii 选项使文件以 ASCII 格式处理，省略该选项时文件将以二进制格式处理。save 命令中的-append 选项控制将变量追加到 MAT 文件中。

假定变量 am 和 D 存在于 MATLAB 工作空间中，输入以下命令便可借助 dataf.mat 文件保存 am 和 D。

```
>> save dataf am D
```

假如在下次重新进入 MATLAB 后，需要使用矩阵 am 和 D，可用下述命令把 dataf.mat 中的内容装入 MATLAB 工作空间。

```
>> load dataf
```

在执行上述 load 命令后，在当前的 MATLAB 环境中，am 和 D 就是两个已知变量了。

注意：dataf 是用户自己取的文件名，MATLAB 默认扩展名为.mat。

上述 save 命令执行以后，该 dataf.mat 文件将存放在当前目录。假如用户有意要让 dataf.mat 存放在指定的其他目录（例如 d:\lpp 目录）中，那么 save 命令改为：

```
>> save d:\lpp\dataf am D
```

当然，相应 load 命令中的文件名前也要加路径名。

除了操作命令以外，通过 MATLAB 主窗口 File 菜单中的 Save Workspace As 命令也可以保存工作空间中的全部变量。相应地，通过 File 菜单中的 Import Data 命令可以将保存在 MAT 文件中的变量装入到 MATLAB 工作空间中。

2.2.4 MATLAB 常用数学函数

MATLAB 提供了许多数学函数，函数的自变量规定为矩阵变量，运算法则是将函数逐项作用于矩阵的元素上，因而函数运算的结果是一个与自变量具有相同维数和大小的矩阵，即结果矩阵与自变量矩阵同型。例如：

```
>> A= [1,2,3;4,5,6]
A =
       1       2       3
       4       5       6
>> B=cos(pi*B)              %求余弦函数值
B =
      -1       1      -1
       1      -1       1
```

表 2-3 列出了一些常用数学函数。

表 2-3　常用数学函数

函数名	功能	函数名	功能
sin/sind	正弦函数，输入值为弧度/角度	abs	绝对值函数
cos/cosd	余弦函数，输入值为弧度/角度	rem	求余
tan/tand	正切函数，输入值为弧度/角度	mod	求模
asin/asind	反正弦函数，返回值为弧度/角度	fix	向零方向取整
acos/acosd	反余弦函数，返回值为弧度/角度	floor	不大于自变量的最大整数
atan/atand	反正切函数，返回值为弧度/角度	ceil	不小于自变量的最小整数
sinh/asinh	双曲正弦函数/反双曲正弦函数	round	四舍五入到最邻近的整数
cosh/acosh	双曲余弦函数/反双曲余弦函数	sign	符号函数
tanh/atanh	双曲正切函数/反双曲正切函数	gcd	最大公约数
sqrt	平方根函数	lcm	最小公倍数
log	自然对数函数	factorial	阶乘
log10	常用对数函数	isprime	判断是否为素数
log2	以 2 为底的对数函数	primes	生成素数序列
exp	自然指数函数	perms	生成所有排列
pow2	2 的幂	randperm	生成任意排列

函数使用说明：

（1）三角函数有以弧度为单位的函数和以角度为单位的函数，以角度为单位的函数在函数名后面加"d"，以示区别。

（2）abs 函数可以求实数的绝对值、复数的模、字符串的 ASCII 码值。例如：

```
>> x=abs(-4.56)
x =
      4.5600
>> y=abs(3+4i)
y =
      5
>> z=abs('a')
z =
      97
```

（3）用于取整的函数有 fix、floor、ceil、round，要注意它们的区别。例如：

```
>> x=2.45;
>> y1=fix(x),y2=floor(x),y3=ceil(x),y4=round(x)
y1 =
    2
y2 =
    2
y3 =
    3
y4 =
    2
```

又设 x=-2.65，则 fix(x)、floor(x)、ceil(x)、round(x)的结果分别是-2，-3，-2，-3，读者可以自行上机验证。

（4）rem 与 mod 函数的区别。rem(x,y)和 mod(x,y)要求 x、y 必须为相同大小的实矩阵或为标量。当 y≠0 时，rem(x,y)=x-y.*fix(x./y)，而 mod(x,y)=x-y.*floor(x./y)；当 y=0 时，rem(x,0)=NaN，而 mod(x,0)=x。显然，当 x、y 同号时，rem(x,y)与 mod(x,y)相等。rem(x,y)的符号与 x 相同，而 mod(x,y)的符号与 y 相同。例如：

```
>> x=5;y=3;
>> y1=rem(x,y),y2=mod(x,y)
y1 =
    2
y2 =
    2
```

又设 x=-5，y=3，则 rem(x,y)和 mod(x,y)的结果分别是-2 和 1，读者可以自行上机验证。

（5）关于符号函数。当 x<0 时，sign(x)=-1；当 x=0 时，sign(x)=0；当 x>0 时，sign(x)=1。

2.2.5 数据的输出格式

MATLAB 用十进制数表示一个常数，具体可采用日常记数法和科学记数法两种表示方法。如 3.14159、-9.359i、3+5i 等是采用日常记数法表示的常数，与通常的数学表示一样。又如 1.78029e2、6.732E2i、1234e-3-5i 等是采用科学记数法表示的常数，在这里用字母 e 或 E 表示以 10 为底的指数。

在一般情况下，MATLAB 内部每一个数据元素都是用双精度数来表示和存储的。数据输出时用户可以用 format 命令设置或改变数据输出格式。format 命令的格式为：

format 格式符

其中，格式符决定数据的输出格式，各种格式符及其含义如表 2-4 所示。

表 2-4 控制数据输出格式的格式符

格式符	含义
short	输出小数点后 4 位，最多不超过 7 位有效数字。对于大于 1000 的实数，用 5 位有效数字的科学记数形式输出
long	15 位有效数字形式输出
short e	5 位有效数字的科学记数形式输出

续表

格式符	含义
long e	15 位有效数字的科学记数形式输出
short g	从 short 和 short e 中自动选择最佳输出方式
long g	从 long 和 long e 中自动选择最佳输出方式
rat	近似有理数表示
hex	十六进制表示
+	正数、负数、零分别用+、-、空格表示
bank	银行格式，用元、角、分表示
compact	输出变量之间没有空行
loose	输出变量之间有空行

注意：format 命令只影响数据输出格式，而不影响数据的计算和存储。

如果输出矩阵的每个元素都是纯整数，MATLAB 就用不加小数点的纯整数格式显示结果。只要矩阵中有一个元素不是纯整数，MATLAB 将按当前的输出格式显示计算结果。默认的输出格式是 short 格式。作为一个例子，假定输入为：

    x=[4/3 1.2345e-6]

那么，在各种不同的格式符下的输出为：

短格式（short）：1.3333　　0.0000

短格式 e 方式（short e）：1.333e+000 1.2345e-006

长格式（long）：1.33333333333333　　0.00000123450000

长格式 e 方式（long e）：1.33333333333333e+000　　1.23450000000000e-006

银行格式（bank）：1.33　　0.00

十六进制格式（hex）：3ff5555555555 3eb46231abfd271

+格式（+）：++

注意：hex 输出格式是把计算机内部表示的数据用十六进制数输出。对于整数不难理解，但对于单精度或双精度浮点数（MATLAB 默认的数据类型）就涉及数据在计算机内部的表示形式。这是一个不太容易理解的问题，下面简要说明。

单精度浮点数在内存中占 32 个二进制位，其中 1 位为数据的符号位（以 0 代表正数，1 代表负数），8 位为指数部分，23 位为尾数部分。指数部分表示 2 的多少次幂，存储时加上 127，也就是说 2^0 用 127（即二进制 1111111）表示。尾数部分是二进制小数，其所占的 23 位是小数点后面的部分，小数点前面还有个隐含的 1 并不存储。

双精度浮点数占 64 位二进制，其中 1 位为符号位，11 位指数位，52 位尾数位，其存储方式与单精度数类似，请读者自行分析。

图 2-2 说明了下列命令的输出结果。

    >> format hex   %设置为十六进制输出格式
    >> single(-4.25)   %将-4.25 转换为单精度浮点数
    ans =
        c0880000

```
>> format                    %设置为默认输出格式
```

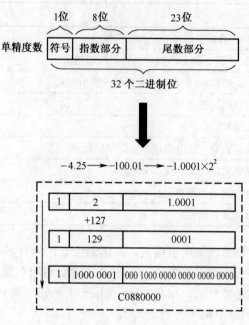

图 2-2　单精度浮点数在计算机内部的表示形式

2.3　MATLAB 矩阵

矩阵是 MATLAB 最基本的数据对象，MATLAB 的大部分运算或命令都是在矩阵运算的意义下执行的。在 MATLAB 中，不需对矩阵的维数、大小和类型进行说明，MATLAB 会根据用户所输入的内容自动进行配置。

2.3.1　矩阵的建立

1. 直接输入法建立矩阵

最简单的建立矩阵的方法是从键盘直接输入矩阵的元素。具体方法是：将矩阵的元素用方括号括起来，按矩阵行的顺序输入各元素，同一行的各元素之间用空格或逗号分隔，不同行的元素之间用分号分隔。例如：

```
>> A=[1,2,3;4,5,6;7,8,9]
A =

    1    2    3
    4    5    6
    7    8    9
```

这样，在 MATLAB 的工作空间中就建立了一个矩阵 A，以后就可以使用矩阵 A 了。

MATLAB 提供对复数的操作与管理功能。在 MATLAB 中，虚数单位用 i 或 j 表示。例如，建立复数矩阵：

```
>> a=exp(2);
>> B=[1,2+i*a,a*sqrt(a);sin(pi/4),a/5,3.5+6i]
```

```
    B =
        1.0000 + 0.0000i    2.0000 + 7.3891i    20.0855 + 0.0000i
        0.7071 + 0.0000i    1.4778 + 0.0000i     3.5000 + 6.0000i
```

复数矩阵还可以采用另一种输入方式。例如：

```
    >> R=[1,2,3;4,5,6];
    >> I=[6,7,8;9,10,11];
    >> ri=R+i*I
    ri =
        1.0000 + 6.0000i    2.0000 + 7.0000i    3.0000 + 8.0000i
        4.0000 + 9.0000i    5.0000 +10.0000i    6.0000 +11.0000i
```

在这里 i 是单个数据，i*I 表示一个数与一个矩阵相乘。

2. 利用冒号表达式建立一个向量

在 MATLAB 中，冒号表达式是一个重要的表达式，利用它可以产生行向量。冒号表达式的一般格式是：

    e1:e2:e3

其中，e1 为初始值，e2 为步长，e3 为终止值。冒号表达式可以产生一个由 e1 开始到 e3 结束，以步长 e2 自增的行向量。例如：

```
    >> t=0:1:5
    t =
        0    1    2    3    4    5
```

命令执行后将产生行向量 t，各元素为 0，1，2，3，4，5。

在冒号表达式中如果省略 e2 不写，则步长为 1。例如，t=0:5 与 t=0:1:5 等价。

在 MATLAB 中，还可以用 linspace 函数产生行向量。其调用格式为：

    linspace(a,b,n)

其中，a 和 b 是生成向量的第一个和最后一个元素，n 是元素总数。当 n 省略时，自动产生 100 个元素。显然，linspace(a,b,n) 与 a:(b-a)/(n-1):b 等价。例如：

```
    >> x=linspace(1,5,10)
    x =
      1 至 7 列
        1.0000    1.4444    1.8889    2.3333    2.7778    3.2222    3.6667
      8 至 10 列
        4.1111    4.5556    5.0000
```

3. 利用已建好的矩阵建立更大的矩阵

大矩阵可由已建好的小矩阵拼接而成。例如：

```
    >> A=[1,2,3;4,5,6;7,8,9];
    >> B=[1:2:5;4:2:8;7:2:11]
    B =
        1    3    5
        4    6    8
        7    9    11
    >> C=[A,B;B,A]
    C =
        1    2    3    1    3    5
        4    5    6    4    6    8
```

7	8	9	7	9	11
1	3	5	1	2	3
4	6	8	4	5	6
7	9	11	7	8	9

2.3.2　矩阵的拆分

1. 矩阵元素的引用方式

在 MATLAB 中，矩阵元素可以通过下标（Subscript）来引用，例如，A(3,2)表示 A 矩阵第 3 行第 2 列的元素。通常情况下，是对矩阵的单个元素进行赋值或其他操作。例如，如果想将 A 矩阵的第 3 行第 2 列的元素赋为 200，则可以通过下面的语句来完成：

```
A(3,2)=200
```

这时将只改变该元素的值，而不影响其他元素的值。如果给出的行下标或列下标大于原来矩阵的行数和列数，则 MATLAB 将自动扩展原来的矩阵，并将扩展后未赋值的矩阵元素置为 0。例如：

```
>> A=[1,2,3;4,5,6];
>> A(4,5)=10
A =
```

1	2	3	0	0
4	5	6	0	0
0	0	0	0	0
0	0	0	0	10

在 MATLAB 中，也可以采用矩阵元素的序号（Index）来引用矩阵元素。矩阵元素的序号就是相应元素在内存中的排列顺序。在 MATLAB 中，矩阵元素按列存储，先第 1 列，再第 2 列，依此类推。例如：

```
>> A=[1,2,3;4,5,6];
>> A(3)
ans =
    2
```

显然，序号与下标是一一对应的，以 $m \times n$ 矩阵 A 为例，矩阵元素 $A(i,j)$ 的序号为 $(j-1)*m+i$。其相互转换关系也可以利用 sub2ind 和 ind2sub 函数求得。例如：

```
>> A=[1:3;4:6];
>> sub2ind(size(A),1,2)
ans =
    3
>> [i,j]=ind2sub(size(A),3)
i =
    1
j =
    2
```

其中，size(A)函数返回包含两个元素的向量，分别是 A 矩阵的行数和列数。

有关求矩阵大小的函数还有如下两个：

（1）length(A)，给出行数和列数中的较大者，即 length(A)=max(size(A))。

（2）ndims(A)，给出 A 的维数。

2. 利用冒号表达式获得子矩阵

子矩阵是指由矩阵中的一部分元素构成的矩阵。若用冒号表达式作为引用矩阵时的下标，这时就可以获得一个子矩阵。也可以直接用单个的冒号来作为行下标或列下标，它代表全部行或全部列。

例如，A(i,j)表示 A 矩阵第 i 行、第 j 列的元素，A(i,:)表示 A 矩阵第 i 行的全部元素，A(:,j)表示 A 矩阵第 j 列的全部元素。同样，A(i:i+m,k:k+m)表示 A 矩阵第 i~i+m 行内且在第 k~k+m 列中的所有元素，A(i:i+m,:)表示 A 矩阵第 i~i+m 行的全部元素，A(:,k:k+m)表示 A 矩阵第 k~k+m 列的全部元素。

看下面矩阵拆分的例子。

```
>> A=[1,2,3,4,5;6,7,8,9,10;11,12,13,14,15;16,17,18,19,20]
A =
     1     2     3     4     5
     6     7     8     9    10
    11    12    13    14    15
    16    17    18    19    20
>> A(1,:)                    %取 A 第 1 行
ans =
     1     2     3     4     5
>> A(:,2:4)                  %取 A 第 2，3，4 列
ans =
     2     3     4
     7     8     9
    12    13    14
    17    18    19
>> A(2:3,4:5)                %取 A 第 2，3 行、第 4，5 列
ans =
     9    10
    14    15
>> A(2:3,1:2:5)              %取 A 第 2，3 行、第 1，2，5 列
ans =
     6     8    10
    11    13    15
```

A(:)将矩阵 A 每一列元素堆叠起来，成为一个列向量，而这也是 MATLAB 变量的内部储存方式。例如：

```
>> A =[-45,65,71;27,35,91]
A =
   -45    65    71
    27    35    91
>> B=A(:)
B =
   -45
    27
    65
    35
    71
    91
```

在这里，A(:)产生一个 6×1 的矩阵。

利用 MATLAB 的冒号运算，可以很容易地从给出的矩阵中获得子矩阵，而且这样处理的速度比利用循环结构来赋值的方式要快得多，所以在实际编程时应该尽量采用这种赋值方法。

此外，还可以利用一般向量和 end 运算符来表示矩阵下标，从而获得子矩阵。end 表示某一维的末尾元素下标。例如：

```
>> A=[1,2,3,4,5;6,7,8,9,10;11,12,13,14,15;16,17,18,19,20]
A =
    1    2    3    4    5
    6    7    8    9   10
   11   12   13   14   15
   16   17   18   19   20
>> A(end,:)                    %取 A 最后一行
ans =
   16   17   18   19   20
>> A([1,4],3:end)              %取 A 第 1，4 两行中第 3 列到最后一列的元素
ans =
    3    4    5
   18   19   20
```

3. 利用空矩阵删除矩阵的元素

在 MATLAB 中，定义[]为空矩阵。给变量 X 赋空矩阵的语句为：

```
X=[]
```

注意：X=[]与 clear X 不同，clear 是将 X 从工作空间中删除，而空矩阵则存在于工作空间中，只是维数为 0。

将某些元素从矩阵中删除，采用将其置为空矩阵的方法就是一种有效的方法。例如：

```
>> A=[1,2,3,0,0;7,0,9,2,6;1,4,-1,1,8]
A =
    1    2    3    0    0
    7    0    9    2    6
    1    4   -1    1    8
>> A(:,[2,4])=[]              %删除 A 的第 2 列和第 4 列元素
A =
    1    3    0
    7    9    6
    1   -1    8
```

4. 改变矩阵的形状

reshape(A,m,n)函数在矩阵总元素保持不变的前提下，将矩阵 A 重新排成 m×n 的二维矩阵。例如：

```
>> x=[23,45,65,34,65,34,98,45,78,65,43,76];   %产生有 12 个元素的行向量 x
>> y=reshape(x,3,4)                            %利用向量 x 建立 3×4 矩阵 y
y =
   23   34   98   65
   45   65   45   43
   65   34   78   76
```

注意：在 MATLAB 中，矩阵元素按列存储，即首先存储矩阵的第 1 列元素，然后存储第

2 列元素，……，一直到矩阵的最后一列元素。reshape 函数只是改变原矩阵的行数和列数，即改变其逻辑结构，但并不改变原矩阵元素个数及其存储结构。

例如，再针对上面建立的矩阵 y，执行如下命令并得到输出结果。

```
>> newy=reshape(y,2,6)
newy=
    23    65    65    98    78    43
    45    34    34    45    65    76
```

2.3.3　特殊矩阵

有一类具有特殊形式的矩阵称为特殊矩阵。常见的特殊矩阵有零矩阵、幺矩阵、单位矩阵等，这些特殊矩阵在应用中具有通用性；还有一类特殊矩阵在专门学科中有用，如有名的希尔伯特（Hilbert）矩阵、范德蒙（Vandermonde）矩阵等。大部分特殊矩阵都可以用前面介绍的建立矩阵的方法实现，但 MATLAB 中提供了一些函数，利用这些函数可以更方便地生成一些特殊矩阵，下面分别介绍。

1.　通用的特殊矩阵

常用的产生通用特殊矩阵的函数有：

（1）zeros：产生全 0 矩阵（零矩阵）。

（2）ones：产生全 1 矩阵（幺矩阵）。

（3）eye：产生单位矩阵。

（4）rand：产生(0,1)区间均匀分布的随机矩阵。

（5）randn：产生均值为 0，方差为 1 的标准正态分布随机矩阵。

这几个函数的调用格式相似，下面以产生零矩阵的 zeros 函数为例进行说明。其调用格式是：

（1）zeros(m)：产生 m×m 零矩阵。

（2）zeros(m,n)：产生 m×n 零矩阵。当 m=n 时，等同于 zeros(m)。

（3）zeros(size(A))：产生与矩阵 A 同样大小的零矩阵。

例 2-2　分别建立 3×3、3×2 和与矩阵 A 同样大小的零矩阵。

（1）建立一个 3×3 零矩阵。

```
>> zeros(3)
ans =
    0    0    0
    0    0    0
    0    0    0
```

（2）建立一个 3×2 零矩阵。

```
>> zeros(3,2)
ans =
    0    0
    0    0
    0    0
```

（3）设 A 为 2×3 矩阵，则可以用 zeros(size(A))建立一个与矩阵 A 同样大小的零矩阵。

```
>>A=[1,2,3;4,5,6];        %产生一个 2×3 阶矩阵 A
```

```
>> zeros(size(A))          %产生一个与矩阵 A 同样大小的零矩阵
ans =
     0     0     0
     0     0     0
```

例 2-3　建立随机矩阵：

（1）在区间[20,50]内均匀分布的 5 阶随机矩阵。

（2）均值为 0.6、方差为 0.1 的 5 阶正态分布随机矩阵。

产生(0,1)区间均匀分布随机矩阵使用 rand 函数，假设得到了一组满足(0,1)区间均匀分布的随机数 x_i，则若想得到在任意[a,b]区间上均匀分布的随机数，只需用 $y_i=a+(b-a)x_i$ 计算即可。产生均值为 0、方差为 1 的标准正态分布随机矩阵使用 randn 函数，假设已经得到了一组标准正态分布随机数 x_i；如果想更一般地得到均值为 μ、方差为 σ^2 的随机数，可用 $y_i=\mu+\sigma x_i$ 计算出来。针对本例，命令如下：

```
>> x=20+(50-20)*rand(5)
x =
    25.8979    44.9249    42.7160    21.6185    37.0647
    27.5325    37.5579    42.6119    35.9239    34.0817
    38.4813    36.4917    31.4134    43.3750    20.3571
    34.1987    47.5158    37.0346    48.0203    30.1137
    30.5498    28.5752    22.2756    23.8972    24.8655
>> y=0.6+sqrt(0.1)*randn(5)
y =
     0.8658     0.4102    -0.0762     0.6392     1.5196
     0.3192     0.7549     0.3345     1.0543     0.8610
     0.6317     0.8338     1.0284    -0.0201     1.0361
     0.4278     1.1413     0.2610     0.5375     0.2654
     0.6960     0.5386     0.9039     0.2180     0.4518
```

2. 用于专门学科的特殊矩阵

MATLAB 提供了若干能产生其元素值具有一定规律的特殊矩阵的函数，这类特殊矩阵在有关学科中是很有用的。下面介绍几个常用函数的功能和用法。

（1）魔方矩阵。

魔方矩阵有一个有趣的性质，其每行、每列及两条对角线上的元素和都相等。对于 n 阶魔方阵，其元素由 $1,2,3,\cdots,n^2$ 共 n^2 个整数组成。MATLAB 提供了求魔方矩阵的函数 magic(n)，其功能是生成一个 n 阶魔方阵。

例 2-4　将 101~125 等 25 个数填入一个 5 行 5 列的表格中，使其每行每列及对角线的和均为 565。

一个 5 阶魔方矩阵的每行、每列及对角线的和均为 65，对其每个元素都加 100 后这些和变为 565。完成其功能的命令如下：

```
>> M=100+magic(5)
M=
    117    124    101    108    115
    123    105    107    114    116
    104    106    113    120    122
    110    112    119    121    103
    111    118    125    102    109
```

（2）范德蒙矩阵。

下面是一个范德蒙（Vandermonde）矩阵的实例：

$$A = \begin{bmatrix} 1 & 1 & 1 & 1 \\ 8 & 4 & 2 & 1 \\ 27 & 9 & 3 & 1 \\ 125 & 25 & 5 & 1 \end{bmatrix}$$

范德蒙矩阵最后一列全为 1，倒数第 2 列为一个指定的向量，其他各列是其后一列与倒数第 2 列对应元素的乘积。可以用一个指定向量生成一个范德蒙矩阵。在 MATLAB 中，函数 vander(V)生成以向量 V 为基础向量的范德蒙矩阵。例如，A=vander([1;2;3;5])即可得到上述范德蒙矩阵。

（3）希尔伯特矩阵。

希尔伯特（Hilbert）矩阵是一种数学变换矩阵，它的每个元素 $h_{ij}=1/(i+j-1)$。在 MATLAB 中，生成希尔伯特矩阵的函数是 hilb(n)。希尔伯特矩阵是一个高度病态的矩阵，即任何一个元素发生微小变动，整个矩阵的值和逆矩阵都会发生很大变化，病态程度和阶数相关。在 MATLAB 中，有一个专门求希尔伯特矩阵的逆的函数 invhilb(n)，其功能是求 n 阶的希尔伯特矩阵的逆矩阵。

例 2-5　求 4 阶希尔伯特矩阵及其逆矩阵。

命令如下：

```
>> format rat          %以有理形式输出
>> H=hilb(4)
H =
        1              1/2            1/3            1/4
        1/2            1/3            1/4            1/5
        1/3            1/4            1/5            1/6
        1/4            1/5            1/6            1/7
>> H=invhilb(4)
H =
        16            -120            240           -140
       -120           1200          -2700           1680
        240          -2700           6480          -4200
       -140           1680          -4200           2800
>> format short        %恢复默认输出格式
```

（4）托普利兹矩阵。

托普利兹（Toeplitz）矩阵除第 1 行第 1 列外，其他每个元素都与左上角的元素相同。生成托普利兹矩阵的函数是 toeplitz(x,y)，它生成一个以 x 为第 1 列，y 为第 1 行的托普利兹矩阵。这里 x，y 均为向量，两者不必等长。toeplitz(x)用向量 x 生成一个对称的托普利兹矩阵。例如：

```
>> T=toeplitz(1:6)
T =
     1     2     3     4     5     6
     2     1     2     3     4     5
     3     2     1     2     3     4
     4     3     2     1     2     3
```

$$
\begin{array}{cccccc}
5 & 4 & 3 & 2 & 1 & 2 \\
6 & 5 & 4 & 3 & 2 & 1
\end{array}
$$

（5）伴随矩阵。

设多项式 p(x)为：

$$p(x)=a_nx^n+a_{n-1}x^{n-1}+\cdots+a_1x+a_0$$

称矩阵

$$
A=\begin{bmatrix}
-\dfrac{a_{n-1}}{a_n} & -\dfrac{a_{n-2}}{a_n} & -\dfrac{a_{n-3}}{a_n} & \cdots & -\dfrac{a_1}{a_n} & -\dfrac{a_0}{a_n} \\
1 & 0 & 0 & \cdots & 0 & 0 \\
0 & 1 & 0 & \cdots & 0 & 0 \\
\vdots & \vdots & \vdots & \ddots & \vdots & \vdots \\
0 & 0 & 0 & \cdots & 0 & 0 \\
0 & 0 & 0 & \cdots & 1 & 0
\end{bmatrix}
$$

为多项式 p(x)的伴随矩阵，p(x)称为 A 的特征多项式，方程 p(x)=0 的根称为 A 的特征值。

MATLAB 生成伴随矩阵的函数是 compan(p)，其中 p 是一个多项式的系数向量，高次幂系数排在前，低次幂排在后。例如，为了求多项式 x^3-7x+6 的伴随矩阵，可使用命令：

```
>> p=[1,0,-7,6];
>> compan(p)
ans =
     0     7    -6
     1     0     0
     0     1     0
```

（6）帕斯卡矩阵。

我们知道，二次项$(x+y)^n$展开后的系数随 n 的增大组成一个三角形表，称为杨辉三角形。由杨辉三角形组成的矩阵称为帕斯卡（Pascal）矩阵。帕斯卡矩阵的第一行元素和第一列元素都为 1，其余位置的元素是该元素的左边元素与上一行对应位置元素之和，即 A(i,j)=A(i,j-1)+A(i-1,j)。函数 pascal(n)生成一个 n 阶帕斯卡矩阵。

例 2-6 求$(x+y)^5$的展开式。

在 MATLAB 命令行窗口，输入命令：

```
>> pascal(6)
ans =
     1     1     1     1     1     1
     1     2     3     4     5     6
     1     3     6    10    15    21
     1     4    10    20    35    56
     1     5    15    35    70   126
     1     6    21    56   126   252
```

矩阵次对角线上的元素 1，5，10，10，5，1 即为展开式的系数。

2.4 MATLAB 运算

MATLAB 的运算都是针对矩阵而言的，既有矩阵意义下的运算，也有针对矩阵元素的运算。就运算的性质而言，有算术运算、关系运算和逻辑运算。

2.4.1　算术运算

1．基本算术运算

MATLAB 的基本算术运算有：+（加）、−（减）、*（乘）、/（右除）、\（左除）、^（乘方）。这些算术运算的运算规则不难理解，但必须注意，运算是在矩阵意义下进行的，单个数据的算术运算只是一种特例。

（1）矩阵加减运算。

假定有两个矩阵 A 和 B，则可以由 A+B 和 A-B 实现矩阵的加减运算。运算规则是：若 A 和 B 同型，则可以执行矩阵的加减运算，A 和 B 的相应元素相加减。如果 A 与 B 不同型，则 MATLAB 将给出错误信息，提示用户两个矩阵的维数或大小不匹配。

一个标量也可以和矩阵进行加减运算，这时把标量和矩阵的每一个元素进行加减运算。例如：

```
>> x=[2,-1,0;3,2,-4];
>> y=x-1
y =
     1    -2    -1
     2     1    -5
```

（2）矩阵乘法。

假定有两个矩阵 A 和 B，若 A 为 m×n 矩阵，B 为 n×p 矩阵，则 C=A*B 为 m×p 矩阵，其各个元素为：

$$c_{ij} = \sum_{k=1}^{n} a_{ik} \cdot b_{kj} \quad (i=1, 2, \cdots, m; \ j=1, 2, \cdots, p)$$

例如

```
>> A=[1,2,3;4,5,6];
>> B=[1,2;3,0;7,4];
>> C=A*B
C =
    28    14
    61    32
```

矩阵 A 和 B 进行乘法运算，要求 A 的列数与 B 的行数相等，此时则称 A，B 矩阵是可乘的，或称 A 和 B 两矩阵维数和大小相容。如果两者的维数或大小不相容，则将给出错误信息，提示用户两个矩阵是不可乘的。例如：

```
>> A=[10,20,30;40,50,60];
>> B=[1,3;4,7];
>> y=A*B
错误使用　*
内部矩阵维度必须一致。
```

说明 A 和 B 两矩阵维数或大小不相容，不能进行矩阵乘法运算。

在 MATLAB 中，还可以进行矩阵和标量相乘，标量可以是乘数也可以是被乘数。矩阵和标量相乘是矩阵中的每个元素与此标量相乘。

（3）矩阵除法。

在 MATLAB 中，有两种矩阵除法运算：\和/，分别表示左除和右除。如果 A 矩阵是非奇异方阵，则 A\B 和 B/A 运算可以实现。A\B 等效于 A 的逆左乘 B 矩阵，也就是 inv(A)*B；而 B/A 等效于 A 矩阵的逆右乘 B 矩阵，也就是 B*inv(A)。

对于含有标量的运算，两种除法运算的结果相同，如 3/4 和 4\3 有相同的值，都等于 0.75。又如，设 a=[10.5,25]，则 a/5=5\a=[2.1000 5.0000]。对于矩阵来说，左除和右除表示两种不同的除数矩阵和被除数矩阵的关系。对于矩阵运算，一般 A\B≠B/A。例如：

```
>> A=[1,2,3;4,2,6;7,4,9];
>> B=[4,3,2;7,5,1;12,7,92];
>> C1=A\B
    0.5000    -0.5000    44.5000
    1.0000     0.0000    46.0000
    0.5000     1.1667   -44.8333
>> C2=B/A
C2 =
   -0.1667    -3.3333     2.5000
   -0.8333    -7.6667     5.5000
   12.8333    63.6667   -36.5000
```

显然 C1≠C2。

（4）矩阵的乘方。

一个矩阵的乘方运算可以表示成 A^x，要求 A 为方阵，x 为标量。例如：

```
>> A=[1,2,3;4,5,6;7,8,0];
>> A^2
ans =
    30    36    15
    66    81    42
    39    54    69
```

显然，A^2 即 A*A。

矩阵的开方运算是相当困难的，但有了计算机，这种运算就不再显得那么麻烦了，用户可以利用计算机方便地求出一个矩阵的方根。例如：

```
>> A=[1,2,3;4,5,6;7,8,0];
>> A^0.1
ans =
   0.9750 + 0.2452i    0.1254 - 0.0493i    0.0059 - 0.0604i
   0.2227 - 0.0965i    1.1276 + 0.1539i    0.0678 - 0.1249i
   0.0324 - 0.1423i    0.0811 - 0.1659i    1.1786 + 0.2500i
```

2. 点运算

在 MATLAB 中，有一种特殊的运算，因为其运算符是在有关算术运算符前面加点，所以叫点运算。点运算符有.*、./、.\ 和.^。两矩阵进行点运算是指它们的对应元素进行相关运算，要求两矩阵的维数相同。例如：

```
>> A=[1,2,3;4,5,6;7,8,9];
>> B=[-1,0,1;1,-1,0;0,1,1];
>> C=A.*B
C =
    -1     0     3
     4    -5     0
     0     8     9
```

A.*B 表示 A 和 B 单个元素之间对应相乘，显然与 A*B 的结果不同。

如果 A，B 两矩阵具有相同的维数，则 A./B 表示 A 矩阵除以 B 矩阵的对应元素。B.\A 等价于 A./B。例如：

```
>> A=[1,2,3;4,5,6];
>> B=[-2,1,3;-1,1,4];
>> C1=A./B
C1 =
    -0.5000    2.0000    1.0000
    -4.0000    5.0000    1.5000
>> C2=B.\A
C2 =
    -0.5000    2.0000    1.0000
    -4.0000    5.0000    1.5000
```

显然，A./B 和 B.\A 值相等。这与前面介绍的矩阵的左除、右除是不一样的。

若两个矩阵同型，则 A.^B 表示两矩阵对应元素进行乘方运算。例如：

```
>> A=[1,2,3];
>> B=[4,5,6];
>> C=A.^B
C =
        1       32      729
```

指数可以是标量。例如：

```
>> A=[1,2,3];
>> C=A.^2
C =
        1        4        9
```

底也可以是标量。例如

```
>> A=[1,2,3];B=[4,5,6];
>> C=2.^[A B]
C =
     2     4     8    16    32    64
```

点运算是 MATLAB 很有特色的一个运算符，在实际应用中起着很重要的作用，也是许多初学者容易弄混的一个问题。下面再举一个例子进行说明。

当 x=0.1，0.4，0.7，1 时，分别求 $y = \sin x \cos x$ 的值，命令应当写成：

```
x=0.1:0.3:1;
y=sin(x).*cos(x);
```

其中，求 y 的表达式中必须是点乘运算。如果 x 只取一个点，则用乘法运算就可以了。

2.4.2 关系运算

MATLAB 提供了 6 种关系运算符：<（小于）、<=（小于或等于）、>（大于）、>=（大于或等于）、==（等于）、~=（不等于）。它们的含义不难理解，但要注意其书写方法与数学中的不等式符号不尽相同。

关系运算符的运算法则为：

（1）当两个比较量是标量时，直接比较两数的大小。若关系成立，关系表达式结果为1，否则为0。

（2）当参与比较的量是两个同型矩阵时，比较是对两矩阵相同位置的元素按标量关系运算规则逐个进行，并给出元素比较结果。最终的关系运算的结果是一个与原矩阵同型的矩阵，它的元素由0或1组成。

（3）当参与比较的一个是标量，而另一个是矩阵时，则把标量与矩阵的每一个元素按标量关系运算规则逐个比较，并给出元素比较结果。最终的关系运算的结果是一个与原矩阵同型的矩阵，它的元素由0或1组成。

例 2-7　产生 5 阶随机方阵 A，其元素为[10,90]区间的随机整数，然后判断 A 的元素是否能被 3 整除。

（1）生成 5 阶随机方阵 A。

```
>> A=fix((90-10+1)*rand(5)+10)
A =
    31    31    54    51    24
    74    21    21    42    29
    44    21    79    16    43
    83    80    60    29    14
    24    56    38    19    83
```

（2）判断 A 的元素是否可以被 3 整除。

```
>> P=rem(A,3)==0
P =
     0     0     1     1     1
     0     1     1     1     0
     0     1     0     0     0
     0     0     1     0     0
     1     0     0     0     0
```

其中，rem(A,3)是矩阵 A 的每个元素除以 3 的余数矩阵。此时，0 被扩展为与 A 同型的零矩阵，P 是进行等于（==）比较的结果矩阵。

2.4.3　逻辑运算

MATLAB 提供了 3 种逻辑运算符：&（与）、|（或）和～（非）。

逻辑运算的运算法则为：

（1）在逻辑运算中，非零元素为真，用 1 表示，零元素为假，用 0 表示。

（2）设参与逻辑运算的是两个标量 a 和 b，那么，当 a，b 全为非零时，a&b 的运算结果为 1，否则为 0；a，b 中只要有一个非零，a|b 的运算结果为 1；当 a 是零时，～a 的运算结果为 1，当 a 非零时，～a 的运算结果为 0。

（3）若参与逻辑运算的是两个同型矩阵，那么运算将对矩阵相同位置上的元素按标量规则逐个进行。最终运算结果是一个与原矩阵同型的矩阵，其元素由 1 或 0 组成。

（4）若参与逻辑运算的一个是标量，一个是矩阵，那么运算将在标量与矩阵中的每个元素之间按标量规则逐个进行。最终运算结果是一个与矩阵同型的矩阵，其元素由 1 或 0 组成。

（5）逻辑非是单目运算符，也服从矩阵运算规则。

例如：

```
>> A=[4,65,-54,0,6;56,0,67,-45,0]
A =
     4    65   -54     0     6
    56     0    67   -45     0
>> B=[0,5,3,2,-6;5,3,0,0,-56]
B =
     0     5     3     2    -6
     5     3     0     0   -56
>> A&B
ans =
     0     1     1     0     1
     1     0     0     0     0
>> A|B
ans =
     1     1     1     1     1
     1     1     1     1     1
>> ~A
ans =
     0     0     0     1     0
     0     1     0     0     1
```

在算术运算、关系运算和逻辑运算中，算术运算优先级最高，逻辑运算优先级最低。

此外，MATLAB 还提供了一些关系运算与逻辑运算函数，如表 2-5 所示。

表 2-5　关系运算与逻辑运算函数

函数名	含义
all	若向量的所有元素非零，则结果为 1
any	向量中任何一个元素非零，结果为 1
exist	检查变量在工作空间中是否存在，若存在，则结果为 1，否则为 0
find	找出向量或矩阵中非零元素的位置
isempty	若被查变量是空阵，则结果为 1
isglobal	若被查变量是全局变量，则结果为 1
isinf	若元素是 ±inf，则结果矩阵相应位置元素取 1，否则取 0
isnan	若元素是 nan，则结果矩阵相应位置元素取 1，否则取 0
isfinite	若元素值大小有限，则结果矩阵相应位置元素取 1，否则取 0
issparse	若变量是稀疏矩阵，则结果矩阵相应位置元素取 1，否则取 0
isstr	若变量是字符串，则结果矩阵相应位置元素取 1，否则取 0
xor	若两矩阵对应元素同为 0 或非 0，则结果矩阵相应位置元素取 0，否则取 1

例 2-8　建立矩阵 A，然后找出大于 4 的元素的位置，并输出相应位置的元素。

（1）建立矩阵 A。

```
>> A=[4,-65,-54,0,6;56,0,67,-45,0]
A =
     4   -65   -54     0     6
    56     0    67   -45     0
```

（2）找出大于 4 的元素的位置。

```
>> k=find(A>4)
k =
     2
     6
     9
```

（3）输出相应位置的元素。

```
>> A(k)
ans =
    56
    67
     6
```

注意：find 函数得到的矩阵元素的位置是以相应元素的序号来表示的。前已提及，矩阵元素的序号和下标可以相互转换。

2.5 矩阵分析

MATLAB 语言的基本运算对象是矩阵，其最初的出现和应用也是和矩阵息息相关的，用户可以将 MATLAB 处理的所有数据都看做矩阵。矩阵分析是 MATLAB 的重要功能，包括矩阵变换、矩阵求值、矩阵特征值与特征向量的求解等内容。

2.5.1 对角阵与三角阵

1. 对角阵

只有对角线上有非 0 元素的矩阵称为对角矩阵，对角线上的元素相等的对角矩阵称为数量矩阵，对角线上的元素都为 1 的对角矩阵称为单位矩阵。矩阵的对角线有许多性质，如转置运算时对角线元素不变，相似变换时对角线的和（称为矩阵的迹）不变等。在研究矩阵时，很多时候需要将矩阵的对角线上的元素提取出来形成一个列向量，而有时又需要用一个向量构造一个对角阵。

（1）提取矩阵的对角线元素。

设 A 为 m×n 矩阵，diag(A)函数用于提取矩阵 A 主对角线元素，产生一个具有 min(m,n) 个元素的列向量。例如：

```
>> A=[1,2,3;4,5,6];
>> D=diag(A)
D =
     1
     5
```

diag(A)函数还有一种形式 diag(A,k)，其功能是提取第 k 条对角线的元素。与主对角线平行，往上为第 1 条、第 2 条、……、第 n 条对角线，往下为第-1 条、第-2 条、……、第-n 条对角线。主对角线为第 0 条对角线。例如，对于上面建立的 A 矩阵，提取其主对角线两侧对角线的元素，命令如下：

```
>> D1=diag(A,1)
D=
    2
    6
>> D2=diag(A,-1)
D=
    4
```

（2）构造对角矩阵。

设 V 为具有 m 个元素的向量，diag(V)将产生一个 m×m 对角矩阵，其主对角线元素即为向量 V 的元素。例如：

```
>> diag([1,2,-1,4])
ans =
    1    0    0    0
    0    2    0    0
    0    0   -1    0
    0    0    0    4
```

diag(V)函数也有另一种形式 diag(V,k)，其功能是产生一个 n×n（n=m+|k|）对角阵，其第 k 条对角线的元素即为向量 V 的元素。例如：

```
>> diag(1:3,-1)
ans =
    0    0    0    0
    1    0    0    0
    0    2    0    0
    0    0    3    0
```

例 2-9　先建立 5×5 矩阵 A，然后将 A 的第 1 行元素乘以 1，第 2 行乘以 2，……，第 5 行乘以 5。

用一个对角矩阵左乘一个矩阵时，相当于用对角阵的第 1 个元素乘以该矩阵的第 1 行，用对角阵的第 2 个元素乘以该矩阵的第 2 行，……，依此类推。因此，只需按要求构造一个对角矩阵 D，并用 D 左乘 A 即可。命令如下：

```
>> A=[17,0,1,0,15;23,5,7,14,16;4,0,13,0,22;10,12,19,21,3;...
11,18,25,2,19];
>> D=diag(1:5);
>> D*A                    %用 D 左乘 A，对 A 的每行乘以一个指定常数
ans =
    17     0     1     0    15
    46    10    14    28    32
    12     0    39     0    66
    40    48    76    84    12
    55    90   125    10    95
```

如果要对 A 的每列元素乘以同一个数，可以用一个对角阵右乘矩阵 A。

2. 三角阵

三角阵又进一步分为上三角阵和下三角阵。所谓上三角阵，即矩阵的对角线以下的元素全为 0 的一种矩阵，而下三角阵则是对角线以上的元素全为 0 的一种矩阵。

（1）上三角矩阵。

与矩阵 A 对应的上三角阵 B 是与 A 同型的一个矩阵，并且 B 的对角线以上（含对角线）的元素和 A 对应相等，而对角线以下的元素等于 0。求矩阵 A 的上三角阵的 MATLAB 函数是 triu(A)。例如，提取矩阵 A 的上三角元素，形成新的矩阵 B，命令如下：

```
>> A=[7,13,-28;2,-9,8;0,34,5];
>> B=triu(A)
B =
    7    13   -28
    0    -9    8
    0     0    5
```

triu(A)函数也有另一种形式 triu(A,k)，其功能是求矩阵 A 的第 k 条对角线以上的元素。例如，提取矩阵 A 的第 2 条对角线以上的元素，形成新的矩阵 B，命令如下：

```
>> A=[1,32,1,0,5;3,5,17,4,16;4,0,-13,0,42;70,11,9,21,3;11,63,5,2,99];
>> B=triu(A,2)
B =
    0    0    1    0    5
    0    0    0    4   16
    0    0    0    0   42
    0    0    0    0    0
    0    0    0    0    0
```

（2）下三角矩阵。

在 MATLAB 中，提取矩阵 A 的下三角矩阵的函数是 tril(A)和 tril(A,k)，其用法与提取上三角矩阵的函数 triu(A)和 triu(A,k)完全相同。

2.5.2 矩阵的转置与旋转

1. 矩阵的转置

所谓矩阵的转置，即把源矩阵的第 1 行变成目标矩阵的第 1 列，第 2 行变成第 2 列，……，依此类推。显然，一个 m 行 n 列的矩阵经过转置运算后，变成一个 n 行 m 列的矩阵。设 A 为 m×n 矩阵，则其转置矩阵 B 的元素定义如下：

$$b_{ji}=a_{ij} \ (i=1, \ 2, \ \cdots, \ m; \ j=1, \ 2, \ \cdots, \ n)$$

转置运算符是小数点后面接单撇号（.'）。例如：

```
>> A=[71,3,-8;2,-9,8;0,4,5];
>> B=A.'
B =
    71    2    0
     3   -9    4
    -8    8    5
```

还有一种转置叫共轭转置，其运算符是单引号（'），它在转置的基础上还要取每个数的复共轭。例如，B=A'得到的 B 就是 A 的共轭转置矩阵，等价于 B=conj(A).'或 B=conj(A.')。如果矩阵的元素都是实数，那么转置和共轭转置的结果是一样的。

2. 矩阵的旋转

在 MATLAB 中，可以很方便地以 90°为单位对矩阵 A 按逆时针方向进行旋转。利用函数 rot90(A,k)将矩阵 A 旋转 90°的 k 倍，当 k 为 1 时可省略。例如，将 A 按逆时针方向旋转 90°，命令如下：

```
>> A=[57,19,38;-2,31,8;0,84,5];
>> B=rot90(A)
B =
      38      8      5
      19     31     84
      57     -2      0
>> rot90(A,4)
ans =
      57     19     38
      -2     31      8
       0     84      5
```

3. 矩阵的左右翻转

对矩阵实施左右翻转是将原矩阵的第 1 列和最后一列调换,第 2 列和倒数第 2 列调换,……,依此类推。MATLAB 对矩阵 A 实施左右翻转的函数是 fliplr(A)。例如:

```
>> A=[14,-9,8;-2,81,8;-2,4,0]
A =
      14     -9      8
      -2     81      8
      -2      4      0
>> B=fliplr(A)
B =
       8     -9     14
       8     81     -2
       0      4     -2
```

4. 矩阵的上下翻转

与矩阵的左右翻转类似,矩阵的上下翻转是将原矩阵的第 1 行与最后一行调换,第 2 行与倒数第 2 行调换,……,依此类推。MATLAB 对矩阵 A 实施上下翻转的函数是 flipud(A)。

2.5.3　矩阵的逆与伪逆

1. 矩阵的逆

对于一个方阵 A,如果存在一个与其同阶的方阵 B,使得:

$$A·B=B·A=I（I 为单位矩阵）$$

则称 B 为 A 的逆矩阵,当然,A 也是 B 的逆矩阵。

求一个矩阵的逆是一件非常烦琐的工作,容易出错,但在 MATLAB 中,求一个矩阵的逆非常容易。求方阵 A 的逆矩阵可调用函数 inv(A)。

例 2-10　用求逆矩阵的方法解线性方程组。

$$\begin{cases} x + 2y + 3z = 5 \\ x + 4y + 9z = -2 \\ x + 8y + 27z = 6 \end{cases}$$

设

$$A = \begin{bmatrix} 1 & 2 & 3 \\ 1 & 4 & 9 \\ 1 & 8 & 27 \end{bmatrix}, \quad b = \begin{bmatrix} 5 \\ -2 \\ 6 \end{bmatrix}, \quad x = \begin{bmatrix} x \\ y \\ z \end{bmatrix}$$

则原线性方程组可简写为：

$$Ax=b$$

其解为：

$$x=A^{-1}b$$

命令如下：

```
>> A=[1,2,3;1,4,9;1,8,27];
>> b=[5,-2,6]';
>> x=inv(A)*b
x =
    23.0000
   -14.5000
     3.6667
```

2. 矩阵的伪逆

如果矩阵 A 不是一个方阵，或者 A 是一个非满秩的方阵时，矩阵 A 没有逆矩阵，但可以找到一个与 A 的转置矩阵 A'同型的矩阵 B，使得：

$$A \cdot B \cdot A=A$$

$$B \cdot A \cdot B=B$$

此时称矩阵 B 为矩阵 A 的伪逆，也称为广义逆矩阵。在 MATLAB 中，求一个矩阵伪逆的函数是 pinv(A)。例如：

```
>> A=[3,1,1,1;1,3,1,1;1,1,3,1];
>> B=pinv(A)
B =
    0.3929   -0.1071   -0.1071
   -0.1071    0.3929   -0.1071
   -0.1071   -0.1071    0.3929
    0.0357    0.0357    0.0357
```

若 A 是一个奇异矩阵，无一般意义上的逆矩阵，但可以求 A 的伪逆矩阵。例如：

```
>> A=[0,0,0;0,1,0;0,0,1];
>> pinv(A)
ans =
    0    0    0
    0    1    0
    0    0    1
```

本例中，A 的伪逆矩阵和 A 相等，这是一个巧合。一般说来，矩阵的伪逆矩阵和自身是不同的。

2.5.4 方阵的行列式

把一个方阵看做一个行列式，并对其按行列式的规则求值，这个值就称为矩阵所对应的行列式的值。在 MATLAB 中，求方阵 A 所对应的行列式的值的函数是 det(A)。例如：

```
>> A=[1,2,3;1,0,2;-3,4,1]
A =
    1    2    3
    1    0    2
```

```
        -3      4       1
>> B=det(A)
B =
        -10
```

2.5.5　矩阵的秩与迹

1. 矩阵的秩

矩阵线性无关的行数与列数称为矩阵的秩。什么叫矩阵线性无关的行与列呢？事实上，一个 m×n 阶矩阵 A 是由 m 个行向量组成或由 n 个列向量组成的。通常，对于一组向量 $x_1, x_2, \cdots,$ x_p，若存在一组不全为零的数 k_i（i=1，2，…，p），使

$$k_1x_1+k_2x_2+\cdots+k_px_p=0$$

成立，则称这 p 个向量线性相关，否则称线性无关。对于 m×n 阶矩阵 A，若 m 个行向量中有 r（r≤m）个行向量线性无关，而其余为线性相关，称 r 为矩阵 A 的行秩；类似地可定义矩阵 A 的列秩。矩阵的行秩和列秩必定相等，将行秩和列秩统称为矩阵的秩，有时也称为该矩阵的奇异值数。

在 MATLAB 中，求矩阵秩的函数是 rank(A)。例如：

```
>> A=[2,2,-1,1;4,3,-1,2;8,5,-3,4;3,3,-2,2];
>> r=rank(A)
r =
        4
```

说明 A 是一个满秩矩阵。

2. 矩阵的迹

矩阵的迹等于矩阵的对角线元素之和，也等于矩阵的特征值之和。在 MATLAB 中，求矩阵的迹的函数是 trace(A)。例如：

```
A=[2,2,3;4,5,-6;7,8,9];
trace(A)
ans =
        16
```

2.5.6　向量和矩阵的范数

矩阵或向量的范数用来度量矩阵或向量在某种意义下的长度。范数有多种方法定义，其定义不同，范数值也就不同，因此，讨论向量和矩阵的范数时，一定要弄清是求哪一种范数。

1. 向量的 3 种常用范数及其计算函数

设向量 V=(v_1，v_2，…，v_n)，下面讨论向量的 3 种范数：

（1）向量的 1-范数：向量元素的绝对值之和。

$$\|V\|_1 = \sum_{i=1}^{n} |v_i|$$

（2）向量的 2-范数：向量元素平方和的平方根。

$$\|V\|_2 = \sqrt{\sum_{i=1}^{n} v_i^2}$$

（3）向量的∞-范数：所有向量元素绝对值中的最大值。

$$\|V\|_\infty = \max_{1 \le i \le n}\{|v_i|\}$$

在 MATLAB 中，求这 3 种向量范数的函数为：

（1）norm(V,1)：计算向量 V 的 1-范数。

（2）norm(V)或 norm(V,2)：计算向量 V 的 2-范数。

（3）norm(V,inf)：计算向量 V 的∞-范数。

例如：

```
>> V=[-1,1/2,1];
>> v1=norm(V,1)                    %求 V 的 1-范数
v1 =
    2.5000
>> v2=norm(V)                      %求 V 的 2-范数
v2 =
    1.5000
>> vinf=norm(V,inf)                %求 V 的∞-范数
vinf =
    1
```

2. 矩阵的范数及其计算函数

设 A 是一个 m×n 的矩阵，V 是一个含有 n 个元素的列向量，定义：

$$\|A\| = \max\|A \cdot V\|，\quad \|V\| = 1$$

因为 A 是一个 m×n 的矩阵，而 V 是一个含有 n 个元素的列向量，所以 A·V 是一个含有 m 个元素的列向量。在前面已经定义了 3 种不同的向量范数，按照上式也可以定义 3 种矩阵范数，这样定义的矩阵范数‖A‖称为 A 从属于向量的范数。

上式只给出了矩阵范数的基本定义，未给出具体计算方法，完全按照上式是难以计算一个矩阵的某种具体范数的。从属于 3 种向量范数的矩阵范数计算公式是（a_{ij} 是矩阵 A 的元素）：

（1）矩阵 A 的 1-范数：所有矩阵列元素绝对值之和的最大值。

$$\|A\|_1 = \max_{\|V\|_1=1}\{\|A \cdot V\|_1\} = \max_{1 \le j \le n}\{\sum_{i=1}^{m}|a_{ij}|\}$$

（2）矩阵 A 的 2-范数：A'A 矩阵的最大特征值的平方根。

$$\|A\|_2 = \max_{\|V\|_2=1}\{\|A \cdot V\|_2\} = \sqrt{\lambda_1}，\quad 其中 \lambda_1 为 A'A 的最大特征值$$

（3）矩阵 A 的∞-范数：所有矩阵行元素绝对值之和的最大值。

$$\|A\|_\infty = \max_{\|V\|_\infty=1}\{\|A \cdot V\|_\infty\} = \max_{1 \le i \le m}\{\sum_{j=1}^{n}|a_{ij}|\}$$

MATLAB 提供了求 3 种矩阵范数的函数，其函数调用格式与求向量的范数的函数完全相同。例如：

```
>> A=[17,0,1,0,15;23,5,7,14,16;4,0,13,0,22;10,12,19,21,3; ...
11,18,25,2,19];
>> a1=norm(A,1)                    %求 A 的 1-范数
a1 =
    75
```

```
>> a2=norm(A)                    %求 A 的 2-范数
a2 =
    59.3617
>> ainf=norm(A,inf)              %求 A 的∞-范数
ainf =
    75
```

2.5.7　矩阵的条件数

在求解线性方程组 AX=b 时，一般认为，系数矩阵 A 中个别元素的微小扰动不会引起解向量的很大变化。这样的假设在工程应用中非常重要，因为一般系数矩阵的数据是由实验数据获得的，并非精确值，但与精确值误差不大。由上面的假设可以得出如下结论：当参与运算的系数与实际精确值误差很小时，所获得的解与问题的准确解误差也很小。遗憾的是，上述假设并非总是正确的。对于有的系数矩阵，个别元素的微小扰动会引起解的很大变化，在计算数学中，称这种矩阵为病态矩阵，而称解不因其系数矩阵的微小扰动而发生大的变化的矩阵为良性矩阵。当然，良性与病态是相对的，需要一个参数来描述，条件数就是用来描述矩阵的这种性能的一个参数。

矩阵 A 的条件数等于 A 的范数与 A 的逆矩阵的范数的乘积，即 $cond(A) = \|A\| \cdot \|A^{-1}\|$。这样定义的条件数总是大于 1 的。条件数越接近于 1，矩阵的性能越好，反之，矩阵的性能越差。A 有 3 种范数，相应地可以定义 3 种条件数。在 MATLAB 中，计算 A 的 3 种条件数的函数是：

（1）cond(A,1)：计算 A 的 1-范数下的条件数，即
$$cond(A,1) = \|A\|_1 \cdot \|A^{-1}\|_1$$

（2）cond(A)或 cond(A,2)：计算 A 的 2-范数下的条件数，即
$$cond(A) = \|A\|_2 \cdot \|A^{-1}\|_2$$

（3）cond(A,inf)：计算 A 的∞-范数下的条件数，即
$$cond(A,inf) = \|A\|_\infty \cdot \|A^{-1}\|_\infty$$

例如：
```
>> A=[2,2,3;4,5,-6;7,8,9];
>> C1=cond(A)
C1 =
    87.9754
>> B=[2,-5,4;1,5,-2;-1,2,4];
>> C2=cond(B)
C2 =
    3.7515
```
矩阵 B 的条件数比矩阵 A 的条件数更接近于 1，因此，矩阵 B 的性能要好于矩阵 A。

2.5.8　矩阵的特征值与特征向量

对于 n 阶方阵 A，求数 λ 和向量 ζ，使得等式 Aζ=λζ 成立。满足等式的数 λ 称为 A 的特征值，而向量 ζ 称为 A 的特征向量。实际上，方程 Aζ=λζ 和(A-λI)ζ=0 是两个等价方程。要使方

程(A-λI)ζ=0 有非零解 ζ，必须使其系数行列式为 0，即|A-λI|=0。

线性代数中已经证明，行列式|A-λI|是一个关于 λ 的 n 阶多项式，因而方程|A-λI|=0 是一个 n 次方程，有 n 个根（含重根），就是矩阵 A 的 n 个特征值，每一个特征值对应无穷多个特征向量。矩阵的特征值问题有确定解，但特征向量问题没有确定解。

特征值和特征向量在科学研究和工程计算中都有非常广泛的应用。在 MATLAB 中，计算矩阵 A 的特征值和特征向量的函数是 eig(A)，常用的调用格式有 3 种：

（1）E=eig(A)：求矩阵 A 的全部特征值，构成向量 E。

（2）[V,D]=eig(A)：求矩阵 A 的全部特征值，构成对角阵 D，并求 A 的特征向量构成 V 的列向量。

（3）[V,D]=eig(A,'nobalance')：与第 2 种格式类似，但第 2 种格式中先对 A 作相似变换后求矩阵 A 的特征值和特征向量，而格式 3 直接求矩阵 A 的特征值和特征向量。

一个矩阵的特征向量有无穷多个，eig 函数只找出其中的 n 个，A 的其他特征向量，均可由这 n 个特征向量的线性组合表示。例如：

```
>> A=[1,1,0.5;1,1,0.25;0.5,0.25,2];
>> [V,D]=eig(A)
V =
    0.7212    0.4443    0.5315
   -0.6863    0.5621    0.4615
   -0.0937   -0.6976    0.7103
D =
   -0.0166         0         0
         0    1.4801         0
         0         0    2.5365
```

求得的 3 个特征值是-0.0166、1.4801 和 2.5365，各特征值对应的特征向量为 V 的各列构成的向量。验证结果，A·V 和 V·D 的值均为：

```
   -0.0120    0.6576    1.3481
    0.0114    0.8320    1.1705
    0.0016   -1.0325    1.8018
```

例 2-11　用求特征值的方法解方程。

$$3x^5-7x^4+5x^2+2x-18=0$$

先构造与方程对应的多项式的伴随矩阵 A，再求 A 的特征值，A 的特征值即为方程的根。命令如下：

```
>> p=[3,-7,0,5,2,-18];
>> A=compan(p);              %A 的伴随矩阵
>> x1=eig(A)                 %求 A 的特征值
x1 =
    2.1837 + 0.0000i
   -1.0000 + 1.0000i
    1.0000 - 1.0000i
   -0.9252 + 0.7197i
   -0.9252 - 0.7197i
>> x2=roots(p)               %直接求多项式 p 的零点
```

```
      x2 =
            2.1837 + 0.0000i
            1.0000 + 1.0000i
            1.0000 - 1.0000i
           -0.9252 + 0.7197i
           -0.9252 - 0.7197i
```

可以看出，两种方法求得的方程的根是完全一致的，实际上，roots 函数正是应用求伴随矩阵的特征值的方法来求方程的根。

2.6　矩阵的超越函数

MATLAB 的数学函数，如 sqrt、exp、log 等都是作用在矩阵的各元素上的。MATLAB 还提供了一些直接作用于矩阵的超越函数，其函数名都在上述数学函数名之后缀以 m，并规定输入参数 A 必须是方阵。

1. 矩阵平方根 sqrtm

sqrtm(A)计算矩阵 A 的平方根 $\sqrt{A}$，这是在矩阵意义下的平方根，它与 sqrt 函数的结果是不同的。例如：

```
      >> A=[4,2;3,6];
      >> B1=sqrtm(A)              %矩阵意义下的平方根
      B1 =
            1.9171      0.4652
            0.6978      2.3823
      >> B1*B1                    %矩阵相乘
      ans =
            4.0000      2.0000
            3.0000      6.0000
      >> B2=sqrt(A)              %矩阵元素的平方根
      B2 =
            2.0000      1.4142
            1.7321      2.4495
      >> B2.*B2                   %矩阵对应元素相乘
      ans =
            4.0000      2.0000
            3.0000      6.0000
```

若 A 为实对称正定矩阵或复埃尔米特（Hermitian）正定阵，则一定能算出它的平方根。但某些矩阵，如 A=[0,1;0,0]就得不到平方根。若矩阵 A 含有负的特征值，则 sqrtm(A)将会得到一个复矩阵，例如：

```
      >> A=[4,9;16,25];
      >> eig(A)
      ans =
           -1.4452
           30.4452
      >> B=sqrtm(A)
```

B =

    0.9421 + 0.9969i   1.5572 - 0.3393i

    2.7683 - 0.6032i   4.5756 + 0.2053i

2. 矩阵对数 logm

logm(A)计算矩阵 A 的自然对数。此函数输入参数的条件与输出结果间的关系和函数 sqrtm(A)完全一样。例如：

```
>>A=[4,9;1,5];
>>L=logm(A)
L =
      1.0639      2.4308
      0.2701      1.3340
```

3. 矩阵指数 expm

expm(A)的功能都是求矩阵指数 e^A。例如，对上面计算所得到的 A 的自然对数 L，求其矩阵指数 $B = e^L$，命令如下：

```
>> B=expm(L)
B =
      4.0000      9.0000
      1.0000      5.0000
```

从这个结果可见，这里所得到的 B 恰好与 A 相同，即 expm 函数与 logm 函数是互逆的。

4. 普通矩阵函数 funm

funm(A,@fun)对方阵 A 计算由 fun 定义的函数的矩阵函数值。例如，当 fun 取 exp 时，funm(A,@exp)可以计算矩阵 A 的指数，与 expm(A)的计算结果一样。

```
>> A=[1,0;2,-1];
>> funm(A,@exp)
ans =
      2.7183              0
      2.3504      0.3679
>> expm(A)
ans =
      2.7183              0
      2.3504      0.3679
```

funm 函数可以用于 exp、log、sin、cos、sinh 和 cosh 等函数，但求矩阵的平方根只能用 sqrtm 函数。

2.7　字符串

在实际应用中，有两种基本的数据类型，一个是数值型数据，一个是字符型数据或称字符串数据。数值型数据比较好理解，是指能参与数值运算的数据，又分为整型、浮点型和复数型。字符型数据在日常应用中则不太强调，但应用是大量存在的，例如统计一篇英文文章中不同英文字母出现的次数、按姓名排序，等等。字符串数据由若干个字符组成，这些字符可以是计算机系统中允许使用的任何字符，它在使用上有其特殊性，需单独进行介绍。

2.7.1　字符串的表示

在 MATLAB 中，字符串是用单撇号括起来的字符序列。例如：

```
>> xm='Central South University'
xm =
Central South University
```

MATLAB 将字符串当作一个行向量，每个元素对应一个字符，其标识方法和数值向量相同。也可以建立多行字符串矩阵。例如：

```
ch=['abcdef';'123456'];
```

这里要求各行字符数要相等。为此，有时不得不用空格来调节各行的长度，使它们彼此相等。

字符串是以 ASCII 码形式存储的。abs 和 double 函数都可以用来获取字符串矩阵所对应的 ASCII 码数值矩阵。相反，char 函数可以把 ASCII 码矩阵转换为字符串矩阵。

例 2-12　建立一个字符串向量，然后对该向量做如下处理：

（1）取第 1～5 个字符组成的子字符串。

（2）将字符串倒过来重新排列。

（3）将字符串中的小写字母变成相应的大写字母，其余字符不变。

（4）统计字符串中小写字母的个数。

命令如下：

```
>> ch='ABc123d4e56Fg9';
>> subch=ch(1:5)                  %取子字符串
subch =
ABc12
>> revch=ch(end:-1:1)            %将字符串倒排
revch =
9gF65e4d321cBA
>> k=find(ch>='a'&ch<='z');       %找小写字母的位置
>> ch(k)=ch(k)-('a'-'A');         %将小写字母变成相应的大写字母
>> char(ch)
ans =
ABC123D4E56FG9
>> length(k)                      %统计小写字母的个数
ans =
    4
```

2.7.2　字符串的操作

1. 字符串的执行

与字符串有关的一个重要函数是 eval，它的作用是把字符串的内容作为对应的 MATLAB 命令来执行，其调用格式为：

```
eval(s)
```

其中 s 为字符串。

例如：

```
>> t=pi;
>> m='[t,sin(t),cos(t)]';
```

```
>> y=eval(m)
y =
        3.1416      0.0000     -1.0000
```

2. 字符串与数值之间的转换

字符串是以 ASCII 码形式存储的，abs 和 double 函数都可以用来获取字符串矩阵所对应的 ASCII 码数值矩阵。相反，char 函数可以把 ASCII 码矩阵转换为字符串矩阵。例如：

```
>> s1='MATLAB';
>> a=abs(s1)
a =
        77      65      84      76      65      66
>> char(a+32)
ans =
matlab
```

MATLAB 还有许多用于字符串和数值数据之间转换的函数，例如，setstr 函数将 ASCII 码值转换成对应的字符，str2num 函数或 str2double 函数将数字字符串转换成数值，num2str 函数将数值转换成字符串，int2str 函数将整数转换成字符串。

3. 字符串的连接

在 MATLAB 中，要将两个字符串连接在一起，有两种常见方法：一是用字符串向量，二是用 strcat 函数。

用字符串向量可以将若干个字符串连接起来，即用中括号将若干个字符串括起来，从而得到一个更长的字符串。例如：

```
>> f=70;
>> c=(f-32)/1.8;
>> ['Room temperature is ',num2str(c),' degrees C.']
ans =
Room temperature is 21.1111 degrees C.
```

strcat 函数可以将若干个字符串连接起来。例如：

```
>> strcat('ss','ff','DD','1234')
ans =
ssffDD1234
```

4. 字符串的比较

字符串的比较有两种方法：利用关系运算符或字符串比较函数。

当两个字符串拥有相同的长度时，可以利用关系运算符对字符串进行比较，比较的规则是按 ASCII 值大小逐个字符进行比较，比较的结果是一个数值向量，其元素为对应字符比较的结果。例如：

```
>> 'www0'>='W123'
ans =
        1      1      1      0
```

字符串比较函数用于判断字符串是否相等，有 4 种比较方式，函数如下：

（1）strcmp(s1,s2)：用来比较字符串 s1 和 s2 是否相等，如果相等，返回 1，否则返回 0。

（2）strncmp(s1,s2,n)：用来比较前 n 个字符是否相等，如果相等，返回 1，否则返回 0。

（3）strcmpi(s1,s2)：在忽略字母大小写前提下，比较字符串 s1 和 s2 是否相等，如果相等，返回 1，否则返回 0。

（4）strncmpi(s1,s2,n)：在忽略字符串大小写前提下，比较前 n 个字符是否相等，如果相等，返回 1，否则返回 0。

例如：

```
>> strcmp('www0','W123')
ans =
     0
>> strncmpi('www0','W123',1)
ans =
     1
```

5. 字符串的查找与替换

MATLAB 提供了许多函数，用来对字符串中的字符进行查找与替换。常用的有以下两个。

（1）findstr(s1,s2)：返回短字符串在长字符串中的开始位置。例如：

```
>> p=findstr('This is a test!','is')
p =
     3     6
```

字符串"is"在"This is a test!"中出现两次，开始位置分别为 3 和 6。

（2）strrep(s1,s2,s3)：将字符串 s1 中的所有子字符串 s2 替换为字符串 s3。例如：

```
>> result = strrep('This is a test!','test','class')
result =
This is a class!
```

2.8　结构数据和单元数据

从 MATLAB 5.0 开始，MATLAB 新增加了两种数据类型：结构数据类型和单元数据类型。这两种数据类型均是将不同的相关数据集成到一个单一的变量中，使得大量的相关数据的处理与引用变得简单、方便。

2.8.1　结构数据

结构数据类型把一组类型不同而逻辑上相关的数据组成一个有机的整体，以便于管理和引用。例如要存储学生的基本信息就可采用结构数据类型。

1. 结构矩阵的建立与引用

结构矩阵的元素可以是不同的数据类型，它能将一组具有不同属性的数据纳入到一个统一的变量名下进行管理。建立一个结构矩阵可以采用给结构成员赋值的办法，其格式为：

结构矩阵名.成员名=表达式

其中，表达式应理解为矩阵表达式。例如，要建立含有 3 个元素的结构矩阵 a，命令如下：

```
>> a(1).x1=10; a(1).x2='liu'; a(1).x3=[11,21;34,78];
>> a(2).x1=12; a(2).x2='wang'; a(2).x3=[34,191;27,578];
>> a(3).x1=14; a(3).x2='cai'; a(3).x3=[13,890;67,231];
```

结构矩阵元素的成员也可以是结构数据。例如：

```
>> a(2).x1.x11=90; a(2).x1.x12=12; a(2).x1.x13=30;
```

以上建立的结构矩阵 a 含有 3 个元素，每个元素又含有 3 个成员，成员 a(2).x1 又是含有

3 个成员的结构数据。对结构数据的引用，可以引用其成员，也可以引用结构矩阵的元素或结构变量。例如：

```
>> a(2).x3                    %引用结构矩阵元素 a(2)的成员 x3
ans =
    34     191
    27     578
>> a(2)                       %引用结构矩阵元素 a(2)
ans =
    x1: [1x1 struct]
    x2: 'wang'
    x3: [2x2 double]
>> a                          %引用结构矩阵 a
a =
1x3 struct array with fields:
    x1
    x2
    x3
```

引用结构矩阵元素的成员时，显示其值。引用结构矩阵元素时，显示成员名和它的值，但成员是矩阵时，不显示其具体内容，只显示成员矩阵大小参数。引用结构矩阵时，只显示结构矩阵的大小参数和成员名。

2. 结构成员的修改

可以根据需要增加或删除结构的成员。例如，要给结构矩阵 a 增加一个成员 x4，可给 a 中任意一个元素增加成员 x4，命令如下：

```
>> a(1).x4='410075';
```

但其他成员均为空矩阵，可以使用赋值语句给它赋确定的值。

要删除结构的成员，则可以使用 rmfield 函数来完成。例如，要删除成员 x4，命令如下：

```
>> a=rmfield(a,'x4');
```

2.8.2 单元数据

单元数据类型也是把不同属性的数据放在一个变量中。所不同的是，结构矩阵的各个元素下有成员，每个成员都有自己的名字，对成员的引用是：

结构矩阵名.成员名

而单元矩阵的各个元素就是不同类型的数据，用带有大括号下标的形式引用单元矩阵元素。

建立单元矩阵和一般矩阵相似，只是矩阵元素用大括号括起来。例如，要建立单元矩阵 b，命令如下：

```
>> b= {10,'liu',[11,21;34,78];12,'wang',[34,191;27,578];...
14,'cai',[13,890;67,231]}
b =
    [10]     'liu'      [2x2 double]
    [12]     'wang'     [2x2 double]
    [14]     'cai'      [2x2 double]
```

可以用带有大括号下标的形式引用单元矩阵元素，例如：

```
>> b{3,3}
ans =
    13    890
    67    231
```

单元矩阵的元素可以是结构或单元数据。例如，先建立结构变量 y，给上面建立的单元矩阵 b 的元素 b{3,4}赋值，命令如下：

```
>> y.x1=34; y.x2=56;
>> b{3,4}=y;
```

可以使用 celldisp 函数来显示整个单元矩阵，如 celldisp(b)。还可以删除单元矩阵中的某个元素，如删除 b 的第 3 个元素，其命令如下：

```
>> b(3)=[]
b =
    [10]    [12]    'liu'    'wang'    'cai'    [2x2 double]    [2x2 double]    [2x2 double]
    []      []      [1x1 struct]
```

单元矩阵 b 的第 3 个元素被删除后，b 变成行向量。注意，这里是 b(3)，而不是 b{3}。b{3}=[] 是将 b 的第 3 个元素置为空矩阵，而不是删除它。

2.9　稀疏矩阵

所谓稀疏矩阵，就是这类矩阵中具有大量的零元素，而仅含极少量的非零元素。通常，一个 m×n 阶实矩阵需要占据 m×n 个存储单元。这对于一个 m、n 较大的矩阵来说，无疑将要占据相当大的内存空间。然而，对稀疏矩阵来说，若将大量的零元素也存储起来，显然是对硬件资源的一种浪费。为此，MATLAB 为稀疏矩阵提供了方便灵活而有效的存储技术。本节首先介绍稀疏矩阵的两种存储模式，然后介绍如何产生稀疏矩阵以及对稀疏矩阵的若干操作。

2.9.1　矩阵存储方式

MATLAB 的矩阵有两种存储方式：完全存储方式和稀疏存储方式。

1. 完全存储方式

完全存储方式是将矩阵的全部元素按列存储。以前讲到的矩阵的存储方式都是按这个方式存储的，此存储方式对稀疏矩阵也适用。例如，不论是 m×n 阶普通的还是稀疏的实矩阵均需要 m×n 个存储单元，而复矩阵还要翻倍。在这种方式下，矩阵中的全部零元素也必须输入。

2. 稀疏存储方式

稀疏存储方式仅存储矩阵所有的非零元素的值及其位置，即行号和列号。显然这对于具有大量零元素的稀疏矩阵来说是十分有效的。在 MATLAB 中，稀疏存储方式也是按列存储的。

设

$$A = \begin{bmatrix} 1 & 0 & 0 & 0 \\ 0 & 5 & 0 & 0 \\ 2 & 0 & 0 & 7 \end{bmatrix}$$

是具有稀疏特征的矩阵，其完全存储方式是按列存储全部 12 个元素：

1，0，2，0，5，0，0，0，0，0，0，7

其稀疏存储方式如下：

(1，1)，1，(3，1)，2，(2，2)，5，(3，4)，7

括号内为元素的行列位置，其后面为元素值。上述矩阵 A 的稀疏存储方式也是占用 12 个元素空间，当原矩阵更加"稀疏"时，会有效地节省存储空间。

注意，在讲稀疏矩阵时，有两个不同的概念，一是指矩阵的 0 元素较多，该矩阵是一个具有稀疏特征的矩阵；二是指采用稀疏方式存储的矩阵。

2.9.2 稀疏存储方式的产生

1. 将完全存储方式转化为稀疏存储方式

函数 A=sparse(S)将矩阵 S 转化为稀疏存储方式的矩阵 A。当矩阵 S 是稀疏存储方式时，则函数调用相当于 A=S。

例 2-13 设

$$X = \begin{bmatrix} 2 & 0 & 0 & 0 & 0 \\ 0 & 0 & 0 & 0 & 0 \\ 0 & 0 & 0 & 5 & 0 \\ 0 & 1 & 0 & 0 & -1 \\ 0 & 0 & 0 & 0 & -5 \end{bmatrix}$$

将 X 转化为稀疏存储方式。

命令如下：

```
>> X=[2,0,0,0,0;0,0,0,0,0;0,0,0,5,0;0,1,0,0,-1;0,0,0,0,-5];
>> A=sparse(X)
A =
    (1,1)       2
    (4,2)       1
    (3,4)       5
    (4,5)      -1
    (5,5)      -5
```

A 就是 X 的稀疏存储方式。

sparse 函数还有其他一些调用格式：

（1）sparse(m,n)：生成一个 m×n 的所有元素都是 0 的稀疏矩阵。

（2）sparse(u,v,S)：u，v，S 是 3 个等长的向量。S 是要建立的稀疏矩阵的非零元素，u(i)、v(i)分别是 S(i)的行和列下标，该函数建立一个 max(u)行、max(v)列并以 S 为稀疏元素的稀疏矩阵。

此外，还有一些和稀疏矩阵操作有关的函数。例如：

（1）[u,v,S]=find(A)：返回矩阵 A 中非零元素的下标和元素。这里产生的 u，v，S 可作为 sparse(u,v,S)的参数。

（2）full(A)：返回和稀疏存储矩阵 A 对应的完全存储方式矩阵。

例如：

```
>> A=sparse([1,2,5,7],[1,3,2,3],[1,1,2,4])
A =
```

```
    (1,1)          1
    (5,2)          2
    (2,3)          1
    (7,3)          4
>> B=full(A)
B =
    1     0     0
    0     0     1
    0     0     0
    0     0     0
    0     2     0
    0     0     0
    0     0     4
```

2. 产生稀疏存储矩阵

sparse 函数可以将一个完全存储方式的稀疏矩阵转化为稀疏存储方式，但在实际应用时，如果要创立一个大矩阵的稀疏存储方式矩阵，按照上述方法，则必须先建立该矩阵的完全存储方式矩阵，然后使用 sparse 函数进行转化，这显然是不可取的。能否只把要建立的稀疏矩阵的非零元素及其所在行和列的位置表示出来然后由 MATLAB 直接产生其稀疏存储方式呢？这需要使用 spconvert 函数，该函数将 A 所描述的一个稀疏矩阵转化为一个稀疏存储矩阵，其调用格式为：

　　　　B=spconvert(A)

其中，A 为一个 m×3 或 m×4 的矩阵，其每行表示一个非零元素，m 是非零元素的个数，A 中每个元素的意义是：A_{i1} 表示第 i 个非零元素所在的行，A_{i2} 表示第 i 个非零元素所在的列，A_{i3} 表示第 i 个非零元素值的实部，A_{i4} 表示第 i 个非零元素值的虚部。若矩阵的全部元素都是实数，则无须第 4 列。

　　例 2-14　根据表示稀疏矩阵的矩阵 A，产生一个稀疏存储方式矩阵 B。

$$A = \begin{bmatrix} 2 & 2 & 1 \\ 3 & 1 & -1 \\ 4 & 3 & 3 \\ 5 & 3 & 8 \\ 6 & 6 & 12 \end{bmatrix}$$

命令如下：

```
>> A=[2,2,1;3,1,-1;4,3,3;5,3,8;6,6,12];
>> B=spconvert(A)
B =
    (3,1)         -1
    (2,2)          1
    (4,3)          3
    (5,3)          8
    (6,6)         12
```

注意，矩阵 A 并非稀疏存储矩阵，只有 B 才是稀疏存储矩阵。

3. 带状稀疏存储矩阵

用 spdiags 函数产生稀疏存储带状矩阵。为便于理解，先看一个例子。下列矩阵是具有稀疏特征的带状矩阵：

$$X = \begin{bmatrix} 11 & 0 & 0 & 12 & 0 & 0 \\ 0 & 21 & 0 & 0 & 22 & 0 \\ 0 & 0 & 31 & 0 & 0 & 32 \\ 41 & 0 & 0 & 42 & 0 & 0 \\ 0 & 51 & 0 & 0 & 52 & 0 \end{bmatrix}$$

希望产生一个稀疏存储矩阵 A。

首先找出 X 矩阵的特征数据。包括矩阵的大小：5×6；有 3 条对角线，它们的位置与值依次为：第 1 条位于主对角线下方第 3 条，记 $d_1=-3$，该对角线元素值为 0，0，0，41，51；第 2 条为主对角线，记 $d_2=0$，元素值为 11，21，31，42，52；第 3 条位于主对角线上方第 3 条，记 $d_3=3$，元素值为 12，22，32，0，0。于是，将带状对角线之值构成下列矩阵 b，将带状的位置构成向量 d：

$$B = \begin{bmatrix} 0 & 11 & 12 \\ 0 & 21 & 22 \\ 0 & 31 & 32 \\ 41 & 42 & 0 \\ 51 & 52 & 0 \end{bmatrix}, \quad d = \begin{bmatrix} -3 \\ 0 \\ 3 \end{bmatrix}$$

然后利用 spdiags 函数产生一个稀疏存储矩阵。

```
>> B=[0,0,0,41,51;11,21,31,42,52;12,22,32,0,0]'
B =
     0    11    12
     0    21    22
     0    31    32
    41    42     0
    51    52     0
>> d=[-3,0,3]'
d =
    -3
     0
     3
>> A=spdiags(B,d,5,6)        % 产生一个稀疏存储矩阵 A
A =
   (1,1)        11
   (4,1)        41
   (2,2)        21
   (5,2)        51
   (3,3)        31
   (1,4)        12
   (4,4)        42
   (2,5)        22
   (5,5)        52
   (3,6)        32
```

用 spdiags 函数产生带状稀疏矩阵的稀疏存储，调用格式是：

A=spdiags(B,d,m,n)

其中，参数 m，n 为原带状矩阵的行数与列数。B 为 r×p 阶矩阵，这里 r=min(m,n)，p 为原带状矩阵所有非零对角线的条数，矩阵 B 的第 i 列即为原带状矩阵的第 i 条非零对角线。取值方法是：若非零对角线上元素个数等于 r，则取全部元素；若非零对角线上元素个数小于 r，则应该用零补足到 r 个元素。补零的原则是：当 m＜n 时，应从该对角线的第 1 行开始补零或向后补零至末行；当 m≥n 时，则应从该对角线的第 1 列开始补零或向后补零至末列。d 为具有 p 个元素的列向量，它的第 i 个元素为该带状矩阵的第 i 条对角线的位置 k。k 的取法：若是主对角线，取 k=0；若位于主对角线的下方第 s 条对角线，取 k=-s；若位于主对角线的上方第 s 条对角线，则取 k=s。

spdiags 函数的其他调用格式：

（1）[B,d]=spdiags(A)：从原带状矩阵 A 中提取全部非零对角线元素赋给矩阵 B 及这些非零对角线的位置向量 d。

（2）B=spdiags(A,d)：从原带状矩阵 A 中提取由向量 d 所指定的那些非零对角线元素构成的矩阵 B。

（3）E=spdiags(B,d,A)：在原带状矩阵 A 中将由向量 d 所指定的那些非零对角线元素用矩阵 B 替代，构成一个新的带状矩阵 E。若赋值号左边改为 A，则矩阵 A 为经过替换后的新稀疏矩阵。

4．单位矩阵的稀疏存储

单位矩阵只有对角线元素为 1，其他元素都为 0，是一种具有稀疏特征的矩阵。函数 eye 产生一个完全存储方式的单位矩阵。MATLAB 还有一个产生稀疏存储方式的单位矩阵的函数，这就是 speye。函数 speye(m,n)返回一个 m×n 的稀疏存储单位矩阵。例如：

```
>> s=speye(3,5)
s =
   (1,1)        1
   (2,2)        1
   (3,3)        1
```

2.9.3 稀疏矩阵应用举例

稀疏存储矩阵只是矩阵的存储方式不同，它的运算规则与普通矩阵是一样的。所以，在运算过程中，稀疏存储矩阵可以直接参与运算。当参与运算的对象不全是稀疏存储矩阵时，所得结果一般是完全存储形式。例如：

```
>> A=[0,0,3;0,5,0;0,0,9]
A =
     0     0     3
     0     5     0
     0     0     9
>> B=sparse(A)
B =
   (2,2)        5
   (1,3)        3
```

```
    (3,3)              9
>> B*B                          %两个稀疏存储矩阵相乘，结果仍为稀疏矩阵
ans =
    (2,2)             25
    (1,3)             27
    (3,3)             81
>> rand(3)*B               %普通矩阵与稀疏存储矩阵相乘，结果为完全存储普通矩阵
ans =
         0        1.4816       8.1242
         0        3.7235       3.0044
         0        0.9448       4.9574
```

下面看一个稀疏矩阵的应用实例。

例 2-15　求下列三对角线性方程组的解。

$$
\begin{bmatrix}
2 & 3 & & & \\
1 & 4 & 1 & & \\
 & 1 & 6 & 4 & \\
 & & 2 & 6 & 2 \\
 & & & 1 & 1
\end{bmatrix}
\begin{bmatrix}
x_1 \\ x_2 \\ x_3 \\ x_4 \\ x_5
\end{bmatrix}
=
\begin{bmatrix}
0 \\ 3 \\ 2 \\ 1 \\ 5
\end{bmatrix}
$$

命令如下：

```
>> B=[1,2,0;1,4,3;2,6,1;1,6,4;0,1,2];      %产生非 0 对角元素矩阵
>> d=[-1;0;1];                             %产生非 0 对角元素位置向量
>> A=spdiags(B,d,5,5)                       %产生稀疏存储的系数矩阵
A =
    (1,1)              2
    (2,1)              1
    (1,2)              3
    (2,2)              4
    (3,2)              1
    (2,3)              1
    (3,3)              6
    (4,3)              2
    (3,4)              4
    (4,4)              6
    (5,4)              1
    (4,5)              2
    (5,5)              1
>> f=[0;3;2;1;5];                          %方程右边参数向量
>> x=(inv(A)*f)'                           %求解
x =
    -0.1667    0.1111    2.7222    -3.6111    8.6111
```

也可以采用完全存储方式来存储系数矩阵，结果如下：

```
>> A=full(A)
A =
     2     3     0     0     0
     1     4     1     0     0
     0     1     6     4     0
```

```
                0     0     2     6     2
                0     0     0     1     1
    >> x=(inv(A)*f)'
    x =
           -0.1667     0.1111     2.7222    -3.6111     8.6111
```

从本例可见，无论用完全存储还是用稀疏存储，所得到的线性代数方程组的解是一样的。

实验指导

一、实验目的

1．掌握 MATLAB 数据对象的特点以及数据的运算规则。

2．掌握 MATLAB 中建立矩阵的方法以及矩阵处理的方法。

3．掌握 MATLAB 分析的方法。

二、实验内容

1．求下列表达式的值。

（1）$w=\sqrt{2} \times (1+0.34245 \times 10^{-6})$

（2）$x=\dfrac{2\pi a+\dfrac{b+c}{\pi+abc}-e^2}{\tan(b+c)+a}$，其中 a=3.5，b=5，c=-9.8。

（3）$y=2\pi a^2\left[\left(1-\dfrac{\pi}{4}\right)\beta-\left(0.8333-\dfrac{\pi}{4}\right)\alpha\right]$，其中 $\alpha=3.32$，$\beta=-7.9$。

（4）$z=\dfrac{1}{2}e^{2t}\ln(t+\sqrt{1+t^2})$，其中 $t=\begin{bmatrix} 2 & 1-3i \\ 5 & -0.65 \end{bmatrix}$。

2．已知

$$A=\begin{bmatrix} -1 & 5 & -4 \\ 0 & 7 & 8 \\ 3 & 61 & 7 \end{bmatrix},\quad B=\begin{bmatrix} 8 & 3 & -1 \\ 2 & 5 & 3 \\ -3 & 2 & 0 \end{bmatrix}$$

求下列表达式的值：

（1）A+6B 和 A^2-B+I（其中 I 为单位矩阵）。

（2）A*B、A.*B 和 B*A。

（3）A/B 及 B\A。

（4）[A,B]和[A([1,3],:);B^2]。

3．已知

$$A=\begin{bmatrix} 23 & 10 & -0.778 & 0 \\ 41 & -45 & 65 & 5 \\ 32 & 5 & 0 & 32 \\ 6 & -9.54 & 54 & 3.14 \end{bmatrix}$$

完成下列操作：

（1）输出 A 在[10,25]范围内的全部元素。

（2）取出 A 前 3 行构成矩阵 B，前两列构成矩阵 C，右下角 3×2 子矩阵构成矩阵 D，B 与 C 的乘积构成矩阵 E。

（3）分别求表达式 E<D、E&D、E|D 和~E|~D 的值。

4. 产生 5 阶希尔伯特矩阵 H 和 5 阶帕斯卡矩阵 P，且求其行列式的值 Hh 和 Hp 以及它们的条件数 Th 和 Tp，判断哪个矩阵性能更好，为什么？

5. 已知：

$$A = \begin{bmatrix} -29 & 6 & 18 \\ 20 & 5 & 12 \\ -8 & 8 & 5 \end{bmatrix}$$

求 A 的特征值及特征向量，并分析其数学意义。

思考练习

一、填空题

1. 下列命令执行后的输出结果是_____。

```
>> ans=10;
>> 5;
>> ans+20
```

2. 在命令行窗口输入下列命令后，x 的值是_____。

```
>> clear
>> x=i*j
```

3. 从键盘直接输入矩阵元素来建立矩阵时，将矩阵的元素用_____括起来，按矩阵行的顺序输入各元素，同一行的各元素之间用_____分隔，不同行的元素之间用_____分隔。

4. 有 3×3 矩阵，求其第 5 个元素的下标的命令是_____，求其第三行、第三列元素的序号的命令是_____。

5. 产生和 A 同样大小的幺矩阵的命令是_____。

6. 将矩阵 A 对角线元素加 30 的命令是_____。

7. 设 A 为 2×3 矩阵，则用 zeros(size(A))建立的矩阵是_____行_____列的_____矩阵。

8. 将 3 阶魔方矩阵主对角线元素加 10，命令是_____。

9. 下列命令执行后，new_claim 的值是_____。

```
>> claim= 'This is a good example.';
>> new_claim=strrep(claim,'good','great')
```

10. 命令 A=sparse([0,1,1;0,0,1])执行后，输出结果的最后一行是_____。

二、问答题

1. 在一个 MATLAB 命令中，6+7i 和 6+7*i 有何区别？i 和 I 有何区别？

2．设 A 和 B 是两个同大小的矩阵，试分析 A*B 和 A.*B、A./B 和 B.\A、A/B 和 B\A 的区别？如果 A 和 B 是两个标量数据，结论又如何？

3．写出完成下列操作的命令。

（1）删除矩阵 A 的第 7 号元素。

（2）将向量 t 的 0 元素用机器零来代替。

（3）将含有 12 个元素的向量 x 转换成 3×4 矩阵。

（4）求一个字符串的 ASCII。

（5）产生和 A 同样大小的幺矩阵。

（6）从矩阵 A 提取主对角线元素，并以这些元素构成对角阵 B。

4．要产生均值为 3，方差为 1 的 500 个正态分布的随机序列，写出相应的表达式。

5．求下列矩阵的主对角元素、上三角阵、下三角阵、逆矩阵、行列式的值、秩、范数、条件数、迹。

$$（1）A = \begin{bmatrix} 1 & -1 & 2 & 3 \\ 5 & 1 & -4 & 2 \\ 3 & 0 & 5 & 2 \\ 11 & 15 & 0 & 9 \end{bmatrix} \qquad （2）B = \begin{bmatrix} 0.43 & 43 & 2 \\ -8.9 & 4 & 21 \end{bmatrix}$$

6．当 A=[34,NaN,Inf,-Inf,-pi,eps,0]时，求下列函数的值：all(A)、any(A)、isnan(A)、isinf(A)、isfinite(A)。

7．在 MATLAB 中如何建立结构矩阵和单元矩阵？

8．矩阵采用稀疏存储方式有何好处？在运算规则上，稀疏存储矩阵和普通矩阵有何不同？

第 3 章　MATLAB 程序流程控制

MATLAB 具有传统高级语言的特征，能方便地实现程序流程控制。利用 MATLAB 的程序流程控制功能，可以将有关 MATLAB 命令编成程序存储在一个文件（MATLAB 称为 M 文件）中，然后运行该程序，MATLAB 就会自动依次执行该文件中的命令，直至全部命令执行完毕。以后需要这些命令时，只需再次运行该程序。MATLAB 程序设计既有传统高级语言的特征，又有自己独特的优点。在 MATLAB 程序设计中，充分利用 MATLAB 数据结构的特点，可以使程序结构简单，编程效率高。

本章介绍 M 文件的概念与操作、3 种程序控制结构的 MATLAB 实现方法、函数的定义与调用方法、程序调试与优化的方法以及 MATLAB 程序设计的基本方法。

 本章要点

- M 文件的概念与基本操作
- MATLAB 程序控制结构
- MATLAB 函数文件
- MATLAB 程序调试与优化

3.1　M 文件

用 MATLAB 语言编写的程序，称为 M 文件。M 文件是由若干 MATLAB 命令组合在一起构成的，它可以完成某些操作，也可以实现某种算法。实际上，MATLAB 提供的内部函数以及各种工具箱，都是利用 MATLAB 命令开发的 M 文件。用户也可以结合自己的工作需要，开发具体的程序或工具箱。

3.1.1　M 文件的分类

通常，M 文件可以根据调用方式的不同分为两类：命令文件（脚本文件）和函数文件。它们的扩展名均为.m，主要区别如下。

（1）命令文件没有输入参数，也不返回输出参数，而函数文件可以带输入参数，也可以返回输出参数。

（2）命令文件对 MATLAB 工作空间中的变量进行操作，文件中所有命令的执行结果也完全返回到工作空间中，而函数文件中定义的变量为局部变量，当函数文件执行完毕时，这些变量被清除。

（3）命令文件可以直接运行，在 MATLAB 命令行窗口输入命令文件的名字，就会顺序执行命令文件中的命令，而函数文件不能直接运行，要以函数调用的方式来调用。

例 3-1　分别建立命令文件和函数文件，将华氏温度 f 转换为摄氏温度 c。

$$c = \frac{5}{9}(f - 32)$$

程序 1：

首先建立命令文件并以文件名 f2c.m 存盘。

```
clear;              %清除工作空间中的变量
f=input('Input Fahrenheit temperature：');
c=5*(f-32)/9
```

然后在 MATLAB 的命令行窗口中输入 f2c，将会执行该命令文件并得到执行结果。

```
>> f2c
Input Fahrenheit temperature：73
c =
    22.7778
```

执行该命令文件时，不用输入参数，也没有输出参数，文件自身建立需要的变量。当文件执行完毕后，用命令 whos 查看工作空间中的变量，会发现变量 c、f 仍然保留在工作空间中。

程序 2：

首先建立函数文件 f2c.m。

```
function c=f2c(f)
c=5*(f-32)/9;
```

然后在 MATLAB 的命令行窗口调用该函数文件，命令执行后得到执行结果。

```
>> clear;
>> y=input('Input Fahrenheit temperature：');
>> x=f2c(y)
Input Fahrenheit temperature：70
x =
    21.1111
```

调用该函数文件时，既有输入参数，又有输出参数。当函数调用完毕后，可以用命令 whos 查看工作空间中的变量。这时会发现函数参数 c、f 未被保留在工作空间中，而 x、y 保留在工作空间中。

MATLAB 2016a 新提供了实时脚本（Live Script）功能，相应的实时编辑器提供一种全新方式来创建、编辑和运行 MATLAB 程序。实时脚本文件的扩展名为.mlx，它除了基本的程序代码，还包括格式化文本、方程式、超链接和图像，而且运行代码时能实时显示输出结果。实时脚本文件将代码、输出和格式化文本相结合，从而增强了代码的描述效果。

3.1.2　M 文件的建立与打开

M 文件是一个文本文件，它可以用任何编辑程序来建立和编辑，而一般常用且最为方便的是使用 MATLAB 提供的文本编辑器。

1. 建立新的 M 文件

为建立新的 M 文件，启动 MATLAB 编辑器有 3 种方法。

（1）在 MATLAB 主窗口选择"主页"选项卡，在"文件"命令组中单击"新建脚本"命令按钮，屏幕上将出现 MATLAB 编辑器窗口，如图 3-1 所示。

也可以在 MATLAB 主窗口选择"主页"选项卡，在"文件"命令组中单击"新建"命令按钮，再从其下拉菜单中选择"脚本"命令或"函数"命令。选择"函数"命令时，在编辑窗口会自动给出以"function"开头的函数引导行。

MATLAB 编辑器是一个集编辑与调试功能于一体的工具环境。利用它不仅可以完成基本的程序编辑操作，还可以对 M 文件进行调试、发布。MATLAB 编辑器界面包括功能区和文本编辑区两个部分。功能区有编辑器、发布和视图 3 个选项卡，"编辑器"选项卡提供编辑、调试 M 文件的命令，"发布"选项卡提供管理文档标记和发布文档的命令，"视图"选项卡提供设置编辑区显示方式的命令。MATLAB 编辑器的编辑区会以不同的颜色显示注释、关键词、字符串和一般的程序代码。

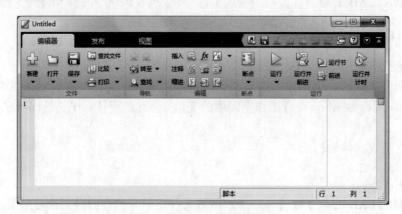

图 3-1　MATLAB 编辑器窗口

启动 MATLAB 编辑器后，在文档窗口中输入程序，输入完毕后，在编辑器窗口选择"编辑器"选项卡，在"文件"命令组中单击"保存"命令按钮存盘。

注意：M 文件存放的位置一般是 MATLAB 默认的工作目录，当然也可以是别的目录。如果是别的目录，则应该将该目录设定为当前目录。

（2）在 MATLAB 命令行窗口输入命令：
　　　>> edit 文件名
启动 MATLAB 编辑器后，输入 M 文件的内容并存盘。

（3）在命令历史窗口选中一些命令（按住 Ctrl 可同时选择多条命令），然后从右键快捷菜单中选择"创建脚本"命令，将会启动 MATLAB 编辑器，并在编辑区中加入所选中的命令。编辑完成后，在编辑器窗口选择"编辑器"选项卡，在"文件"命令组中单击"保存"命令按钮存盘。

2. 打开已有的 M 文件

打开已有的 M 文件也有 3 种方法。

（1）在 MATLAB 主窗口选择"主页"选项卡，在"文件"命令组中单击"打开"命令按钮，再从弹出的下拉菜单中选择"打开"命令，从"打开"对话框中选择所需打开的 M 文件，也可以从弹出的下拉菜单中选择最近使用的文件。

（2）在 MATLAB 命令行窗口输入命令：
　　　>> edit 文件名
则打开指定的 M 文件。

（3）在当前文件夹窗口双击要打开的 M 文件，则打开该 M 文件。

3.2　程序控制结构

程序的控制结构有 3 种：顺序结构、选择结构和循环结构。任何复杂的程序都可以由这 3

种基本结构构成。MATLAB 提供了实现控制结构的语句，利用这些语句可以编写解决实际问题的程序。

3.2.1　顺序结构

顺序结构是指按照程序中语句的排列顺序依次执行，直到程序的最后一个语句。这是最简单的一种程序结构。一般涉及数据的输入、数据的计算或处理、数据的输出等内容。

1．数据的输入

从键盘输入数据，可以使用 input 函数，该函数的调用格式为：

```
A=input(提示信息,选项);
```

其中，提示信息为一个字符串，用于提示用户输入什么样的数据。例如，从键盘输入 A 矩阵，可以采用下面的命令来完成：

```
A=input('输入 A 矩阵:');
```

执行该语句时，首先在屏幕上显示提示信息"输入 A 矩阵:"，然后等待用户从键盘按 MATLAB 规定的格式输入 A 矩阵的值。

如果在 input 函数调用时采用's'选项，则允许用户输入一个字符串。例如，想输入一个人的姓名，可采用命令：

```
xm=input('What's your name?','s');
```

2．数据的输出

MATLAB 提供的命令行窗口输出函数主要有 disp 函数，其调用格式为：

```
disp(输出项)
```

其中，输出项既可以为字符串，也可以为矩阵。例如：

```
>> A='Hello,Tom';
>> disp(A)
Hello, Tom
```

又如：

```
>> A=[1,2,3;4,5,6;7,8,9];
>> disp(A)
     1     2     3
     4     5     6
     7     8     9
```

注意：和前面介绍的矩阵显示方式不同，用 disp 函数显示矩阵时将不显示矩阵的名字，而且其输出格式更紧凑，且不留任何没有意义的空行。

例 3-2　输入 x、y 的值，并将它们的值互换后输出。

程序如下：

```
x=input('Input x please.');
y=input('Input y please.');
z=x;
x=y;
y=z;
disp('x=');
disp(x);
disp('y=');
disp(y);
```

程序运行结果如下：

```
Input x please.[12,3,3,4;43,6,3,-54]
Input y please.1:8
x=
     1    2    3    4    5    6    7    8
y=
    12    3    3    4
    43    6    3   -54
```

注意：数据的形式可以是矩阵或向量，而且变量值互换时，两矩阵的维数也不一定相同。

例 3-3　求一元二次方程 $ax^2+bx+c=0$ 的根。

由于 MATLAB 能进行复数运算，所以不需要判断方程的判别式，而直接根据求根公式求根。程序如下：

```
a=input('a=?');
b=input('b=?');
c=input('c=?');
d=b*b-4*a*c;
x=[(-b+sqrt(d))/(2*a),(-b-sqrt(d))/(2*a)];
disp(['x1=',num2str(x(1)),',x2=',num2str(x(2))]);
```

程序运行结果如下：

```
a=?4
b=?78
c=?54
x1=-0.7188,x2=-18.7812
```

再一次运行程序后，输出结果如下：

```
a=?23
b=?-6
c=?51
x1=0.13043+1.4834i,x2=0.13043-1.4834i
```

3. 程序的暂停

当程序运行时，为了查看程序的中间结果或者观看输出的图形，有时需要暂停程序的执行，这时可以使用 pause 函数，其调用格式为：

```
pause(延迟秒数)
```

如果省略延迟时间，直接使用 pause，则将暂停程序，直到用户按任一键后程序继续执行。若要强行中止程序的运行可使用 Ctrl+C 组合键。

3.2.2　选择结构

选择结构是根据给定的条件成立或不成立，分别执行不同的语句。MATLAB 用于实现选择结构的语句有 if 语句、switch 语句和 try 语句。

1. if 语句

在 MATLAB 中，if 语句有 3 种格式。

（1）单分支 if 语句：

```
if　条件
    语句组
end
```

当条件成立时，则执行语句组，执行完之后继续执行 if 语句的后继语句，若条件不成立，则直接执行 if 语句的后继语句。例如，当 x 是整数矩阵时，输出 x 的值，语句如下：

```
if fix(x)==x
    disp(x);
end
```

（2）双分支 if 语句：

```
if   条件
    语句组 1
else
    语句组 2
end
```

当条件成立时，执行语句组 1，否则执行语句组 2，语句组 1 或语句组 2 执行后，再执行 if 语句的后继语句。

例 3-4　计算分段函数的值。

$$\begin{cases} \dfrac{x+\sqrt{\pi}}{e^2}, & x \leqslant 0 \\ \dfrac{1}{2}\log(x+\sqrt{1+x^2}), & x > 0 \end{cases}$$

程序如下：

```
x=input('请输入 x 的值:');
if x<=0
    y=(x+sqrt(pi))/exp(2);
else
    y=log(x+sqrt(1+x*x))/2;
end
y
```

也可以用单分支 if 语句来实现：

```
x=input('请输入 x 的值:');
y=(x+sqrt(pi))/exp(2);
if x>0
    y=log(x+sqrt(1+x*x))/2;
end
y
```

程序运行结果如下：

```
请输入 x 的值:-87
y =
   -11.5343
请输入 x 的值:43
y =
    2.2272
```

（3）多分支 if 语句：

```
if   条件 1
    语句组 1
elseif   条件 2
```

```
        语句组 2
        ……
    elseif   条件 m
        语句组 m
    else
        语句组 n
    end
```

语句执行过程如图 3-2 所示，可用于实现多分支选择结构。

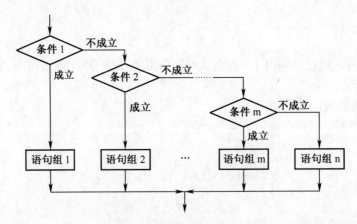

图 3-2　多分支 if 语句的执行过程

例 3-5　输入一个字符，若为大写字母，则输出其对应的小写字母；若为小写字母，则输出其对应的大写字母；若为数字字符则输出其对应的数值，若为其他字符则原样输出。

关于字符的处理，用 abs 或 double 函数可得到一个字符的 ASCII 码，用 char 和 setstr 函数可得到 ASCII 码对应的字符。本题是一个 4 分支选择结构，可用多分支 if 语句实现。程序如下：

```
c=input('请输入一个字符','s');
if c>='A' & c<='Z'
    disp(setstr(abs(c)+abs('a')-abs('A')));
elseif c>='a'& c<='z'
    disp(setstr(abs(c)-abs('a')+abs('A')));
elseif c>='0'& c<='9'
    disp(abs(c)-abs('0'));
else
    disp(c);
end
```

程序运行结果如下：

```
请输入一个字符 a
A
请输入一个字符 M
m
```

2. switch 语句

switch 语句根据表达式的取值不同，分别执行不同的语句，其语句格式为：

```
switch   表达式
    case   值 1
        语句组 1
    case   值 2
        语句组 2
        ……
    case   值 m
        语句组 m
    otherwise
        语句组 n
end
```

switch 语句的执行过程如图 3-3 所示。当表达式的值等于值 1 时，执行语句组 1，当表达式的值等于值 2 时，执行语句组 2，……，当表达式的值等于值 m 时，执行语句组 m，当表达式的值不等于 case 所列的值时，执行语句组 n。当任意一个分支的语句执行完后，直接执行 switch 语句的下一句。

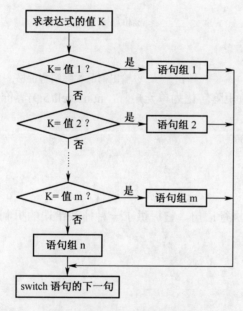

图 3-3　switch 语句的执行过程

switch 子句后面的表达式应为一个标量或一个字符串，case 子句后面的值不仅可以为一个标量或一个字符串，而且还可以为一个单元矩阵。如果 case 子句后面的值为一个单元矩阵，则表达式的值等于该单元矩阵中的某个元素时，执行相应的语句组。

例 3-6　某商场对顾客所购买的商品实行打折销售，标准如下（商品价格用 price 来表示）：

price＜200	没有折扣
200≤price＜500	3%折扣
500≤price＜1000	5%折扣
1000≤price＜2500	8%折扣

$2500 \leqslant$ price＜5000　　　　10%折扣

$5000 \leqslant$ price　　　　　　　14%折扣

输入所售商品的价格，求其实际销售价格。

程序如下：

```
price=input('请输入商品价格：');
switch fix(price/100)
    case {0,1}                %价格小于 200
        rate=0;
    case {2,3,4}              %价格大于等于 200 但小于 500
        rate=3/100;
    case num2cell(5:9)        %价格大于等于 500 但小于 1000
        rate=5/100;
    case num2cell(10:24)      %价格大于等于 1000 但小于 2500
        rate=8/100;
    case num2cell(25:49)      %价格大于等于 2500 但小于 5000
        rate=10/100;
    otherwise                 %价格大于等于 5000
        rate=14/100;
end
price=price*(1-rate)          %输出商品实际销售价格
```

num2cell 函数是将数值矩阵转化为单元矩阵，num2cell(5:9)等价于{5,6,7,8,9}。程序运行结果如下：

```
请输入商品价格：2000
price =
      1840
```

3．try 语句

try 语句是一种试探性执行语句，它提供了一种捕获错误的机制，其语句格式为：

```
try
    语句组 1
catch
    语句组 2
end
```

try 语句先试探性执行语句组 1，如果语句组 1 在执行过程中出现错误，则将错误信息赋给预定义变量 lasterr，并转去执行语句组 2。这种试探性执行语句是其他高级语言所没有的。

例 3-7　矩阵乘法运算要求两矩阵的维数相容，否则会出错。先求两矩阵的乘积，若出错，则自动转去求两矩阵的点乘。

程序如下：

```
A=[1,2,3;4,5,6]; B=[7,8,9;10,11,12];
try
    C=A*B;
catch
    C=A.*B;
```

```
end
C
lasterr                     %显示出错原因
```

程序运行结果如下：

```
C =
      7     16     27
     40     55     72
ans =
错误使用   *
内部矩阵维度必须一致。
```

3.2.3　循环结构

循环是指按照给定的条件，重复执行指定的语句，这是一种十分重要的程序结构。MATLAB 提供了两种实现循环结构的语句：for 语句和 while 语句。

1. for 语句

for 语句的常见格式为：

```
for  循环变量=表达式 1:表达式 2:表达式 3
        循环体语句
     end
```

其中，"表达式 1:表达式 2:表达式 3"是一个冒号表达式，将产生一个行向量，3 个表达式分别代表初值、步长和终值。步长为 1 时，表达式 2 可以省略。

for 语句的执行过程如图 3-4 所示。首先计算 3 个表达式的值，形成一个行向量，再将向量中的元素逐个赋给循环变量，每次赋值后都执行一次循环体语句，当向量的元素都被使用完时，结束 for 语句的执行，而继续执行 for 语句后面的语句。

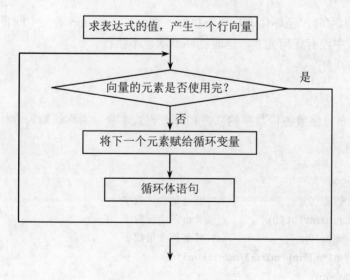

图 3-4　for 语句的执行过程

关于 for 语句的执行过程还要说明以下几点。

（1）for 语句针对向量的每一个元素执行一次循环体，循环的次数就是向量中元素的个数，也可以针对任意向量。例如，下面的循环结构共循环 4 次，k 的值分别为 1、3、2、5。

```
for k=[1,3,2,5]
    k
end
```

（2）可以在 for 循环体中修改循环变量的值，但当程序执行流程再次回到循环开始时，就会自动被设成向量的下一个元素。请读者分析下列程序的输出结果。

```
for k=[1,3,2,5]
    k
    k=20
end
```

（3）for 语句中的 3 个表达式只在循环开始时计算一次，也就是说，向量元素一旦确定将不会再改变。如果在表达式中含有变量，即便在循环体中改变变量的值，向量的元素也不会改变。例如，下列 for 语句中的向量元素为 1、3、5、7、9，不会因循环体中改变 n 的值而改变向量的元素。

```
n=2;
for k=1:2:n+8
    n=5;
    k
end
```

（4）退出循环之后，循环变量的值就是向量中最后的元素值。例如，下列 for 语句中的向量元素为 1、3、5、7、9，在 for 循环之后的 k 值是 9。

```
for k=1:2:10
end
k
```

（5）当向量为空时，循环体一次也不执行。例如，下列 for 语句中的冒号表达式产生一个空向量，即向量中没有任何元素，这时循环一次也不执行。

```
for k=1:-2:10
    k
end
```

例 3-8 一个 3 位整数各位数字的立方和等于该数本身，则称该数为水仙花数。输出全部水仙花数。

程序如下：

```
for m=100:999
    m1=fix(m/100);              %求 m 的百位数字
    m2=rem(fix(m/10),10);       %求 m 的十位数字
    m3=rem(m,10);               %求 m 的个位数字
    if m==m1*m1*m1+m2*m2*m2+m3*m3*m3
        disp(m)
    end
end
```

程序运行结果如下：

```
153
370
371
407
```

例 3-9 已知 $y = 1 + \dfrac{1}{3} + \dfrac{1}{5} + \cdots + \dfrac{1}{2n-1}$，当 n=100 时，求 y 的值。

程序如下：

```
y=0;
n=100;
for i=1:n
    y=y+1/(2*i-1);
end
y
```

程序运行结果如下：

```
y =
    3.2843
```

在上述例子中，for 语句的循环变量都是标量，这与其他高级语言的相关循环语句（如 FORTRAN 语言中的 DO 语句，C 语言中的 for 语句等）等价。按照 MATLAB 的定义，for 语句的循环变量可以是一个列向量。for 语句更一般的格式为：

```
for 循环变量=矩阵表达式
    循环体语句
end
```

执行过程是依次将矩阵的各列元素赋给循环变量，然后执行循环体语句，直至各列元素处理完毕。实际上，行向量可以被看做仅为一行的矩阵，每列是单个数据。所以本节一开始给出的 for 语句格式是一种特例。

例 3-10 写出下列程序的执行结果。

```
s=0;
a=[12,13,14;15,16,17;18,19,20;21,22,23];
for k=a
    s=s+k;
end
disp(s');
```

该程序的功能是求矩阵各行元素之和，程序运行结果如下：

```
39   48   57   66
```

2. while 语句

while 语句的一般格式为：

```
while 条件
    循环体语句
end
```

其执行过程为：若条件成立，则执行循环体语句，执行后再判断条件是否成立，如果不成立则跳出循环，如图 3-5 所示。

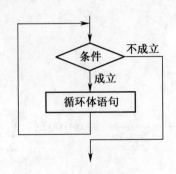

图 3-5　while 语句执行过程

例 3-11　从键盘输入若干个数，当输入 0 时结束输入，求这些数的平均值和它们的和。
程序如下：

```
sum=0;
cnt=0;
val=input('Enter a number (end in 0):');
while val~=0
    sum=sum+val;
    cnt=cnt+1;
    val=input('Enter a number (end in 0):');
end
if cnt>0
    sum
    mean=sum/cnt
end
```

程序运行结果如下：

```
Enter a number (end in 0) : 45
Enter a number (end in 0) : 3
Enter a number (end in 0) : 43
Enter a number (end in 0) : 54
Enter a number (end in 0) : 0
sum =
    145
mean =
    36.2500
```

3. break 语句和 continue 语句

与循环结构相关的语句还有 break 语句和 continue 语句，它们一般与 if 语句配合使用。

break 语句用于终止循环的执行。当在循环体内执行到该语句时，程序将跳出循环，继续执行循环语句的下一语句。

continue 语句控制跳过循环体中的某些语句。当在循环体内执行到该语句时，程序将跳过循环体中所有剩下的语句，继续下一次循环。

例 3-12　求[100,200]之间第一个能被 21 整除的整数。
程序如下：

```
for n=100:200
        if rem(n,21)~=0
                continue
        end
break
end
n
```

程序运行结果如下：

```
n =
    105
```

4. 循环的嵌套

如果一个循环结构的循环体又包括一个循环结构，就称为循环的嵌套，或称为多重循环结构。实现多重循环结构仍用前面介绍的 3 种循环语句。因为任一循环语句的循环体部分都可以包含另一个循环语句，这种循环语句的嵌套为实现多重循环提供了方便。

多重循环的嵌套层数可以是任意的。可以按照嵌套层数，分别叫做二重循环、三重循环等。处于内部的循环叫做内循环，处于外部的循环叫做外循环。

在设计多重循环时，要特别注意内、外循环之间的关系，以及各语句放置的位置，不要搞错。

例 3-13　若一个数等于它的各个真因子之和，则称该数为完数，如 6=1+2+3，所以 6 是完数。求[1,500]之间的全部完数。

先考虑判断单个数是否为完数的问题，根据定义要用到一个循环结构。再求指定范围内的全部完数，在前一循环结构基础上，再嵌套一个循环结构。程序如下：

```
for m=1:500
        s=0;
        for k=1:m/2
                if rem(m,k)==0
                        s=s+k;
                end
        end
        if m==s
                disp(m);
        end
end
```

程序运行结果如下：

```
    6
   28
  496
```

3.3　函数文件

函数文件是另一种形式的 M 文件，每一个函数文件都定义一个函数。事实上，MATLAB 提供的标准函数大部分都是由函数文件定义的。

3.3.1　函数文件的基本结构

函数文件由 function 语句引导，其基本结构为：

```
function  输出形参表=函数名(输入形参表)
注释说明部分
函数体语句
```

其中，以 function 开头的一行为引导行，表示该 M 文件是一个函数文件。函数名的命名规则与变量名相同。输入形参为函数的输入参数，输出形参为函数的输出参数。当输出形参多于一个时，则应该用方括号括起来。

说明：

（1）关于函数文件名。函数文件名通常由函数名再加上扩展名.m 组成，不过函数文件名与函数名也可以不相同。当两者不同时，MATLAB 将忽略函数名而确认函数文件名，因此调用时使用函数文件名。不过最好把文件名和函数名统一，以免出错。

（2）关于注释说明部分。注释说明包括 3 部分内容：

①紧随函数文件引导行之后以%开头的第一注释行。这一行一般包括大写的函数文件名和函数功能简要描述，供 lookfor 关键词查询和 help 在线帮助用。

②第一注释行及之后连续的注释行。通常包括函数输入输出参数的含义及调用格式说明等信息，构成全部在线帮助文本。

③与在线帮助文本相隔一空行的注释行。包括函数文件编写和修改的信息，如作者、修改日期、版本等内容，用于软件档案管理。

（3）关于 return 语句。如果在函数文件中插入了 return 语句，则执行到该语句就结束函数的执行，程序流程转至调用该函数的位置。通常，在函数文件中也可以不使用 return 语句，这时在被调用函数执行完成后自动返回。

例 3-14　编写函数文件求半径为 r 的圆的面积和周长。

函数文件如下：

```
function [s,p]=fcircle(r)
%CIRCLE    calculate the area and perimeter of a circle of radii r
%r          圆半径
%s          圆面积
%p          圆周长

%2017 年 2 月 15 日编
s=pi*r*r;
p=2*pi*r;
```

将以上函数文件以文件名 fcircle.m 存盘，然后在 MATLAB 命令行窗口调用该函数：

```
>> [s,p]=fcircle(10)
s =
    314.1593
p =
    62.8319
```

采用 help 命令或 lookfor 命令可以显示出注释说明部分的内容，其功能和一般 MATLAB 函数的帮助信息是一致的。

利用 help 命令可以查询 fcircle 函数的注释说明。

```
>> help fcircle
CIRCLE    calculate the area and perimeter of a circle of radii r
r             圆半径
s             圆面积
p             圆周长
```

再用 lookfor 命令在第一注释行查询指定的关键词。

```
>> lookfor perimeter
fcircle    - CIRCLE    calculate the area and perimeter of a circle of radii r
```

3.3.2　函数调用

函数文件编制好后，就可以调用函数进行计算了。函数调用的一般格式是：

[输出实参表]=函数名(输入实参表)

函数调用时各实参出现的顺序、个数，应与函数定义时形参的顺序、个数一致，否则会出错。函数调用时，先将实参传递给相应的形参，从而实现参数传递，然后再执行函数的功能。

例 3-15　利用函数文件，实现直角坐标(x,y)与极坐标(ρ,θ)之间的转换。

已知转换公式为：

极坐标的矢径：$\rho=\sqrt{x^2+y^2}$

极坐标的极角：$\theta=\arctan(y/x)$

（1）建立函数文件 tran.m。

```
function [rho,theta]=tran(x,y)
rho=sqrt(x*x+y*y);
theta=atan(y/x);
```

（2）调用 tran.m 的命令文件 main1.m。

```
x=input('Please input x=:');
y=input('Please input y=:');
[rho,the]=tran(x,y);
rho
the
```

在 MATLAB 中，函数可以嵌套调用，即一个函数可以调用别的函数，甚至调用它自身。一个函数调用它自身称为函数的递归调用。

例 3-16　利用函数的递归调用求 n!。

n!本身就是以递归的形式定义的：

$$n!=\begin{cases}1 & n\leqslant 1 \\ n\cdot(n-1)! & n>1\end{cases}$$

显然，求 n!需要求(n-1)!，这时可采用递归调用。递归调用函数文件 factor.m 如下：

```
function f=factor(n)
if n<=1
    f=1;
else
    f=factor(n-1)*n;        %递归调用求(n-1)!
end
```

在命令文件 main2.m 中调用函数文件 factor.m 求 s=1!+2!+3!+4!+5!。

```
s=0;
for i=1:5
        s=s+factor(i);
end
s
```

在命令行窗口运行命令文件，得到运行结果如下：

```
>> main2
s =
    153
```

3.3.3　函数参数的可调性

MATLAB 在函数调用上与一般高级语言有一个不同之处，就是函数所传递参数数目的可调性。凭借这一点，一个函数可完成多种功能。

在调用函数时，MATLAB 用两个预定义变量 nargin 和 nargout 分别记录调用该函数时的输入实参和输出实参的个数。只要在函数文件中包含这两个变量，就可以准确地知道该函数文件被调用时的输入输出参数个数，从而决定函数如何处理。

例 3-17　nargin 用法示例。

函数文件 examp.m 如下：

```
function fout=charray(a,b,c)
if nargin==1
        fout=a;
elseif nargin==2
        fout=a+b;
elseif nargin==3
        fout=(a*b*c)/2;
end
```

命令文件 mydemo.m 如下：

```
x=[1:3];
y=[1;2;3];
examp(x)
examp(x,y')
examp(x,y,3)
```

运行 mydemo.m 后，得到输出结果。

```
>> mydemo
ans =
    1    4    9
ans =
    2    4    6
ans =
    21
```

在命令文件 mydemo.m 中，3 次调用函数文件 examp.m，因输入参数的个数分别是 1 个、2 个、3 个，从而执行不同的操作，返回不同的函数值。

3.3.4　全局变量与局部变量

在 MATLAB 中，函数文件中的变量是局部的，与其他函数文件及 MATLAB 工作空间相互隔离，即在一个函数文件中定义的变量不能被另一个函数文件引用。如果在若干函数中，都把某一变量定义为全局变量，那么这些函数将公用这一变量。全局变量的作用域是整个 MATLAB 工作空间，即全程有效，所有的函数都可以对它进行存取和修改。因此，定义全局变量是函数间传递信息的一种手段。

全局变量用 global 命令定义，格式为：

```
global  变量名
```

例 3-18　全局变量应用示例。

先建立函数文件 wadd.m，该函数将输入的参数加权相加。

```
function f=wadd(x,y)
global ALPHA BETA
f=ALPHA*x+BETA*y;
```

在命令行窗口中输入：

```
>> global ALPHA BETA
>> ALPHA=1;
>> BETA=2;
>> s=wadd(1,2)
```

程序运行结果如下：

```
s =
     5
```

由于在函数 wadd 和基本工作空间中都把 ALPHA 和 BETA 两个变量定义为全局变量，所以只要在命令行窗口中改变 ALPHA 和 BETA 的值，就可以改变加权值，而无需修改 wadd.m 文件。

在实际编程时，可以在所有需要调用全局变量的函数里定义全局变量，这样就可以实现数据共享。为了在基本工作空间中使用全局变量，也要定义全局变量。在函数文件里，全局变量的定义语句应放在变量使用之前，为了便于了解所有的全局变量，一般把全局变量的定义语句放在文件的前部。

值得指出，在程序设计中，全局变量固然可以带来某些方便，但却破坏了函数对变量的封装，降低了程序的可读性。因而，在结构化程序设计中，全局变量是不受欢迎的。尤其当程序较大，子程序较多时，全局变量将给程序调试和维护带来不便，故不提倡使用全局变量。如果一定要用全局变量，最好给它起一个能反映变量含义的名字，以免和其他变量混淆。

3.4　特殊形式的函数

前面介绍的函数文件中只定义一个函数。除了最常用的通过函数文件定义一个函数，MATLAB 还可以使用子函数，此外还可以通过内联函数和匿名函数自定义函数。

1. 子函数

在 MATLAB 的函数定义中，如果函数较长，往往可以将多个函数分别写在不同的函数文件中，但有时函数可能很短，可能希望将多个函数定义放在同一个函数文件中，这就存在子函数的定义问题。

在 MATLAB 中，可以在一个函数文件中同时定义多个函数，其中函数文件中出现的第一个函数称为主函数（Primary Function），其他函数称为子函数（Subfunction），但需要注意的是，子函数只能由同一函数文件中的函数调用。在保存函数文件时，函数文件名一般和主函数名相同，外部程序只能对主函数进行调用。例如建立 func.m 文件：

```
function d=func(a,b,c)            %主函数
d=subfunc(a,b)+c;
function c=subfunc(a,b)           %子函数
c=a*b;
```

在命令行窗口调用主函数，结果如下：

```
>> func(3,4,5)
ans =
      17
```

注意：同一函数文件中主函数和子函数的工作区是彼此独立的，各个函数间的信息传递可以通过输入输出参数、全局变量来实现。

2. 内联函数

以字符串形式存在的函数表达式可以通过 inline 函数转化成内联函数。例如 a='(x+y)^2'，可以通过 f=inline(a) 生成内联函数 f(x,y)=(x+y)^2，命令执行情况如下。

```
>> a='(x+y)^2';
f=inline(a)
f =
      内联函数:
      f(x,y) = (x+y)^2
>> f(3,4)
ans =
      49
```

3. 匿名函数

匿名函数的基本格式如下：

```
函数句柄变量=@(匿名函数输入参数) 匿名函数表达式
```

其中，函数句柄变量相当于函数的别名，利用它可以间接调用函数；"@"是创建函数句柄的运算符；"@"后面定义了一个匿名函数，包括函数输入参数和函数表达式；函数有多个输入参数时，参数间用逗号分隔。例如：

```
>> sqr=@(x) x.^2            %定义匿名函数
sqr =
      @(x)x.^2
>> sqr([1,2,3])            %调用匿名函数
ans =
      1      4      9
>> f=@(x,y) x^2+y^2;
>> f(3,4)
ans =
      25
```

也可以通过下列语句给已存在的函数定义函数句柄，并利用函数句柄来调用函数。

　　　　函数句柄变量=@函数名

其中，函数名可以是 MATLAB 提供的内部函数，也可以是用户定义的函数文件。例如：

```
>> h=@sin                      %取正弦函数句柄
h =
    @sin
>> h(pi/2)                     %通过函数句柄变量 h 来调用正弦函数
ans =
    1
```

匿名函数的执行效率要明显高于内联函数，在参数传递方面也要比内联函数方便、高效。内联函数在将来的 MATLAB 版本中将被删除，取而代之的是匿名函数，内联函数能实现的，匿名函数完全可以更好地实现，并且调用效率要比内联函数高得多。

3.5　程序调试与优化

程序调试（Debug）是程序设计的重要环节，也是程序设计人员必须掌握的重要技能。MATLAB 提供了相应的程序调试功能，既可以通过 MATLAB 编辑器对程序进行调试，又可以在命令行窗口结合具体的命令进行。

程序设计的思路是多种多样的，针对同样的问题可以设计出不同的程序，而不同的程序其执行效率会有很大的不同，特别是数据规模很大时，差别尤为明显。所以，有时需要借助于性能分析工具分析程序的执行效率，并充分利用 MATLAB 的特点，对程序进行优化，从而达到提高程序性能的目的。

3.5.1　程序调试方法

一般来说，应用程序的错误有两类，一类是语法错误，另一类是运行时的错误。MATLAB 能够检查出大部分的语法错误，给出相应的错误信息，并标出错误在程序中的行号。程序运行时的错误是指程序的运行结果有错误，这类错误也称为程序逻辑错误。MATLAB 系统对逻辑错误是无能为力的，不会给出任何提示信息，这时可以通过一些调试方法来发现程序中的逻辑错误。

1. 利用调试函数进行程序调试

MATLAB 提供了一系列的程序调试函数，用于程序执行过程中的断点操作、执行控制等。在 MATLAB 命令行窗口输入以下命令将输出调试函数及其用途简介。

　　　　>> help debug

常用的调试函数有：

（1）dbstop，在程序的适当位置设置断点，使得系统在断点前停止执行，用户可以检查各个变量的值，从而判断程序的执行情况，帮助发现错误。使用以下命令可以显示 dbstop 函数的常用格式。

　　　　>> help dbstop

（2）dbclear，清除用 dbstop 函数设置的断点。

（3）dbcont，从断点处恢复程序的执行，直到遇到程序的其他断点或错误为止。

（4）dbstep，执行一行或多行语句，执行完后返回调试模式，如果在执行过程中遇到断点，程序将中止。

（5）dbquit，退出调试模式并返回到基本工作区，所有断点仍有效。

2. 利用调试工具进行程序调试

在 MATLAB 编辑器中新建一个 M 文件或打开一个 M 文件时，"编辑器"选项卡提供了"断点"命令组，通过对 M 文件设置断点可以使程序运行到某一行暂停运行，这时可以查看和修改工作区中的变量。单击"断点"命令按钮，弹出下拉菜单，其中有 6 个命令，分别用于清除所有断点、设置/清除断点、启用/禁用断点、设置或修改条件断点（条件断点可以使程序执行到满足一定条件时停止）、出现错误时停止（不包括 try…catch 语句中的错误）、出现警告时停止。

在 M 文件中设置断点并运行程序，程序即进入调试模式，并运行到第一个断点处，此时"编辑器"选项卡上出现"调试"命令组，如图 3-6 所示，命令行窗口的提示符相应变成 K>>。进入调试模式后，最好将编辑器窗口锁定，即停靠到 MATLAB 主窗口上，便于观察代码运行中变量的变化。要退出调试模式，则在"调试"命令组中单击"退出调试"按钮。

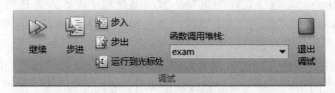

图 3-6　"调试"命令组

控制单步运行的命令共有 4 个。在程序运行之前，有些命令按钮未激活。只有当程序中设置了断点，且程序停止在第一个断点处时这些命令按钮才被激活，这些命令按钮功能如下：

（1）步进：单步运行。每单击一次，程序运行一条语句，但不进入函数。

（2）步入：单步运行。遇到函数时进入函数内，仍单步运行。

（3）步出：停止单步运行。如果是在函数中，跳出函数；如果不在函数中，直接运行到下一个断点处。

（4）运行到光标处：直接运行到光标所在的位置。

3.5.2　程序性能分析与优化

1. 程序性能分析

利用探查器（profiler）、tic 函数和 toc 函数能分析程序各环节的耗时情况，分析报告能帮助用户寻找影响程序运行速度的"瓶颈"所在，以便于进行代码优化。

探查器以图形化界面让用户深入地了解程序执行过程中各函数及函数中的每条语句所耗费的时间，从而有针对性地改进程序，提高程序的运行效率。

假定有命令文件 testp.m：

```
x=-20:0.1:20;
y=300*sin(x)./x;
plot(x,y)                    %绘图命令
```

在 MATLAB 的命令行窗口输入以下命令：

```
>> profile on
>> testp
>> profile viewer
```

这时，MATLAB 将打开"探查器"窗口，显示分析结果（如图 3-7 所示）。探查摘要表提供了运行文件的时间和相关函数的调用频率，反映出整个程序耗时 0.054s，其中绘制图形中调用的 newplot 函数耗时最多。单击某函数名，则打开相应函数的详细报告。

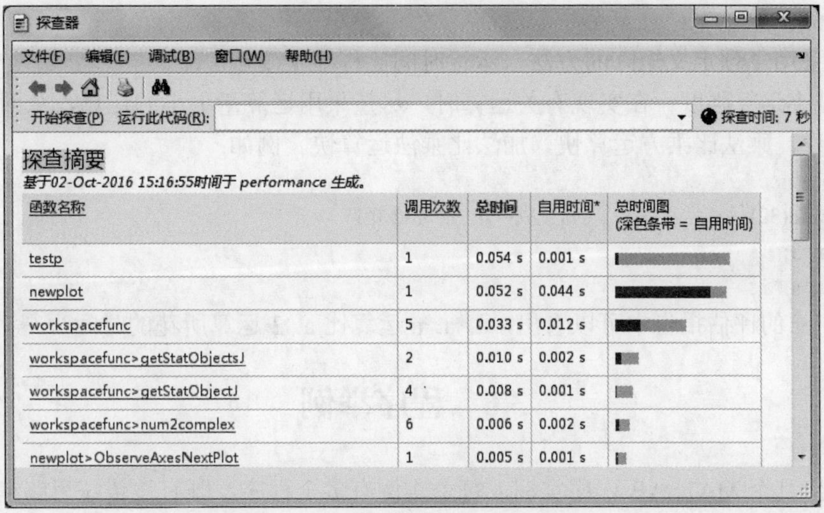

图 3-7　利用探查器进行程序性能分析

2. 程序优化

MATLAB 是解释型语言，计算速度较慢，所以在程序设计时如何提高程序的运行速度是需要重点考虑的问题。优化程序运行可采用以下方法。

（1）采用向量化运算。在实际 MATLAB 程序设计中，为了提高程序的执行速度，常用向量或矩阵运算来代替循环操作。例如，例 3-9 的程序也可以采用向量求和的方法实现。程序如下：

```
n=100;
i=1:2:2*n-1;
y=sum(1./i);
y
```

在这一程序中，首先生成一个向量 i，然后用 sum 函数求向量 i 各个元素的倒数之和。如果 n 的值由 100 改成 10000，再分别运行这两个程序，则可以明显地看出，后一种方法编写的程序比前一种方法快得多。

（2）预分配内存空间。通过在循环之前预分配向量或数组的内存空间可以提高 for 循环的处理速度。例如，下面的代码用函数 zeros 预分配 for 循环中用到的向量 a 的内存空间，使得这个 for 循环的运行速度显著加快。

程序 1：

```
clear;
a=0;
for n=2:1000
```

```
        a(n)=a(n-1)+10;
    end
```

程序 2：

```
clear;
    a=zeros(1,1000);
    for n=2:1000
        a(n)=a(n-1)+10;
    end
```

程序 2 采用了预定义矩阵的方法，运行时间比程序 1 要短。

（3）减小运算强度。在实现有关运算时，尽量采用运算量更小的运算，从而提高运算速度。一般来说，乘法比乘方运算快，加法比乘法运算快。例如：

```
clear;
    a=rand(32);                %生成一个 32×32 矩阵
    x=a.^3;
    y=a.*a.*a;
```

从 profiler 的评估报告中可以看出，a.*a.*a 运算比 a.^3 运算所花的时间少得多。

3.6　程序举例

本节给出几个 MATLAB 程序实例，每个实例有多个程序，既有按传统思路编写的程序，又有结合 MATLAB 特点编写的程序，希望读者能对比研究，体会 MATLAB 程序设计的特点。

例 3-19　猜数游戏。首先由计算机产生[1,100]之间的随机整数，然后由用户猜测所产生的随机数。根据用户猜测的情况给出不同提示，如猜测的数大于产生的数，则显示"High"，小于则显示"Low"，等于则显示"You won"，同时退出游戏。用户最多可以猜 7 次。

程序如下：

```
%Play the game of guess the number
x=fix(100*rand);      %a random number calculated by the computer
n=7;
test=1;
for k=1:7
    numb=int2str(n);
    disp(['You have a right to ',numb,' guesses'])
    disp(['A guess is a number between 0 and 100'])
    guess=input('Enter your guess:');
    if guess<x
        disp('Low')
    elseif guess>x
        disp('High')
    else
        disp('You won')
        test=0;
        break;
    end
```

```
        n=n-1;
    end
    if test==1
        disp('You lost')
    end
```

程序运行后的部分结果如下：

```
You have a right to 7 guesses
A guess is a number between 0 and 100
Enter your guess:50
Low
```

游戏限定用户猜测的次数为 7 次，只要采用正确的策略，7 次猜测足够能赢。读者能发现这个策略吗？

例 3-20　用筛选法求某自然数范围内的全部素数。

素数是大于 1，且除了 1 和它本身以外，不能被其他任何整数所整除的整数。用筛选法求素数的基本思想是：要找出 2～m 之间的全部素数，首先在 2～m 中划去 2 的倍数（不包括 2），然后划去 3 的倍数（不包括 3），由于 4 已被划去，再找 5 的倍数（不包括 5），……，直到再划去不超过 $\sqrt{m}$ 的数的倍数，剩下的数都是素数。程序如下：

```
m=input('m=');
p=1:m; p(1)=0;
for i=2:sqrt(m)
    for j=2*i:i:m
        p(j)=0;
    end
end
n=find(p~=0);
p(n)
```

外循环控制 i 从 2 到 $\sqrt{m}$ 变化，内循环在 p 中划去 i 的倍数（不包括 i），p 中剩下的数都是素数。find 函数找出 p 中非零元素的下标并赋给变量 n（注意，n 为向量）。

关于在 p 中划去 i 的倍数（不包括 i），可利用矩阵运算一步完成，从而得到更为简洁的程序。

```
m=input('m=');
p=2:m;
for i=2:sqrt(m)
    n=find(rem(p,i)==0&p~=i);
    p(n)=[];
end
p
```

变量 n 为 p 中能被 i 整除而 i 不等于 p 的元素的下标，将 p 中该位置上的元素剔除，剩下的全为素数。

例 3-21　设 $f(x) = e^{-0.5x} \sin\left(x + \dfrac{\pi}{6}\right)$，求 $s = \int_0^{3\pi} f(x)dx$。

求函数 f(x) 在[a,b]上的定积分，其几何意义就是求曲线 y=f(x) 与直线 x=a、x=b、y=0 所围成的曲边梯形的面积。为了求得曲边梯形的面积，先将积分区间[a,b]分成 n 等分，每个区间的宽度为 h=(b-a)/n，对应地将曲边梯形分成 n 等分，每个小部分即是一个小曲边梯形。近似求出每个小曲边梯形的面积，然后将 n 个小曲边梯形的面积加起来就得到总面积，即定积分的近似值。近似地求每个小曲边梯形的面积，常用的方法有：矩形法、梯形法以及辛普森法等。以梯形法为例，程序如下：

```
a=0;b=3*pi;
n=1000; h=(b-a)/n;
x=a; s=0;
f0=exp(-0.5*x)*sin(x+pi/6);
for i=1:n
    x=x+h;
    f1=exp(-0.5*x)*sin(x+pi/6);
    s=s+(f0+f1)*h/2;
    f0=f1;
end
s
```

程序运行结果如下：

```
s=
    0.9008
```

上述程序来源于传统的编程思想。也可以利用向量运算，从而使程序更加简洁，更赋有 MATLAB 的特点。程序如下：

```
a=0;b=3*pi;
n=1000;h=(b-a)/n;
x=a:h:b;
f=exp(-0.5*x).*sin(x+pi/6);
for i=1:n
    s(i)=(f(i)+f(i+1))*h/2;
end
s=sum(s)
```

程序中 x、f、s 均为向量，f 的元素为各个 x 点的函数值，s 的元素分别为 n 个梯形的面积，s 各元素之和即为定积分的近似值。

事实上，MATLAB 提供了有关数值积分的标准函数，实际应用中可以直接调用这些函数求数值积分，这些内容将在第 7 章介绍。

例 3-22　Fibonacci 数列定义如下：

$f_1=1$
$f_2=1$
$f_n=f_{n-1}+f_{n-2}$　　（n>2）

求 Fibonacci 数列的第 20 项。

利用函数文件编写程序如下：

首先建立函数文件 ffib.m。

```
function f=ffib(n)
%用于求 Fibonacci 数列的函数文件
%f=ffib(n)
%2017 年 2 月 15 日编
```

```
        if n>2
            f=ffib(n-1)+ffib(n-2);
        else
            f=1;
        end
```

然后在 MATLAB 命令行窗口调用函数，得到输出结果。

```
>> ffib(20)
ans =
        6765
```

根据 Fibonacci 数列的递推式，设 $F(n)=[f(n+1),f(n)]'$，$A=[1,1;1,0]$，则 Fibonacci 数列递推式的矩阵表示形式为 $F(n)=A\ F(n-1)$，其中 $F(1)=[1,1]'$，即 $F(n)=A\ F(n-1)=A^2F(n-2)=\cdots=A^{n-1}\ F(1)$，如果求 Fibonacci 数列的第 20 项，只要求 $F(19)$ 或 $F(20)$ 即可。程序如下：

```
A=[1,1;1,0];
F1=[1,1]';
Y=[1,0;0,1];
for n=1:19          %求 Y=A^19
    Y=Y*A;
end
F20=Y*F1
```

程序运行结果如下：

```
F20 =
        10946
        6765
```

即 Fibonacci 数列的第 20 项是 6765。

实际上，可以直接利用矩阵乘方运算，即：

```
A=[1,1;1,0];
F1=[1,1]';
Y=A^19;
F20=Y*F1
```

程序运行结果与前面相同。

例 3-23　根据矩阵指数的幂级数展开式求矩阵指数。

$$e^X = 1 + X + \frac{X^2}{2!} + \frac{X^3}{3!} + \cdots + \frac{X^n}{n!} + \cdots$$

设 X 是给定的矩阵，E 是矩阵指数函数值，F 是展开式的项，n 是项数，循环一直进行到 F 很小，以至于 F 值加在 E 上对 E 的值影响不大时为止。为了判断 F 是否很小，可利用矩阵范数的概念。矩阵 A 的范数的一种定义是：$\max\limits_{1\le j\le n}\sum\limits_{i=1}^{n}\left|a_{ij}\right|$，在 MATLAB 中用 norm(A,1) 函数来计算。所以当 norm(F,1)=0 时，认为 F 很小，应退出循环的执行。程序如下：

```
X=input('Enter X:');
E=zeros(size(X));
F=eye(size(X));
n=1;
while norm(F,1)>0
```

```
        E=E+F;
        F=F*X/n;
        n=n+1;
    end
    E
    expm(X)                    %调用 MATLAB 矩阵指数函数求矩阵指数
```
程序运行结果如下：
```
    Enter X:[0.5,2,0;1,-1,-0.5;0.9,1,0.75]
    E =
        2.6126    2.0579    -0.6376
        0.7420    0.7504    -0.5942
        2.5678    2.3359     1.5549
    ans =
        2.6126    2.0579    -0.6376
        0.7420    0.7504    -0.5942
        2.5678    2.3359     1.5549
```
运行结果表明，程序运行结果与 MATLAB 矩阵指数函数 expm(X)的结果一致。本程序涉及矩阵运算，初学者可能不太习惯。如果能分析一下程序的执行过程，对领会编程思想是有益的。另外，我们知道矩阵乘法的交换律不成立，但这里要请读者分析一下程序中的语句 F=F*X/n 可否写成 F= X*F/n，为什么？

实验指导

一、实验目的

1. 掌握利用 if 语句、switch 语句实现选择结构的方法。
2. 掌握利用 for 语句、while 语句实现循环结构的方法。
3. 熟悉利用向量运算来代替循环操作的方法并理解 MATLAB 程序设计的特点。
4. 掌握定义和调用 MATLAB 函数的方法。

二、实验内容

1. 从键盘输入一个 3 位整数，将它反向输出。如输入 639，输出为 936。

2. 输入一个百分制成绩，要求输出成绩等级 A，B，C，D，E。其中 90～100 分为 A，80～89 分为 B，70～79 分为 C，60～69 分为 D，60 分以下为 E。

要求：

（1）分别用 if 语句和 switch 语句实现。

（2）输入百分制成绩后要判断该成绩的合理性，对不合理的成绩应输出出错信息。

3. 输入 20 个数，求其中的最大数和最小数。要求分别用循环结构和调用 MATLAB 的 max 函数、min 函数来实现。

4. $y=\dfrac{e^{0.3a}-e^{-0.3a}}{2}\sin(a+0.3)+\ln\dfrac{0.3+a}{2}$，当 a 取-3.0，-2.9，-2.8，…，2.8，2.9，3.0 时，

求各点的函数值。要求分别用顺序结构和循环结构实现。

5．当 n 分别取 100、1000、10000 时，求下列式子的值。

（1）$\dfrac{1}{1^2}+\dfrac{1}{2^2}+\dfrac{1}{3^2}+\cdots+\dfrac{1}{n^2}+\cdots\left(=\dfrac{\pi^2}{6}\right)$

（2）$\left(\dfrac{2\times2}{1\times3}\right)\left(\dfrac{4\times4}{3\times5}\right)\left(\dfrac{6\times6}{5\times7}\right)\cdots\left(\dfrac{(2n)(2n)}{(2n-1)(2n+1)}\right)\cdots\left(=\dfrac{\pi}{2}\right)$

要求分别用循环结构和向量运算（使用 sum 函数）来实现。

6．建立 5×6 矩阵，要求输出矩阵第 n 行元素。当 n 值超过矩阵的行数时，自动转为输出矩阵最后一行元素，并给出出错信息。

7．已知

$$y=\dfrac{f(40)}{f(30)+f(20)}$$

（1）当 $f(n)=n+10\ln(n^2+5)$ 时，y 的值是多少。

（2）当 $f(n)=1\times2+2\times3+3\times4+\cdots+n\times(n+1)$ 时，y 的值是多少。

8．先用函数的递归调用定义一个函数文件求 $\sum\limits_{i=1}^{n}i^m$，然后调用该函数文件求 $\sum\limits_{k=1}^{100}k+\sum\limits_{k=1}^{50}k^2+\sum\limits_{k=1}^{10}\dfrac{1}{k}$。

思考练习

一、填空题

1．将有关 MATLAB 命令编成程序存储在一个扩展名为.m 的文件中，该文件称为_____。

2．MATLAB 中用于控制不确定重复次数的循环语句为_____，若在循环执行过程中需要终止该循环时采用的语句为_____。

3．函数文件由_____语句引导。在函数定义时，函数的输入输出参数称为_____参数，简称_____。在调用函数时，输入输出参数称为_____参数，简称_____。

4．应用程序的错误有两类，一类是_____错误，另一类是运行时的错误，即_____错误。MATLAB 程序调试方法有两种，一是利用_____进行程序调试，二是利用_____进行程序调试。

5．有以下语句：
```
a=eye(5);
for n=a(2:end,:)
```
for 循环的循环次数是_____。

6．有以下程序段：
```
x=reshape(1:12,3,4);
m=0;
```

```
                n=0;
                for k=1:4
                    if x(:,k)<=6
                        m=m+1;
                    else
                        n=n+1;
                    end
                end
```

则 m 和 n 的值分别是_____。

7. 执行下列语句后，变量 A 的值是_____。

```
f=@(x,y) log(exp(x+y));
A=f(22,3);
```

二、问答题

1. 什么叫 M 文件？如何建立并执行一个 M 文件？

2. 编写程序，建立向量 N=[1，2，3，4，5]，然后利用向量 N 产生下列向量。

（1）2，4，6，8，10

（2）1/2，1，3/2，2，5/2

（3）1，1/2，1/3，1/4，1/5

（4）1，1/4，1/9，1/16，1/25

3. 编写程序，产生 20 个两位随机整数，输出其中小于平均值的偶数。

4. 当 n 分别取 100、1000、10000 时，求下列式子的值。

（1）$1-\dfrac{1}{3}+\dfrac{1}{5}-\dfrac{1}{7}+\cdots\left(=\dfrac{\pi}{4}\right)$

（2）$\dfrac{1}{4}+\dfrac{1}{16}+\dfrac{1}{64}+\cdots+\dfrac{1}{4^{n}}+\cdots\left(=\dfrac{1}{3}\right)$

要求分别用循环结构和向量运算（使用 sum 函数）来实现。

5. 编写一个函数文件，用于求两个矩阵的乘积和点乘，然后在命令文件中调用该函数。

6. 定义一个函数文件，求给定复数的指数、对数、正弦和余弦，并在命令文件中调用该函数文件。

第4章 MATLAB 绘图

不管是数值计算还是符号计算，无论计算多么完善，结果多么准确，人们还是难以直接从大量的数据中感受它们的具体含义和内在规律。人们更喜欢通过图形直观感受科学计算结果的全局意义和许多内在本质。除可靠的科学计算功能之外，MATLAB 还具有非常强大的图形表达功能，既可以绘制二维图形，又可以绘制三维图形，还可以通过标注、视点、颜色、光照等操作对图形进行修饰。

MATLAB 有两类绘图命令，一类是直接对图形句柄进行操作的低层绘图命令，另一类是在低层命令基础上建立起来的高层绘图命令。高层绘图命令简单明了、方便高效。利用高层绘图函数，用户不需过多考虑绘图细节，只需给出一些基本参数就能得到所需图形。

本章介绍二维曲线与其他二维图形的绘制方法、三维曲线与其他三维图形的绘制方法、各种图形控制与修饰的方法以及 MATLAB 交互式绘图工具。

本章要点

- MATLAB 二维数据曲线图的绘制
- MATLAB 三维图形的绘制
- MATLAB 图形修饰处理
- MATLAB 图像处理与动画制作
- MATLAB 交互式绘图工具

4.1 二维数据曲线图

二维数据曲线图是将平面坐标上的数据点连接起来的平面图形。可以采用不同的坐标系，除直角坐标系外，还可以采用对数坐标、极坐标。数据点可以用向量或矩阵形式给出，类型可以是实型或复型。本节介绍直角坐标系下的二维数据曲线图。绘制二维曲线无疑是其他绘图操作的基础。

4.1.1 绘制单根二维曲线

在 MATLAB 中，绘制直角坐标系下的二维曲线可以利用 plot 函数。这是最基本且应用最为广泛的绘图函数。plot 函数的基本调用格式为：

  plot(x,y)

其中，x 和 y 为长度相同的向量，分别用于存储 x 坐标和 y 坐标数据。

plot 函数用于绘制分别以 x 坐标和 y 坐标为横、纵坐标的二维曲线。x 和 y 所包含的元素个数相等，y(i)是 x(i)点的函数值。

例 4-1 在 $0 \leqslant x \leqslant 2\pi$ 区间内，绘制曲线 $y=2e^{-0.5x}\cos(4\pi x)$。

程序如下：

```
x=0:pi/100:2*pi;
y=2*exp(-0.5*x).*cos(4*pi*x);
plot(x,y)
```

程序求函数值 y 时，指数函数和余弦函数之间要用点乘运算。程序运行后，打开一个图形窗口，在其中绘出二维曲线，如图 4-1 所示。

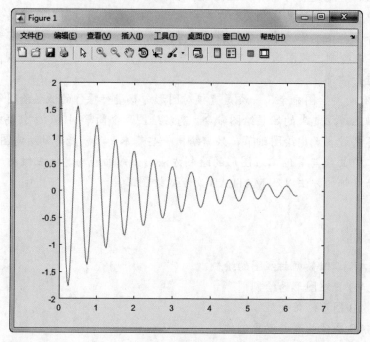

图 4-1　图形窗口及绘制的二维曲线

例 4-2　绘制曲线

$$\begin{cases} x = t\sin(3t) \\ y = t\sin^2 t \end{cases}$$

这是以参数方程形式给出的二维曲线，只要给定参数向量，再分别求出 x，y 向量即可绘出曲线。程序如下：

```
t=0:0.1:2*pi;
x=t.*sin(3*t);
y=t.*sin(t).*sin(t);
plot(x,y);
```

程序运行后，得到的二维曲线如图 4-2 所示。

plot 函数最简单的调用格式是只包含一个输入参数：

```
plot(x)
```

在这种情况下，当 x 是实向量时，以该向量元素的下标为横坐标，元素值为纵坐标画出一条连续曲线，这实际上是绘制折线图。

当 x 是复数向量时，则分别以向量元素实部和虚部为横、纵坐标绘制一条曲线。例如，下面的程序可以绘制一个单位圆。

```
t=0:0.01:2*pi;
x=exp(i*t);          %x 是一个复数向量
plot(x)
```

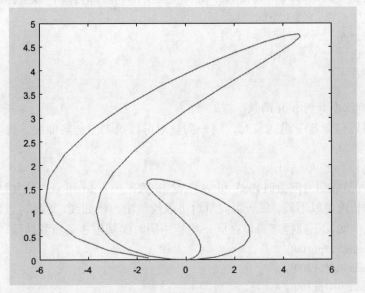

图 4-2　以参数方程形式给出的二维曲线

4.1.2　绘制多根二维曲线

1. plot 函数的输入参数是矩阵形式

当 plot 函数的输入参数是向量时，绘制单根曲线，这是最基本的用法。在实际应用中，plot 函数的输入参数可以是矩阵形式，这时将在同一坐标中以不同颜色绘制多根曲线。

（1）当 x 是向量，y 是有一维与 x 同大小的矩阵时，则绘制出多根不同颜色的曲线。曲线条数等于 y 矩阵的另一维大小，x 被作为这些曲线共同的横坐标。例如，下列程序可以在同一坐标中同时绘制出 3 根正弦曲线。

```
x=linspace(0,2*pi,100);
y=[sin(x);1+sin(x);2+sin(x)];
plot(x,y)
```

程序首先产生一个行向量 x，然后求具有 3 行的矩阵 y，最后在同一坐标中同时绘制出 3 条曲线。

当 y 是向量，x 是有一维与 y 同大小的矩阵时，绘制曲线的方式与前一种情况相似。

（2）当 x、y 是同型矩阵时，则以 x、y 对应列元素为横、纵坐标分别绘制曲线，曲线条数等于矩阵的列数。试分析下列程序绘制的曲线图形。

```
x1=linspace(0,2*pi,100);
x2=linspace(0,3*pi,100);
x3=linspace(0,4*pi,100);
x=[x1;x2;x3]';
y=[sin(x1);1+sin(x2);2+sin(x3)]';
plot(x,y)
```

（3）对只包含一个输入参数的 plot 函数，当输入参数是实矩阵时，则按列绘制每列元素值相对其下标的曲线，曲线条数等于输入参数矩阵的列数。

当输入参数是复数矩阵时，则按列分别以元素实部和虚部为横、纵坐标绘制多条曲线。例如，下面的程序可以绘制 3 个同心圆。

```
t=0:0.01:2*pi;
x=exp(i*t);
y=[x;2*x;3*x]';
plot(y)
```

2. 含多个输入参数的 plot 函数

plot 函数可以包含若干组向量对，每一向量对可以绘制出一条曲线。含多个输入参数的 plot 函数调用格式为：

```
plot(x1,y1,x2,y2,···,xn,yn)
```

（1）当输入参数都为向量时，x1 和 y1，x2 和 y2，···，xn 和 yn 分别组成一组向量对，每一组向量对的长度可以不同。每一组向量对可以绘制出一条曲线，这样可以在同一坐标内绘制出多条曲线。例如，下列程序可以在同一坐标中同时绘制出 3 条正弦曲线。

```
x1=linspace(0,2*pi,100);
x2=linspace(0,3*pi,100);
x3=linspace(0,4*pi,100);
plot(x1,sin(x1),x2,1+sin(x2),x3,2+sin(x3))
```

（2）当输入参数有矩阵形式时，配对的 x、y 按对应列元素为横、纵坐标分别绘制曲线，曲线条数等于矩阵的列数。

例 4-3 分析下列程序绘制的曲线。

```
x1=linspace(0,2*pi,100);
x2=linspace(0,3*pi,100);
x3=linspace(0,4*pi,100);
y1=sin(x1);
y2=1+sin(x2);
y3=2+sin(x3);
x=[x1;x2;x3]';
y=[y1;y2;y3]';
plot(x,y,x1,y1-1)
```

x 和 y 都是含有 3 列的矩阵，它们组成输入参数对，绘制出 3 条曲线；x1 和 y1-1 都是向量，它们组成输入参数对，绘制出一条曲线。程序运行后，得到的曲线如图 4-3 所示。

3. 具有两个纵坐标标度的图形

具有两个纵坐标标度的图形有利于图形数据的对比分析。在 MATLAB 中，如果需要绘制这种图形，可以使用 plotyy 函数，其常用的调用格式为：

```
plotyy(x1,y1,x2,y2)
```

其中，x1、y1 对应一条曲线，x2、y2 对应另一条曲线。横坐标的标度相同，纵坐标有两个，左纵坐标用于 x1、y1 数据对，右纵坐标用于 x2、y2 数据对。

例 4-4 用不同标度在同一坐标内绘制曲线 $y1=0.2e^{-0.5x}\cos(4\pi x)$ 和 $y2=2e^{-0.5x}\cos(\pi x)$。

程序如下：

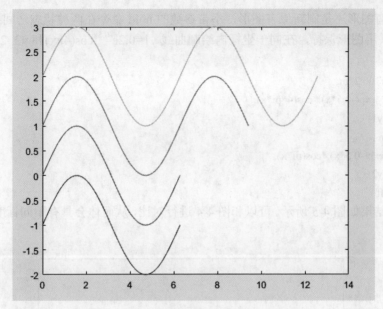

图 4-3　输入参数有矩阵时绘制的多条曲线

```
x=0:pi/100:2*pi;
y1=0.2*exp(-0.5*x).*cos(4*pi*x);
y2=2*exp(-0.5*x).*cos(pi*x);
plotyy(x,y1,x,y2);
```

程序运行结果如图 4-4 所示。

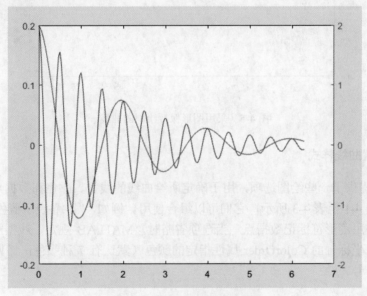

图 4-4　具有不同标度的曲线

4．图形保持

一般情况下，绘图命令每执行一次就刷新当前图形窗口，图形窗口原有图形将不复存在。若希望在已存在的图形上再继续添加新的图形，可以使用图形保持命令 hold。hold on/off 命令控制是保持原有图形还是刷新原有图形，不带参数的 hold 命令在两种状态之间进行切换。

例 4-5 采用图形保持，在同一坐标内绘制曲线 $y1=0.2e^{-0.5x}\cos(4\pi x)$ 和 $y2=2e^{-0.5x}\cos(\pi x)$。

程序如下：

```
x=0:pi/100:2*pi;
y1=0.2*exp(-0.5*x).*cos(4*pi*x);
plot(x,y1)
hold on
y2=2*exp(-0.5*x).*cos(pi*x);
plot(x,y2);
hold off
```

程序运行结果如图 4-5 所示。可以和图 4-4 进行对比，从而体会具有不同标度曲线的意义。

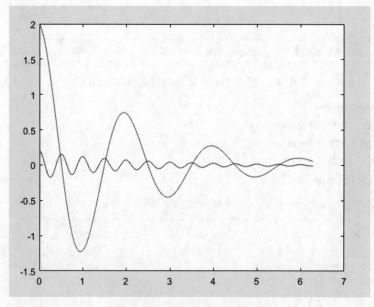

图 4-5 采用图形保持绘制的曲线

4.1.3 设置曲线样式

MATLAB 提供了一些绘图选项，用于确定所绘曲线的线型、颜色和数据点标记符号。这些选项分别如表 4-1 至表 4-3 所示，它们可以组合使用。例如，"b-." 表示蓝色点划线，"y:d" 表示黄色虚线并用菱形符标记数据点。当选项省略时，MATLAB 规定，线型一律用实线，自动循环使用当前坐标轴的 ColorOrder 属性指定的颜色（默认有 7 种颜色，详见 9.2.2 小节），无数据点标记符号。

表 4-1 线型选项

选项	线型	选项	线型
-	实线（默认值）	-.	点划线
:	虚线	--	双划线

表 4-2　颜色选项

序号	选项	颜色	序号	选项	颜色
1	b（blue）	蓝色	5	m（magenta）	品红色
2	g（green）	绿色	6	y（yellow）	黄色
3	r（red）	红色	7	k（black）	黑色
4	c（cyan）	青色	8	w（white）	白色

表 4-3　标记符号选项

选项	标记符号	选项	标记符号
.	点	∨	朝下三角符号
O（字母）	圆圈	∧	朝上三角符号
X（字母）	叉号	<	朝左三角符号
+	加号	>	朝右三角符号
*	星号	p（pentagram）	五角星符
s（square）	方块符	h（hexagram）	六角星符
d（diamond）	菱形符		

要设置曲线样式可以在 plot 函数中加绘图选项，其调用格式为：

```
plot(x1,y1,选项 1,x2,y2,选项 2,…,xn,yn,选项 n)
```

例 4-6　在同一坐标内，分别用不同线型和颜色绘制曲线 $y1=0.2e^{-0.5x}\cos(4\pi x)$ 和 $y2=2e^{-0.5x}\cos(\pi x)$，标记两曲线交叉点。

程序如下：

```
x=linspace(0,2*pi,1000);
y1=0.2*exp(-0.5*x).*cos(4*pi*x);
y2=2*exp(-0.5*x).*cos(pi*x);
k=find(abs(y1-y2)<1e-2);            %查找 y1 与 y2 相等点（近似相等）的下标
x1=x(k);                           %取 y1 与 y2 相等点的 x 坐标
y3=0.2*exp(-0.5*x1).*cos(4*pi*x1); %求 y1 与 y2 值相等点的 y 坐标
plot(x,y1,x,y2,'k:',x1,y3,'bp');
```

程序运行结果如图 4-6 所示。

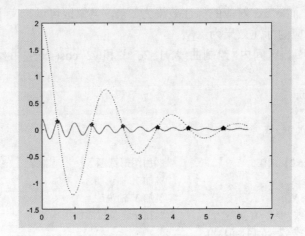

图 4-6　用不同线型和颜色绘制的曲线

4.1.4 图形标注与坐标控制

1. 图形标注

在绘制图形的同时，可以对图形加上一些说明，如图形名称、坐标轴说明以及图形某一部分的含义等，这些操作称为添加图形标注，以使图形意义更加明确，可读性更强。有关图形标注函数的调用格式为：

（1）title(图形名称)

（2）xlabel(x 轴说明)

（3）ylabel(y 轴说明)

（4）text(x,y,图形说明)

（5）legend(图例 1,图例 2,……)

title 和 xlabel、ylabel 函数分别用于说明图形和坐标轴的名称。text 函数是在(x,y)坐标处添加图形说明。添加文本说明也可用 gtext 命令，执行该命令时，十字坐标光标自动跟随鼠标移动，单击鼠标即可将文本放置在十字光标处。例如，使用 gtext('cos(x)')可放置字符串 cos(x)。legend 函数用于绘制曲线所用线型、颜色或数据点标记图例，图例放置在图形空白处，用户还可以通过鼠标移动图例，将其放到所希望的位置。除 legend 函数外，其他函数同样适用于三维图形，z 坐标轴说明用 zlabel 函数。

上述函数中的说明文字，除使用标准的 ASCII 字符外，还可以使用 LaTeX（LaTeX 是一种十分流行的数学排版软件）格式的控制字符，这样就可以在图形上添加希腊字母、数学符号及公式等内容。在 MATLAB 支持的 LaTeX 字符串中，用\bf、\it、\rm 控制字符分别定义黑体、斜体和正体字符，受 LaTeX 字符串控制部分要加大括号{}括起来。例如，text(0.3,0.5,'The useful {\bf MATLAB}')将使得"MATLAB"一词黑体显示。一些常用的 LaTeX 字符见附录 2，其中的各个字符既可以单独使用，又可以和其他字符及命令联合使用。例如，text(1,1,'sin({\omega}t+{\beta})')将得到标注效果 sin(ωt+β)。

除了附录 2 中给出的字符定义以外，还可以通过标准的 LaTeX 命令来定义上标和下标，这样可以使得图形标注更加丰富多彩。如果想在某个字符后面加上一个上标，则可以在该字符后面跟一个^引导的字符串。若想把多个字符作为指数，则应该使用大括号。例如，e^{axt}对应的标注效果为 e^{axt}，而 e^axt 对应的标注效果为 e^axt。类似地可以定义下标，下标是由_引导的。例如，X_{12}对应的标注效果为 X_{12}。

例 4-7 在 0≤x≤2π区间内，绘制曲线 y1=2e$^{-0.5x}$ 和 y2=cos(4πx)，并给图形添加图形标注。

程序如下：

```
x=0:pi/100:2*pi;
y1=2*exp(-0.5*x);
y2=cos(4*pi*x);
plot(x,y1,x,y2)
title('x from 0 to 2{\pi}');              %加图形标题
xlabel('Variable X');                     %加 X 轴说明
ylabel('Variable Y');                     %加 Y 轴说明
text(0.8,1.5,'曲线 y1=2e^{-0.5x}');       %在指定位置添加图形说明
text(2.5,1.1,'曲线 y2=cos(4{\pi}x)');
```

```
legend('y1',' y2')                        %加图例
```
程序运行结果如图 4-7 所示。

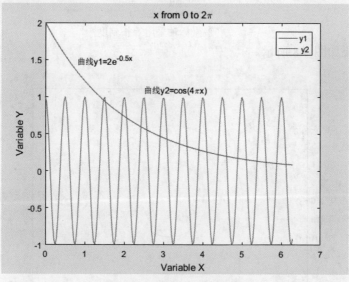

图 4-7　给图形加图形标注

2. 坐标控制

在绘制图形时，MATLAB 可以自动根据要绘制曲线数据的范围选择合适的坐标刻度，使得曲线能够尽可能清晰地显示出来。所以，在一般情况下用户不必选择坐标轴的刻度范围。但是，如果用户对坐标系不满意，可以利用 axis 函数对其重新设定。该函数的调用格式为：

axis([xmin xmax ymin ymax zmin zmax])

如果只给出前 4 个参数，则 MATLAB 按照给出的 x，y 轴的最小值和最大值选择坐标系范围，以便绘制出合适的二维曲线。如果给出了全部参数，则系统按照给出的 3 个坐标轴的最小值和最大值选择坐标系范围，以便绘制出合适的三维图形。

axis 函数功能丰富，常用的格式还有：

（1）axis equal，纵、横坐标轴采用等长刻度。

（2）axis square，产生正方形坐标系（默认为矩形）。

（3）axis auto，使用默认设置。

（4）axis off，取消坐标轴。

（5）axis on，显示坐标轴。

给坐标加网格线用 grid 命令来控制。grid on/off 命令控制是画还是不画网格线，不带参数的 grid 命令在两种状态之间进行切换。

给坐标加边框用 box 命令来控制。box on/off 命令控制是加还是不加边框线，不带参数的 box 命令在两种状态之间进行切换。

例 4-8　在同一坐标中，绘制 3 个同心圆，并加坐标控制。

程序如下：

```
t=0:0.01:2*pi;
x=exp(i*t);
```

```
y=[x;2*x;3*x]';
plot(y)
grid on;                    %加网格线
box on;                     %加坐标边框
axis equal                  %坐标轴采用等长刻度
```

程序运行结果如图 4-8 所示。

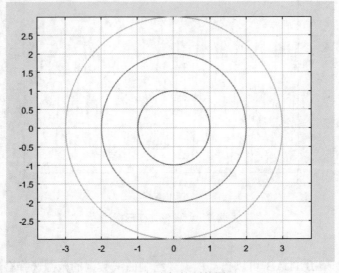

图 4-8   加坐标控制的图形

4.1.5   图形窗口的分割

在实际应用中，经常需要在一个图形窗口内绘制若干个独立的图形，这就需要对图形窗口进行分割。分割后的图形窗口由若干个绘图区组成，每一个绘图区可以建立独立的坐标系并绘制图形。同一图形窗口中的不同图形称为子图。MATLAB 提供了 subplot 函数，用来将当前图形窗口分割成若干个绘图区。每个区域代表一个独立的子图，也是一个独立的坐标系，可以通过 subplot 函数激活某一区，该区为活动区，所发出的绘图命令都作用于活动区域。subplot 函数的调用格式为：

```
subplot(m,n,p)
```

该函数将当前图形窗口分成 m×n 个绘图区，即每行 n 个，共 m 行，区号按行优先编号，且选定第 p 个区为当前活动区。在每一个绘图区允许以不同的坐标系单独绘制图形。

例 4-9   在图形窗口中，以子图形式同时绘制多条曲线。

程序如下：

```
%CREATE THE X and Y SHAPE DATA
x_square=[-3,3,3,-3,-3];
y_square=[-3,-3,3,3,-3];
x_circle=3*cos([0:10:360]*pi/180);
y_circle=3*sin([0:10:360]*pi/180);
x_triangle=3*cos([90,210,330,90]*pi/180);
y_triangle=3*sin([90,210,330,90]*pi/180);
```

```
%PLOT THE SQUARE IN THE UPPER LEFT PANE
subplot(2,2,1)
plot(x_square,y_square,'-r');
axis([-4,4,-4,4]);axis('equal');
title('Square');
%PLOT THE CIRCLE IN THE UPPER RIGHT PANE
subplot(2,2,2)
plot(x_circle,y_circle,'--k');
axis([-4,4,-4,4]);axis('equal');
title('Circle');
%PLOT THE TRIANGLE IN THE LOWER LEFT PANE
subplot(2,2,3)
plot(x_triangle,y_triangle,':b');
axis([-4,4,-4,4]);axis('equal');
title('Triangle');
%PLOT THE COMBINATION PLOT IN THE LOWER RIGHT PANE
subplot(2,2,4)
plot(x_square,y_square,'-r');
hold on
plot(x_circle,y_circle,'--k');
plot(x_triangle,y_triangle,':b');
axis([-4,4,-4,4]);axis('equal');
title('Combination Plot');
```

程序运行结果如图 4-9 所示。

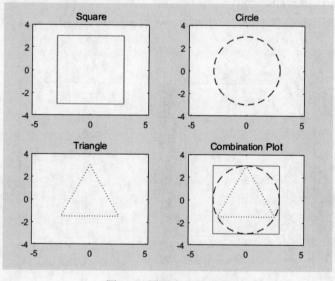

图 4-9　图形窗口的分割

4.2　其他二维图形

二维数据曲线图除采用直角坐标系外，还可采用对数坐标或极坐标。本节介绍对数坐标或极坐标下的二维数据曲线图。除了绘制二维函数曲线外，MATLAB 的二维图形还包括各种二维统计分析图形，这些图形功能在科学研究及工程实践中有广泛的应用。

4.2.1 对函数自适应采样的绘图函数

前面介绍了 plot 函数，基本的操作方法为：先取足够稠密的自变量向量 x，然后计算出函数值向量 y，最后用绘图函数绘图。在取数据点时一般都是等间隔采样，这对绘制高频率变化的函数不够精确。例如函数 $f(x)=\cos(\tan(\pi x))$，在(0,1)范围有无限多个振荡周期，函数变化率大。为提高精度，绘制出比较真实的函数曲线，就不能等间隔采样，而必须在变化率大的区段密集采样，以充分反映函数的实际变化规律，进而提高图形的真实度。

fplot 函数可自适应地对函数进行采样，能更好地反映函数的变化规律，其调用格式为：

    fplot(f,lims,选项)

其中，f 代表一个函数，以匿名函数形式出现。可以指定多个分量函数，这时要以单元向量表示。lims 为 x 轴的取值范围，取二元向量[xmin,xmax]，默认值为[-5,5]。选项定义与 plot 函数相同。例如：

    >> fplot(@(x)sin(x),[0,2*pi],'*')   %绘制正弦曲线
    >> fplot({@(x)sin(x),@(x)cos(x)},[0,2*pi],'r.')   %绘制正、余弦曲线

观察上述语句绘制的正、余弦曲线采样点的分布，可以发现曲线变化率大的区段，采样点比较密集。

例 4-10   用 fplot 函数绘制 $f(x)=\cos(\tan(\pi x))$ 的曲线。

命令如下：

    >> fplot(@(x)cos(tan(pi*x)),[0,1])

命令执行后，得到如图 4-10 所示的曲线。从图 4-10 可以看出，在 x=0.5 附近采样点十分密集。

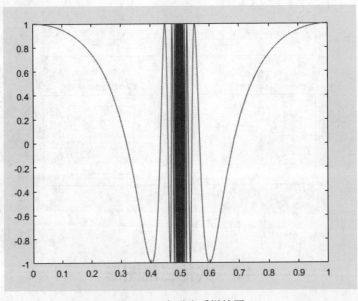

图 4-10   自适应采样绘图

4.2.2   其他坐标系下的二维数据曲线图

1．对数坐标图

在工程应用中，经常用到对数坐标，例如控制理论中的 Bode 图就采用对数坐标。MATLAB 提供了绘制对数和半对数坐标曲线的函数，调用格式为：

```
semilogx(x1,y1,选项 1,x2,y2,选项 2,…)
semilogy(x1,y1,选项 1,x2,y2,选项 2,…)
loglog(x1,y1,选项 1,x2,y2,选项 2,…)
```

其中，选项的定义与 plot 函数完全一致，所不同的是坐标轴的选取。semilogx 函数使用半对数坐标，x 轴为常用对数刻度，而 y 轴仍保持线性刻度。semilogy 函数也使用半对数坐标，y 轴为常用对数刻度，而 x 轴仍保持线性刻度。loglog 函数使用全对数坐标，x 轴和 y 轴均采用常用对数刻度。

例 4-11   绘制 $y=10x^2$ 的对数坐标图并与直角线性坐标图进行比较。

程序如下：

```
x=0:0.1:10;
y=10*x.*x;
subplot(2,2,1);plot(x,y);
title('plot(x,y)');grid on;
subplot(2,2,2);semilogx(x,y);
title('semilogx(x,y)');grid on;
subplot(2,2,3);semilogy(x,y);
title('semilogy(x,y)');grid on;
subplot(2,2,4);loglog(x,y);
title('loglog(x,y)');grid on;
```

程序运行结果如图 4-11 所示。

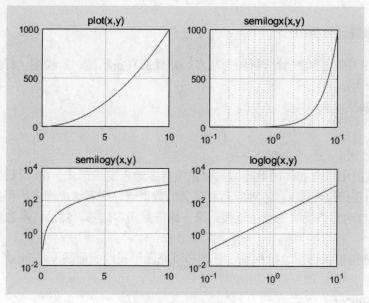

图 4-11   对数坐标图

2. 极坐标图

polar 函数用来绘制极坐标图，其调用格式为：

    polar(theta,rho,选项)

其中，theta 为极坐标极角，rho 为极坐标矢径，选项的内容与 plot 函数相似。

例 4-12 绘制 r=sint cost 的极坐标图，并标记数据点。

程序如下：

```
t=0:pi/50:2*pi;
r=sin(t).*cos(t);
polar(t,r,'-*');
```

程序运行结果如图 4-12 所示。

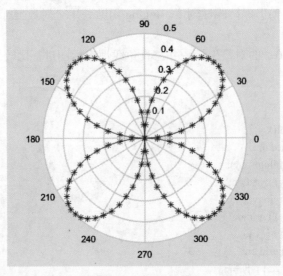

图 4-12　极坐标图

4.2.3　二维统计分析图

在 MATLAB 中，二维统计分析图形很多，常见的有条形图、阶梯图、杆图和填充图等，所采用的函数分别是：

```
bar(x,y,选项)
stairs(x,y,选项)
stem(x,y,选项)
fill(x1,y1,选项 1,x2,y2,选项 2,……)
```

前 3 个函数的用法与 plot 函数相似，只是没有多输入变量形式。fill 函数按向量元素下标渐增次序依次用直线段连接 x，y 对应元素定义的数据点。假若这样连接所得折线不封闭，那么 MATLAB 将自动把该折线的首尾连接起来，构成封闭多边形。然后将多边形内部涂满指定的颜色。

例 4-13 分别以条形图、阶梯图、杆图和填充图形式绘制曲线 y=2sin(x)。

程序如下：

```
x=0:pi/10:2*pi;
y=2*sin(x);
```

```
subplot(2,2,1);bar(x,y,'g');
title('bar(x,y,"g")');axis([0,7,-2,2]);
subplot(2,2,2);stairs(x,y,'b');
title('stairs(x,y,"b")');axis([0,7,-2,2]);
subplot(2,2,3);stem(x,y,'k');
title('stem(x,y,"k")');axis([0,7,-2,2]);
subplot(2,2,4);fill(x,y,'y');
title('fill(x,y,"y")');axis([0,7,-2,2]);
```

程序运行结果如图 4-13 所示。

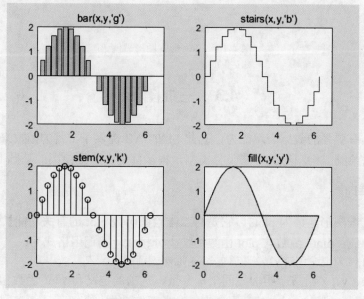

图 4-13　几种不同形式的图形

MATLAB 提供的统计分析绘图函数还有很多，例如，用来表示各元素占总和的百分比的饼图、复数的相量图等。

例 4-14　绘制图形：

（1）某企业全年各季度的产值（单位：万元）分别为 2347、1827、2043、3025，试用饼图作统计分析。

（2）绘制复数的相量图：7+2.9i、2-3i 和-1.5-6i。

程序如下：

```
subplot(1,2,1);
pie([2347,1827,2043,3025]);
title('饼图');
legend('一季度','二季度','三季度','四季度');
subplot(1,2,2);
compass([7+2.9i,2-3i,-1.5-6i]);
title('相量图');
```

程序运行结果如图 4-14 所示。

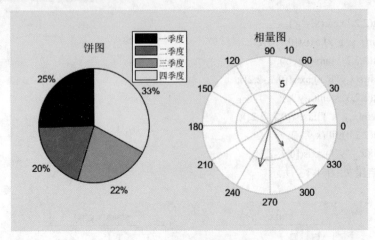

图 4-14　其他形式图形举例

4.3　三维图形

三维图形具有更强的数据表现能力，为此 MATLAB 提供了丰富的函数来绘制三维图形。绘制三维图形与绘制二维图形的方法十分类似，很多都是在二维绘图的基础上扩展而来。

4.3.1　三维曲线

最基本的三维图形函数为 plot3，它是将二维绘图函数 plot 的有关功能扩展到三维空间，用来绘制三维曲线。plot3 函数与 plot 函数用法十分相似，其调用格式为：

　　　plot3(x1,y1,z1,选项 1,x2,y2,z2,选项 2,…,xn,yn,zn,选项 n)

其中，每一组 x、y、z 组成一组曲线的坐标参数，选项的定义和 plot 函数相同。当 x、y、z 是同长度的向量时，则 x、y、z 对应元素构成一条三维曲线。当 x、y、z 是同型矩阵时，则以 x、y、z 对应列元素绘制三维曲线，曲线条数等于矩阵列数。

例 4-15　绘制三维曲线。

$$\begin{cases} x = \sin t \\ y = \cos t \\ z = t\sin t\cos t \end{cases} \quad (0 \leqslant t \leqslant 20\pi)$$

程序如下：

```
t=0:pi/100:20*pi;
x=sin(t);
y=cos(t);
z=t.*sin(t).*cos(t);
plot3(x,y,z);
title('Line in 3-D Space');
xlabel('X');ylabel('Y');zlabel('Z');
grid on;
```

结果如图 4-15 所示。

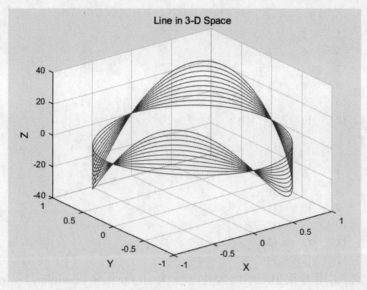

图 4-15　三维曲线

4.3.2　三维曲面

1．产生三维数据

绘制 z=f(x,y)所代表的三维曲面图,先要在 xy 平面选定一矩形区域,假定矩形区域 D=[a,b]×[c,d],然后将[a,b]在 x 方向分成 m 份,将[c,d]在 y 方向分成 n 份,由各划分点分别作平行于两坐标轴的直线,将区域 D 分成 m×n 个小矩形,生成代表每一个小矩形顶点坐标的平面网格坐标矩阵,最后利用有关函数求对应网格坐标的 Z 矩阵。

在 MATLAB 中,利用 meshgrid 函数产生平面区域内的网格坐标矩阵。其格式为:

```
x=a:d1:b;
y=c:d2:d;
[X,Y]=meshgrid(x,y);
```

语句执行后,矩阵 X 的每一行都是向量 x,行数等于向量 y 的元素的个数,矩阵 Y 的每一列都是向量 y,列数等于向量 x 的元素的个数。于是 X 和 Y 相同位置上的元素(X(i,j),Y(i,j))恰好是区域 D 的(i,j)网格点的坐标。若根据每一个网格点上的 x、y 坐标求函数值 z,则得到函数值矩阵 Z。显然,X、Y、Z 各列或各行所对应的坐标,对应于一条空间曲线,空间曲线的集合组成空间曲面。当 x=y 时,meshgrid 函数可写成 meshgrid(x)。

下面说明网格坐标矩阵的用法。

```
>> x=1:4;y=5:10;
>> [x,y]=meshgrid(x,y)          %在[1,4]×[5,10]区域生成网格坐标
x =
    1    2    3    4
    1    2    3    4
    1    2    3    4
    1    2    3    4
    1    2    3    4
    1    2    3    4
```

```
y =
        5        5        5        5
        6        6        6        6
        7        7        7        7
        8        8        8        8
        9        9        9        9
       10       10       10       10
>> z=x+y                           %求矩阵 z
z =
        6        7        8        9
        7        8        9       10
        8        9       10       11
        9       10       11       12
       10       11       12       13
       11       12       13       14
```

当函数不能像上面那样简单表示出来时，便只能用 for 循环或 while 循环来计算 z 的元素。在很多情况下，有可能按行或按列计算 z。有时必须一个一个地计算 z 中的元素，这时用嵌套循环进行计算。

2. 绘制三维曲面的函数

MATLAB 提供了 mesh 函数和 surf 函数来绘制三维曲面图。mesh 函数用于绘制三维网格图，在不需要绘制特别精细的三维曲面图时，可以通过三维网格图来表示三维曲面。surf 用于绘制三维曲面图，各线条之间的补面用颜色填充。surf 函数和 mesh 函数的调用格式为：

```
mesh(x,y,z,c)
surf(x,y,z,c)
```

一般情况下，x、y、z 是同型矩阵。x、y 是网格坐标矩阵，z 是网格点上的高度矩阵，c 称为色标（Color Scale）矩阵，用于指定曲面的颜色。在默认情况下，系统根据 c 中元素大小的比例关系，把色标数据变换成色图矩阵（见 4.5.2 小节）中对应的颜色。c 省略时，MATLAB 认为 c=z，亦即颜色的设定正比于图形的高度，这样就可以得出层次分明的三维图形。当 x、y 省略时，把 z 矩阵的列下标当作 x 轴坐标，把 z 矩阵的行下标当作 y 轴坐标，然后绘制三维曲面图。当 x、y 是向量时，必须要求 x 的长度等于 z 矩阵的列，y 的长度等于 z 矩阵的行，x、y 向量元素的组合构成网格点的 x、y 坐标，z 坐标则取自 z 矩阵，然后绘制三维曲面图。

例 4-16　绘制三维曲面图 z=sin(x+siny)-x/10。

程序如下：

```
[x,y]=meshgrid(0:0.25:4*pi);
z=sin(x+sin(y))-x/10;
mesh(x,y,z);
axis([0 4*pi 0 4*pi -2.5 1]);
```

程序运行结果如图 4-16 所示。

此外，还有带等高线的三维网格曲面函数 meshc 和带底座的三维网格曲面函数 meshz。其用法与 mesh 类似，不同的是 meshc 还在 xy 平面上绘制曲面在 z 轴方向的等高线，meshz 还在 xy 平面上绘制曲面的底座。

例 4-17　在 xy 平面内选择区域[-8,8]×[-8,8]，绘制函数

$$z = \frac{\sin\sqrt{x^2 + y^2}}{\sqrt{x^2 + y^2}}$$

的 4 种三维曲面图。

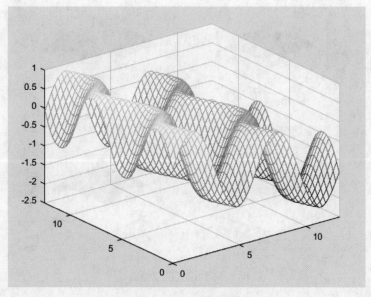

图 4-16　三维曲面图

程序如下：

```
[x,y]=meshgrid(-8:0.5:8);
z=sin(sqrt(x.^2+y.^2))./sqrt(x.^2+y.^2+eps);
subplot(2,2,1);
mesh(x,y,z);
title('mesh(x,y,z)')
subplot(2,2,2);
meshc(x,y,z);
title('meshc(x,y,z)')
subplot(2,2,3);
meshz(x,y,z)
title('meshz(x,y,z)')
subplot(2,2,4);
surf(x,y,z);
title('surf(x,y,z)')
```

程序运行结果如图 4-17 所示。

3．标准三维曲面

MATLAB 提供了一些函数用于绘制标准三维曲面，还可以利用这些函数产生相应的绘图数据，常用于三维图形的演示。例如，sphere 函数和 cylinder 函数分别用于绘制三维球面和柱面。sphere 函数的调用格式为：

```
[x,y,z]=sphere(n)
```

该函数将产生(n+1)×(n+1)矩阵 x、y、z，采用这 3 个矩阵可以绘制出圆心位于原点、半径为 1 的单位球体。若在调用该函数时不带输出参数，则直接绘制所需球面。n 决定了球面的圆滑程度，其默认值为 20。若 n 值取得较小，则将绘制出多面体表面图。

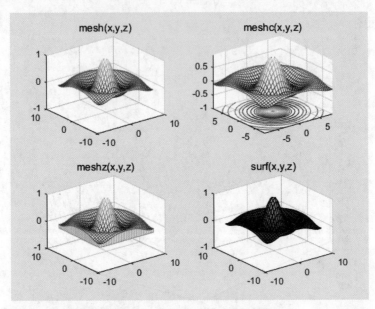

图 4-17　4 种形式的三维曲面图

cylinder 函数的调用格式为：

> [x,y,z]=cylinder(R,n)

其中，R 是一个向量，存放柱面各个等间隔高度上的半径，n 表示在圆柱圆周上有 n 个间隔点，缺省时表示有 20 个间隔点。例如，cylinder(3)生成一个圆柱，cylinder([10,0])生成一个圆锥，而下面的程序将生成一个正弦型柱面。

> t=0:pi/100:4*pi;
> R=sin(t);
> cylinder(R,30)

另外，生成矩阵的大小与 R 向量的长度及 n 有关，其余用法与 sphere 函数相同。

MATLAB 还有一个 peaks 函数，称为多峰函数，常用于三维曲面的演示。该函数可以用来生成绘图数据矩阵，矩阵元素由函数：

$$f(x,y) = 3(1-x^2)e^{-x^2-(y+1)^2} - 10\left(\frac{x}{5} - x^3 - y^5\right)e^{-x^2-y^2} - \frac{1}{3}e^{-(x+1)^2-y^2}$$

在矩形区域[-3,3]×[-3,3]的等分网格点上的函数值确定。例如：

> >> z=peaks(30);

将生成一个 30×30 矩阵 z，即分别沿 x 和 y 方向将区间[-3,3]等分成 29 份，并计算这些网格点上的函数值。默认的等分数是 48，即 p=peaks 将生成一个 49×49 矩阵 p。也可以根据网格坐标矩阵 x、y 重新计算函数值矩阵。例如：

> >> [x,y]=meshgrid(-5:0.1:5);
> >> z=peaks(x,y);

生成的数值矩阵可以作为 mesh、surf 等函数的参数而绘制出多峰函数曲面图。另外，若在调用 peaks 函数时不带输出参数，则直接绘制出多峰函数曲面图。

例 4-18　绘制标准三维曲面图形。

程序如下：

```
t=0:pi/20:2*pi;
[x,y,z]=cylinder(2+sin(t),30);
subplot(2,2,1);
surf(x,y,z);
subplot(2,2,2);
[x,y,z]=sphere;
surf(x,y,z);
axis equal
subplot(2,2,3);
[x,y,z]=peaks(30);
surf(x,y,z);
subplot(2,2,4);
[x,y,z]=peaks(20);
mesh(x,y,z);
```

程序运行结果如图 4-18 所示。

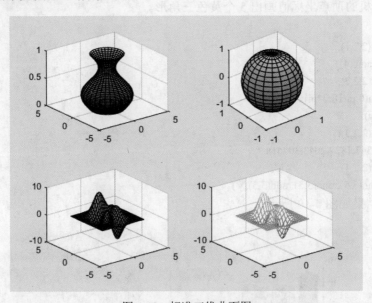

图 4-18　标准三维曲面图

4.3.3　其他三维图形

在介绍二维图形时，曾提到条形图、杆图、饼图和填充图等特殊图形，它们还可以以三维形式出现，使用的函数分别是 bar3、stem3、pie3 和 fill3。

bar3 函数绘制三维条形图，常用格式为：

```
bar3(y)
bar3(x,y)
```

第 1 种格式中，y 的每个元素对应于一个条形。第 2 种格式在 x 指定的位置上绘制 y 中元素的条形图。

stem3 函数绘制离散序列数据的三维杆图，常用格式为：

```
stem3(z)
stem3(x,y,z)
```

第 1 种格式将数据序列 z 表示为从 xy 平面向上延伸的杆图，x 和 y 自动生成。第 2 种格式在 x 和 y 指定的位置上绘制数据序列 z 的杆图，x、y、z 必须同型。

pie3 函数绘制三维饼图，常用格式为：

```
pie3(x)
```

其中，x 为向量，用 x 中的数据绘制一个三维饼图。

fill3 函数等效于三维函数 fill，可在三维空间内绘制出填充过的多边形，常用格式为：

```
fill3(x,y,z,c)
```

使用 x、y、z 作为多边形的顶点，而 c 指定了填充的颜色。

例 4-19　绘制三维图形：

（1）绘制魔方阵的三维条形图。

（2）以三维杆图形式绘制曲线 y=2sinx。

（3）已知 x=[2347,1827,2043,3025]，绘制饼图。

（4）用随机的顶点坐标值画出 5 个黄色三角形。

程序如下：

```
subplot(2,2,1);
bar3(magic(4))
subplot(2,2,2);
y=2*sin(0:pi/10:2*pi);
stem3(y);
subplot(2,2,3);
pie3([2347,1827,2043,3025]);
subplot(2,2,4);
fill3(rand(3,5),rand(3,5),rand(3,5),'y')
```

程序运行结果如图 4-19 所示。

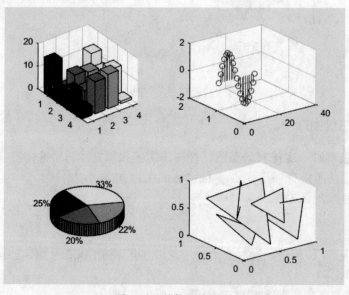

图 4-19　其他三维图形

除了上面讨论的三维图形外，常用图形还有瀑布图、三维曲面的等高线图。绘制瀑布图用 waterfall 函数，它的用法及图形效果与 meshz 函数相似，只是它的网格线是在 x 轴方向出现，具有瀑布效果。等高线图分二维和三维两种形式，分别使用函数 contour 和 contour3 绘制。

例 4-20 绘制多峰函数的瀑布图和等高线图。

程序如下：

```
subplot(2,2,1);
[X,Y,Z]=peaks(30);
waterfall(X,Y,Z)
xlabel('X-axis'),ylabel('Y-axis'),zlabel('Z-axis');
subplot(2,2,2);
contour3(X,Y,Z,12,'k');          %其中 12 代表高度的等级数
xlabel('X-axis'),ylabel('Y-axis'),zlabel('Z-axis');
```

程序运行结果如图 4-20 所示。

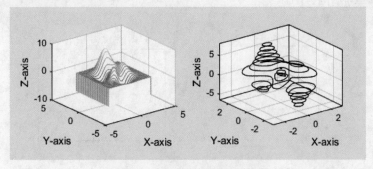

图 4-20　瀑布图和三维等高线图

4.4　隐函数绘图

如果给定了函数的显式表达式，可以先设置自变量向量，然后根据表达式计算出函数向量，从而用 plot、plot3 等函数绘制出图形。但如果函数用隐函数形式给出，例如 $x^3+y^3-5xy+1/5=0$，则很难用上述方法绘制出图形。MATLAB 提供了一些函数绘制隐函数图形。

4.4.1　隐函数二维绘图

隐函数二维绘图采用 ezplot 函数，它有各种变形，下面介绍常用的使用方法。

（1）对于函数 f = f(x)，ezplot 函数的调用格式为：

ezplot(f)：在默认区间 $-2\pi<x<2\pi$ 绘制 f=f(x) 的图形。

ezplot(f,[a,b])：在区间 $a<x<b$ 绘制 f=f(x) 的图形。

（2）对于隐函数 f=f(x,y)，ezplot 函数的调用格式为：

ezplot(f)：在默认区间 $-2\pi<x<2\pi$ 和 $-2\pi<y<2\pi$ 绘制 f(x,y)=0 的图形。

ezplot(f,[xmin,xmax,ymin,ymax])：在区间 $xmin<x<xmax$ 和 $ymin<y<ymax$ 绘制 f(x,y)=0 的图形。

ezplot(f,[a,b])：在区间 $a<x<b$ 和 $a<y<b$ 绘制 f(x,y)=0 的图形。

（3）对于参数方程 x=x(t)和 y=y(t)，ezplot 函数的调用格式为：

ezplot(x,y)：在默认区间 0<t<2π 绘制 x=x(t)和 y=y(t)的图形。

ezplot(x,y,[tmin,tmax])：在区间 tmin<t<tmax 绘制 x=x(t)和 y=y(t)的图形。

例 4-21 隐函数绘图应用举例。

程序如下：

```
subplot(2,2,1);
ezplot('x^2+y^2-9');axis equal
subplot(2,2,2);
ezplot('x^3+y^3-5*x*y+1/5')
subplot(2,2,3);
ezplot('cos(tan(pi*x))',[ 0,1])
subplot(2,2,4);
ezplot('8*cos(t)','4*sqrt(2)*sin(t)',[0,2*pi])
```

程序运行结果如图 4-21 所示。

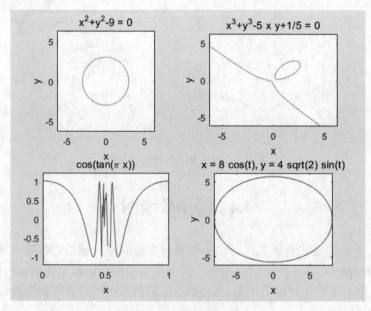

图 4-21　隐函数绘图

4.4.2　隐函数三维绘图

隐函数三维绘图函数有 ezcontour、ezcontourf、ezmesh、ezmeshc、ezplot3、ezpolar、ezsurf、ezsurfc，它们的调用格式基本相同，需要时请读者查阅帮助信息。

下面以 ezsurf 函数为例介绍常用的使用方法。ezsurf 函数调用的是 surf 函数的功能，其调用格式为：

（1）ezsurf(f)：绘制曲面 z=f(x,y)，其中 f 的表示方法与 ezplot 函数相同。x、y 取默认范围-2π<x<2π，-2π<y<2π。

（2）ezsurf(f,[xmin,xmax,ymin,ymax])或 ezsurf(f,[min,max])：在指定的区间绘制曲面 z=f(x,y)。

（3）ezsurf(x,y,z)：在默认区域-2π<s<2π，-2π<t<2π 上绘制参数方程 x=x(s,t)，y=y(s,t)，z=z(s,t)的曲面。

（4）ezsurf(x,y,z,[smin,smax,tmin,tmax])或 ezsurf(x,y,z,[min,max])：使用指定的区域绘制参数方程曲面。

例 4-22 绘制下列曲面：

$$\begin{cases} x = e^{-s}\cos t \\ y = e^{-s}\sin t，\ 0 \leqslant s \leqslant 8,\ 0 \leqslant t \leqslant 5\pi \\ z = t \end{cases}$$

命令如下：

```
>> ezsurf('exp(-s)*cos(t)','exp(-s)*sin(t)','t',[0,8,0,5*pi])
```

命令执行后，结果如图 4-22 所示。

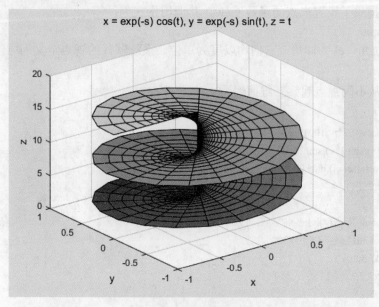

图 4-22 隐函数曲面图

4.5 图形修饰处理

图形修饰处理可以渲染和烘托图形的表现手法，使得图形现实感更强，传递的信息更丰富。图形修饰处理包括视点处理、色彩处理和裁剪处理等方法。

4.5.1 视点处理

从不同的视点观察物体，所看到的物体形状是不一样的。同样，从不同视点绘制的图形其形状也是不一样的。视点位置可由方位角和仰角表示。方位角又称旋转角，它是视点与原点连线在 xy 平面上的投影与 y 轴负方向形成的角度，正值表示逆时针，负值表示顺时针。仰角又称视角，它是视点和原点连线与 xy 平面的夹角，正值表示视点在 xy 平面上方，负值表示视点在 xy 平面下方。图 4-23 示意了坐标系中视点的定义，图中箭头方向表示正方向。

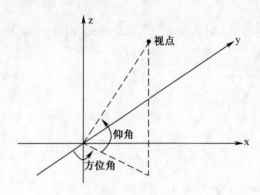

图 4-23　视点的定义

MATLAB 提供了设置视点的函数 view，其调用格式为：

　　　　view(az,el)

其中，az 为方位角，el 为仰角，它们均以度为单位。系统默认的视点定义为方位角-37.5°，仰角 30°。

例 4-23　从不同视点观察三维曲线。

程序如下：

```
x=linspace(0,3*pi,100);
Z=[sin(x);sin(2*x);sin(2*x)];
Y=[zeros(size(x));ones(size(x))/2;ones(size(x))];
subplot(2,2,1)
plot3(x,Y,Z)
grid,xlabel('X-axis'),ylabel('Y-axis'),zlabel('Z-axis')
title('DefaultAz=-37.5,El=30')
view(-37.5,30)
subplot(2,2,2)
plot3(x,Y,Z)
grid,xlabel('X-axis'),ylabel('Y-axis'),zlabel('Z-axis')
title('Az Rotated to 52.5')
view(-37.5+90,30)
subplot(2,2,3)
plot3(x,Y,Z)
grid,xlabel('X-axis'),ylabel('Y-axis'),zlabel('Z-axis')
title('El Increased to 60')
view(-37.5,60)
subplot(2,2,4)
plot3(x,Y,Z)
grid,xlabel('X-axis'),ylabel('Y-axis')
title('Az=0,El=90')
view(0,90)
```

程序运行结果如图 4-24 所示，该图充分反映了视点对图形的影响。

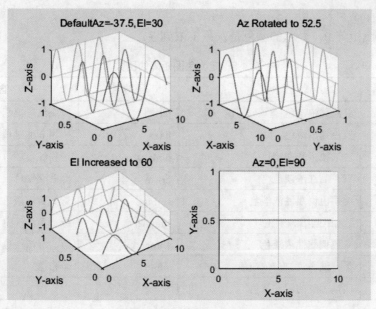

图 4-24　不同视点的图形

4.5.2　色彩处理

1. 颜色的向量表示

MATLAB 除用字符表示颜色外，还可以用含有 3 个元素的向量表示颜色。向量元素在[0,1] 范围取值，3 个元素分别表示红、绿、蓝 3 种颜色的相对亮度，称为 RGB 三元组。表 4-4 中列出了几种常见颜色的 RGB 值。

表 4-4　几种常见颜色的 RGB 值

RGB 值	颜色	字符	RGB 值	颜色	字符
[0　0　1]	蓝色	b	[1　1　1]	白色	w
[0　1　0]	绿色	g	[0.5　0.5　0.5]	灰色	
[1　0　0]	红色	r	[0.67　0　1]	紫色	
[0　1　1]	青色	c	[1　0.5　0]	橙色	
[1　0　1]	品红色	m	[1　0.62　0.40]	铜色	
[1　1　0]	黄色	y	[0.49　1　0.83]	宝石蓝	
[0　0　0]	黑色	k			

2. 色图

色图（Color map）是 MATLAB 系统引入的概念。在 MATLAB 中，每个图形窗口只能有一个色图。色图是 m×3 的数值矩阵，它的每一行是 RGB 三元组。色图矩阵可以人为地生成，也可以调用 MATLAB 提供的函数来定义色图矩阵。表 4-5 列出了定义色图矩阵的函数，色图矩阵的维数由函数调用格式决定。例如：

　　　　M=hot;

生成 64×3 色图矩阵 M，表示的颜色是从黑色、红色、黄色到白色的由浓到淡的颜色。又如：

P=gray(100);

生成 100×3 色图矩阵 P，表示的颜色是灰色由浓到淡。

表 4-5　定义色图矩阵的函数

函数名	含义	函数名	含义
autumn	红、黄浓淡色	jet	蓝头红尾饱和值色
bone	蓝色调浓淡色	lines	采用 plot 绘线色
colorcube	三浓淡多彩交错色	pink	淡粉红色图
cool	青、品红浓淡色	prism	光谱交错色
copper	纯铜色调线性浓淡色	spring	青、黄浓淡色
flag	红-白-蓝-黑交错色	summer	绿、黄浓淡色
gray	灰色调线性浓淡色	winter	蓝、绿浓淡色
hot	黑、红、黄、白浓淡色	white	全白色
hsv	两端为红的饱和值色		

除 plot 及其派生函数外，mesh、surf 等函数均使用色图着色。图形窗口色图的设置和改变使用函数：

colormap(m)

其中，m 代表色图矩阵。

3. 三维表面图形的着色

三维表面图实际上就是在网格图的每一个网格片上涂上颜色。surf 函数用默认的着色方式对网格片着色。除此之外，还可以用 shading 命令来改变着色方式。命令格式如下：

（1）shading faceted 命令：将每个网格片用其高度对应的颜色进行着色，但网格线仍保留着，其颜色是黑色。这是系统的默认着色方式。

（2）shading flat 命令：将每个网格片用同一种颜色进行着色，且网格线也用相应的颜色，从而使得图形表面显得更加光滑。

（3）shading interp 命令：在网格片内采用颜色插值处理，得出的表面图显得最光滑。

例 4-24　3 种图形着色方式的效果展示。

程序如下：

```
[x,y,z]=sphere(20);
colormap(copper);
subplot(1,3,1);
surf(x,y,z);
axis equal
subplot(1,3,2);
surf(x,y,z);shading flat;
axis equal
subplot(1,3,3);
surf(x,y,z);shading interp;
axis equal
```

程序运行结果如图 4-25 所示。

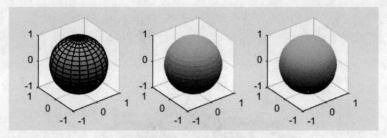

图 4-25　图形着色

4.5.3　图形的裁剪处理

MATLAB 定义的 NaN 常数可以用于表示那些不可使用的数据，利用这种特性，可以将图形中需要裁剪部分对应的函数值设置成 NaN，这样在绘制图形时，函数值为 NaN 的部分将不显示出来，从而达到对图形进行裁剪的目的。

例 4-25　已知

$$z = \cos x \cos y\, e^{-\sqrt{x^2+y^2}/4}$$

（1）绘制三维曲面图，并进行插值着色处理。

（2）裁掉图中 x 和 y 都小于 0 的部分。

程序如下：

```
[x,y]=meshgrid(-5:0.1:5);
z=cos(x).*cos(y).*exp(-sqrt(x.^2+y.^2)/4);
surf(x,y,z);shading interp;
pause                    %程序暂停
i=find(x<=0&y<=0);
z1=z;z1(i)=NaN;
surf(x,y,z1);shading interp;
```

为了展示裁剪效果，第 1 个曲面绘制完成后暂停，然后显示裁剪后的曲面。程序运行后得到的曲面图分别如图 4-26 和图 4-27 所示。

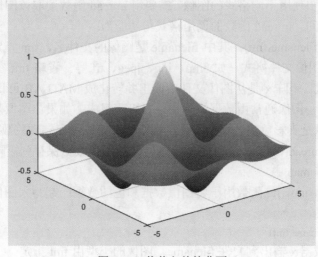

图 4-26　裁剪之前的曲面

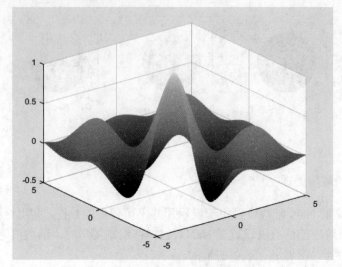

图 4-27　裁剪之后的曲面

4.6　图像处理与动画制作

图像处理与动画制作可以看作绘图功能的进一步拓展，也是 MATLAB 的一个具体应用领域。在进行 MATLAB 基础学习时，了解一些图像处理与动画制作方法，既有利于 MATLAB 基础知识的掌握，又有利于开阔思路，为专业应用打下基础。

4.6.1　图像处理

MATLAB 基本系统提供了几个用于简单图像处理的函数，利用这些函数可以进行图像的读/写和显示。此外，MATLAB 还有一个功能更强的图像处理工具箱，可以对图像进行更专业的处理。

1. 图像的读/写

要在 MATLAB 中使用不同格式的图像，需要用 imread 函数读取该图像，即将图像文件读入 MATLAB 工作空间。imread 函数的调用格式与功能为：

（1）x=imread(filename,fmt)：其中 filename 是图像的文件名，fmt 指定图像文件的格式。MATLAB 支持多种图像文件格式，如 bmp、jpg、jpeg、tif 等。省略 fmt 参数时，通过文件的内容自动判断其格式。矩阵 x 是从图像文件中读出并转化成 MATLAB 可识别的图像格式的数据。在 MATLAB 中，图像通常由数据矩阵和色彩矩阵组成。如果该图像是灰度图像，那么 x 是二维的。如果图像是真彩色的，那么 x 是三维矩阵，第三维存储颜色数据。

（2）[x,map]=imread(filename,fmt)：把经过转化的图像数据保存到矩阵 x 中，同时把相关的色图数据读到矩阵 map 中。

在 MATLAB 中，imwrite 函数用于将图像数据和色图数据一起写入图像文件，其调用格式为：

imwrite(x,filename,fmt)

该函数把图像数据 x 输出到文件 filename，图像的类型由 fmt 指定。

2. 图像的显示

MATLAB 用 image 函数显示图像，其调用格式为：

　　image(x)

其中 x 为图形的数据矩阵。

与 image 函数类似的函数是 imagesc，它的调用格式和功能都与 image 函数一样，只是图像着色方式不同。

为了保证图像的显示效果，一般还应使用 colormap 函数设置图像色图。

例 4-26　有一图像文件 logo.jpg，在图形窗口显示该图像。

程序如下：

```
[x,cmap]=imread('logo.jpg');        %读取图像的数据阵和色图阵
image(x);colormap(cmap);
axis image off                      %保持宽高比并取消坐标轴
```

程序运行结果如图 4-28 所示。

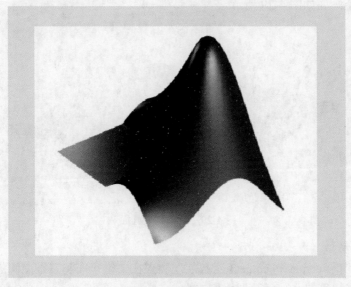

图 4-28　图像显示

4.6.2　动画制作

MATLAB 具有动画制作能力，它可以存储一系列各种类型的二维或三维图，然后像放电影一样把它们按次序播放出来，称为逐帧动画。例如，取出一幅三维图形，然后缓慢地将它旋转，这样就可以从不同角度来观察它。另一种类型是描绘质点运动轨迹的动画，称为轨迹动画。

1. 制作逐帧动画

MATLAB 提供了 getframe、moviein 和 movie 函数进行逐帧动画制作。函数的功能分别是：

（1）getframe 函数可截取一幅画面信息（称为动画中的一帧），一幅画面信息形成一个很大的列向量。显然，保存 n 幅画面就需一个大矩阵。

（2）moviein(n)函数用来建立一个足够大的 n 列矩阵。该矩阵用来保存 n 幅画面的数据，以备播放。之所以要事先建立一个大矩阵，是为了提高程序运行速度。

（3）movie(m,n)函数播放由矩阵 m 所定义的画面 n 次，默认时播放一次。

例 4-27 绘制 peaks 函数曲面并且将它绕 z 轴旋转。

程序如下：

```
[X,Y,Z]=peaks(30);
surf(X,Y,Z)
axis([-3,3,-3,3,-10,10])
axis off;
shading interp;
colormap(hot);
m=moviein(20);              %建立一个 20 列大矩阵
for i=1:20
view(-37.5+24*(i-1),30)     %改变视点
m(:,i)=getframe;            %将图形保存到 m 矩阵
end
movie(m,2);                 %播放画面两次
```

动画中的一个画面如图 4-29 所示。

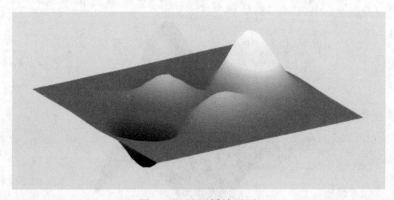

图 4-29　动画播放画面

2. 创建轨迹动画

MATLAB 提供了 comet 和 comet3 函数展现质点在二维平面和三维空间的运动轨迹，这种轨迹曲线称为彗星轨迹曲线。函数调用格式为：

```
comet(x,y,p)
comet3(x,y,z,p)
```

其中，每一组 x、y、z 组成一组曲线的坐标参数，用法与 plot 和 plot3 函数相同。p 是用于设置彗星长度的参数，默认值是 0.1。在二维图形中，彗长为 y 向量长度的 p 倍。在三维图形中，彗长为 z 向量长度的 p 倍。

例 4-28 生成一个三维运动图形轨迹。

程序如下：

```
x=0:pi/250:10*pi;
y=sin(x);
z=cos(x);
comet3(x,y,z);
```

运行程序，动画中的一个画面如图 4-30 所示。图中的小圆圈代表彗星头部，它跟踪屏幕上的数据点，彗星轨迹为小圆圈后面的曲线，曲线的变化过程动态地展示了质点的运动轨迹。

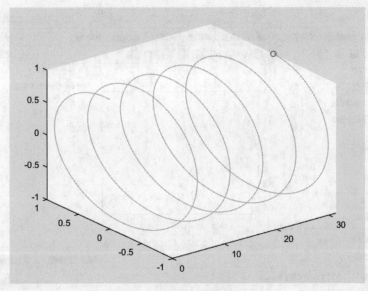

图 4-30　轨迹动画播放画面

4.7　交互式绘图工具

MATLAB 提供了多种用于绘图的函数，这些函数可以在命令行窗口中或在程序中调用。此外，MATLAB 还提供了交互式绘图工具。

4.7.1　"绘图"选项卡

在 MATLAB 的功能区有一个"绘图"选项卡，提供了绘图的基本工具。"绘图"选项卡的工具条中有 3 个命令组，左边的"所选内容"命令组，用于显示已选中用于绘图的变量；中间的"绘图"命令组，提供了绘制各种图形的命令；右边的"选项"命令组，用于设置绘图时是否新建图形窗口。

如果未选中任何变量，"绘图"命令组的命令是不可用的。如果在工作区中选择了变量，"绘图"命令组中会自动根据所选变量类型提供相应绘图命令，此时，单击某个绘图命令按钮，则会在命令行窗口自动输入该命令（命令以选中的变量为参数）并执行，在图形窗口绘制图形。

例如，用"绘图"选项卡中的工具绘制正弦曲线，先在命令行窗口建立 x 和 y，再在工作区窗口选中 x、y，并在"绘图"选项卡中单击 plot 按钮，则命令行窗口中出现 plot(x,y) 命令，然后弹出图形窗口并绘制正弦曲线。

4.7.2　绘图工具

绘制图形时，如果需要修改绘图参数，可利用 MATLAB 图形窗口的绘图工具（plot tools）。在图形窗口的快捷工具栏中单击最右侧的"显示绘图工具和停靠图形"按钮 ⊡ ，或在 MATLAB 的命令行窗口中输入命令 plottools 启动绘图工具，如图 4-31 所示。

绘图工具由 3 个部分组成，图形编辑区的左侧为图形选项板，右侧为绘图浏览器，下部为属性编辑器。

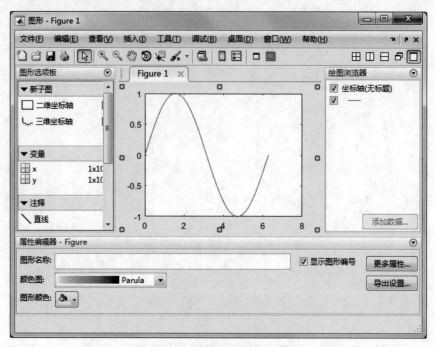

图 4-31　带绘图工具的图形窗口

1．图形选项板

图形选项板用于在图形窗口中添加和排列子图，观察和选择绘图数据以及添加图形标注。要打开图形选项板，可以在命令行窗口输入命令：

>> figurepalette

图形选项板包含 3 个面板，其作用如下。

（1）"新子图"面板：用于添加二维、三维子图。例如，若要将图形窗口分割成 2×2 的 4 个用于绘制二维图形的子图，则单击"二维坐标轴"选项右边的展开按钮，然后单击第 2 行第 2 列方格。

（2）"变量"面板：用于浏览和选择绘图数据。若双击某变量，则直接以该变量为参数调用 plot 函数绘图。若在选中的变量上单击鼠标右键，则可以从弹出的快捷菜单中选择一种绘图函数绘制图形。

（3）"注释"面板：用于为图形添加标注。从面板中选择一种标注工具，可以在图形窗口中绘制出用于标注的图形，如直线、箭头、标注文本框等。

2．绘图浏览器

绘图浏览器以图例的方式列出了图形中的元素。在绘图浏览器中选中一个对象，图形窗口中该对象上出现黑色标记，属性编辑器展现该对象的属性。

3．属性编辑器

属性编辑器用于观测和设置所选对象的名称、颜色、填充方法等参数。不同类型的对象，属性编辑器中的内容不同。

实验指导

一、实验目的

1．掌握绘制二维图形及三维图形的方法。

2．掌握图形控制与修饰处理的方法。

3．了解图像处理及动画制作的基本方法。

二、实验内容

1．绘制下列曲线。

（1）$y = x - \dfrac{x^3}{3!}$　　　　　　　　　　（2）$x^2 + 2y^2 = 64$

2．设

$$y = \frac{1}{1 + e^{-t}}，\quad -\pi \leqslant t \leqslant \pi$$

在同一图形窗口采用子图的形式绘制条形图、阶梯图、杆图和对数坐标图等不同图形，并对不同图形加标注说明。

3．绘制下列极坐标图。

（1）$\rho = 5\cos\theta + 4$　　　　　　　　　（2）$\gamma = \dfrac{5\sin^2\varphi}{\cos\varphi}，\quad -\dfrac{\pi}{3} \leqslant \varphi \leqslant \dfrac{\pi}{3}$。

4．绘制下列三维图形。

（1）$\begin{cases} x = e^{-t/20}\cos t \\ y = e^{-t/20}\sin t，\quad 0 \leqslant t \leqslant 2\pi。 \\ z = t \end{cases}$

（2）$z = 5$，$|x| \leqslant 5$，$|y| \leqslant 5$。要求应用插值着色处理。

5．播放一个直径不断变化的球体。

思考练习

一、填空题

1．执行以下命令：

```
>> x=0:pi/20:pi;
>> y=sin(x);
```

以 x 为横坐标、y 为纵坐标的曲线图绘制命令为_____，给该图形加上"正弦波"标题的命令为_____，将该图形的横坐标标注为"时间"，纵坐标标注为"幅度"的命令分别为_____和_____。

2. 如果 x、y 均为 4×3 矩阵，则执行 plot(x,y)命令后在图形窗口中绘制_____条曲线。

3. 在同一图形窗口中绘制 y1 和 y2 两条曲线，并对图形坐标轴进行控制，请补充程序。

```
x=-3:0.1:3;
y1=2*x+5;
y2=x.^2-3*x;
plot(x,y1)                  %绘制曲线 y1
_____①_____;
plot(x,y2)                  %绘制曲线 y2
m1=max([y1,y2]);
m2=min([y1,y2]);
_____②_____;      %用 axis 调制坐标轴，横坐标在[-3,3]之间，纵坐标在[-5,20]之间
```

4. 下列命令执行后得到的图形是_____。

```
>> x=@(t) sin(t);
>> y=@(t) cos(t);
>> ezplot(x,y)
```

5. 下列程序的运行结果是_____。

```
x=0:pi/100:2*pi;
for n=1:2:10
    plot(n*sin(x),n*cos(x))
    hold on
end
axis square
```

二、问答题

1. 在同一坐标轴绘制多条二维曲线，有哪些方法？

2. 绘制下列曲线。

（1）$y = \dfrac{1}{2\pi} e^{-\frac{x^2}{2}}$
（2）$\begin{cases} x = t\sin t \\ y = t\cos t \end{cases}$

3. 在同一坐标轴中绘制下列两条曲线并标注两曲线交叉点。

（1）$y=2x-0.5$

（2）$\begin{cases} x = \sin(3t)\cos t \\ y = \sin(3t)\sin t \end{cases}$，$0 \leqslant t \leqslant \pi$。

4. 分别用 plot 和 fplot 函数绘制函数 $y = \sin(1/x)$ 的曲线，分析两曲线的差别。

5. 绘制下列极坐标图。

（1）$\rho = \dfrac{12}{\sqrt{\theta}}$
（2）$\gamma = \dfrac{3a\sin\varphi\cos\varphi}{\sin^3\varphi + \cos^3\varphi}$，$-\dfrac{\pi}{6} \leqslant \varphi \leqslant \dfrac{\pi}{6}$。

6. 绘制曲面图形。

（1）$\begin{cases} x = 3u\sin v \\ y = 2u\cos v \\ z = 4u^2 \end{cases}$
（2）$f(x,y) = -\dfrac{5}{1+x^2+y^2}$，$|x| \leqslant 3$，$|y| \leqslant 3$。

第 5 章　MATLAB 数据分析与多项式计算

在科学研究和工程应用中，经常会遇到数据分析与多项式计算的问题。在 MATLAB 中，由于对数据的操作是基于矩阵的，可以让矩阵的每列或每行代表不同的被测变量，相应行或列的元素代表被测向量的观测值，这样就很容易通过对矩阵元素的访问进行数据的统计分析。关于多项式，它是一种基本的数据分析工具，也是一种简单的函数，很多复杂的函数都可以用多项式逼近。

本章介绍 MATLAB 数据统计处理、数据插值、多项式曲线拟合以及多项式计算。

 本章要点

- MATLAB 数据统计处理
- MATLAB 数据插值
- MATLAB 曲线拟合
- MATLAB 多项式计算

5.1　数据统计处理

在实际应用中，经常需要对各种数据进行统计处理，以便为科学决策提供依据。这些统计处理包括求数据序列的最大值和最小值、和与积、平均值和中值、累加和与累乘积、标准差和相关系数、排序等，MATLAB 提供了相关的函数来实现。

5.1.1　最大值和最小值

MATLAB 提供的求数据序列的最大值和最小值的函数分别为 max 和 min，这两个函数的调用格式和操作过程类似。

1. 求向量的最大值和最小值

求一个向量 X 的最大值的函数有两种调用格式，分别是：

（1）y=max(X)：返回向量 X 的最大值存入 y，如果 X 中包含复数元素，则按模取最大值。

（2）[y,I]=max(X)：返回向量 X 的最大值存入 y，最大值的序号存入 I，如果 X 中包含复数元素，则按模取最大值。

求向量 X 的最小值的函数是 min(X)，用法和 max(X)完全相同。

例 5-1　求向量 x 的最大值。

命令如下：

```
>> x=[-43,72,9,16,23,47];
>> y=max(x)                    %求向量 x 中的最大值
y =
```

```
            72
>> [y,l]=max(x)                    %求向量 x 中的最大值及该元素的位置
y =
            72
l =
            2
```

以上是对行向量进行操作，事实上对列向量的操作与对行向量的操作结果是一样的。例如，对上述 x 作一转置，有相同的结果。

```
>> [y,l]=max(x')
y =
            72
l =
            2
```

2. 求矩阵的最大值和最小值

求矩阵 A 的最大值的函数有 3 种调用格式，分别是：

（1）max(A)：返回一个行向量，向量的第 i 个元素是矩阵 A 的第 i 列上的最大值。

（2）[Y,U]=max(A)：返回行向量 Y 和 U，Y 向量记录 A 的每列的最大值，U 向量记录每列最大值的行号。

（3）max(A,[],dim)：dim 取 1 或 2。dim 取 1 时，该函数和 max(A) 完全相同；dim 取 2 时，该函数返回一个列向量，其第 i 个元素是 A 矩阵的第 i 行上的最大值。

求最小值的函数是 min，其用法和 max 完全相同。

例 5-2 分别求 3×4 矩阵 x 各列和各行元素中的最大值，并求整个矩阵的最大值和最小值。

命令如下：

```
>> x=[1,8,4,2;9,6,2,5;3,6,7,1]
x =
     1     8     4     2
     9     6     2     5
     3     6     7     1
>> y=max(x)                        %求矩阵 x 中各列元素的最大值
y =
     9     8     7     5
>> [y,l]=max(x)                    %求矩阵 x 中各列元素的最大值及这些元素的行下标
y =
     9     8     7     5
l =
     2     1     3     2
>> [y,l]=max(x,[],1)               %本命令的执行结果与上面的命令完全相同
y =
     9     8     7     5
l =
     2     1     3     2
```

```
>> [y,l]=max(x,[],2)              %命令中 dim=2，故查找操作在各行中进行
y =
     8
     9
     7
l =
     2
     1
     3
>> max(max(x))                    %  求整个矩阵的最大值
ans =
     9
>> min(min(x))                    %  求整个矩阵的最小值
ans =
     1
```

3．两个向量或矩阵对应元素的比较

函数 max 和 min 还能对两个同型的向量或矩阵进行比较，调用格式为：

（1）U=max(A,B)：A，B 是两个同型的向量或矩阵，结果 U 是与 A，B 同型的向量或矩阵，U 的每个元素等于 A，B 对应元素的较大者。

（2）U=max(A,n)：n 是一个标量，结果 U 是与 A 同型的向量或矩阵，U 的每个元素等于 A 对应元素和 n 中的较大者。

min 函数的用法和 max 完全相同。

例 5-3　求两个 2×3 矩阵 x，y 所有同一位置上的较大元素构成的新矩阵 p。

命令如下：

```
>> x=[4,5,6;1,4,8]
x =
     4      5      6
     1      4      8
>> y=[1,7,5;4,5,7]
y =
     1      7      5
     4      5      7
>> p=max(x,y)                     %  在 x,y 同一位置上的两个元素中找出较大值
p =
     4      7      6
     4      5      8
```

上例是对两个同样大小的矩阵操作，MATLAB 还允许对一个矩阵和一个常数或单变量操作。例如，仍然用上例的矩阵 x 和已赋值为 4.5 的变量 f，命令如下：

```
>>f=4.5;
>> p=max(x,f)
p =
     4.5000      5.0000      6.0000
     4.5000      4.5000      8.0000
```

5.1.2 求和与求积

数据序列求和与求积的函数是 sum 和 prod，其使用方法类似。设 X 是一个向量，A 是一个矩阵，函数的调用格式为：

（1）sum(X)：返回向量 X 各元素的和。

（2）prod(X)：返回向量 X 各元素的乘积。

（3）sum(A)：返回一个行向量，其第 i 个元素是 A 的第 i 列的元素和。

（4）prod(A)：返回一个行向量，其第 i 个元素是 A 的第 i 列的元素乘积。

（5）sum(A,dim)：当 dim 为 1 时，该函数等同于 sum(A)；当 dim 为 2 时，返回一个列向量，其第 i 个元素是 A 的第 i 行的各元素之和。

（6）prod(A,dim)：当 dim 为 1 时，该函数等同于 prod(A)；当 dim 为 2 时，返回一个列向量，其第 i 个元素是 A 的第 i 行的各元素乘积。

例 5-4 求矩阵 A 的每行元素的乘积和全部元素的乘积。

命令如下：

```
>> A=[1,2,3,4;5,6,7,8;9,10,11,12];        %求 A 的每行元素的乘积
>> S=prod(A,2)
S =
            24
          1680
         11880
>> prod(S)                                 %求 A 的全部元素的乘积
ans =
     479001600
```

5.1.3 平均值和中值

数据序列的平均值指的是算术平均值，其含义不难理解。所谓中值，是指在数据序列中其值的大小恰好处在中间的元素。例如，数据序列-2，5，7，9，12 的中值为 7，因为比它大和比它小的数据均为两个数，即它的大小恰好处于数据序列各个值的中间，这是数据序列为奇数个数的情况。如果为偶数个数，则中值等于中间的两项之平均值。例如，数据序列-2，5，6，7，9，12 中，处于中间的数是 6 和 7，故其中值为此两数之平均值 6.5。

求数据序列平均值的函数是 mean，求数据序列中值的函数是 median。两个函数的调用格式为：

（1）mean(X)：返回向量 X 的算术平均值。

（2）median(X)：返回向量 X 的中值。

（3）mean(A)：返回一个行向量，其第 i 个元素是 A 的第 i 列的算术平均值。

（4）median(A)：返回一个行向量，其第 i 个元素是 A 的第 i 列的中值。

（5）mean(A,dim)：当 dim 为 1 时，该函数等同于 mean(A)；当 dim 为 2 时，返回一个列向量，其第 i 个元素是 A 的第 i 行的算术平均值。

（6）median(A,dim)：当 dim 为 1 时，该函数等同于 median(A)；当 dim 为 2 时，返回一个列向量，其第 i 个元素是 A 的第 i 行的中值。

例 5-5　分别求向量 x 与 y 的平均值和中值。

命令如下：

```
>> x=[9,-2,5,7,12];            % 奇数个元素
>> mean(x)
ans =
      6.2000
>> median(x)
ans =
      7
>> y=[9,-2,5,6,7,12];          % 偶数个元素
>> mean(y)
ans =
      6.1667
>> median(y)
ans =
      6.5000
```

5.1.4　累加和与累乘积

所谓累加和，是指从数据序列的第一个元素开始直到当前元素进行累加，作为结果序列的当前元素值。设已知数据序列为 x_1，x_2，…，x_i，…，x_n，经累加和计算后的结果序列为 y_1，y_2，…，y_i，…，y_n，这里的 y_i 为：

$$y_i = \sum_{n=1}^{i} x_n$$

例如，对数据序列 9，−2，5，7，12 作累加和计算后的结果序列是 9，7，12，19，31。

同样，累乘积是指从数据序列的第一个元素开始直到当前元素进行累乘，作为结果序列的当前元素值。设已知数据序列为 x_1，x_2，…，x_i，…，x_n，经累乘积计算后的结果序列为 y_1，y_2，…，y_i，…，y_n，这里的 y_i 为：

$$y_i = \prod_{n=1}^{i} x_n$$

例如，对数据序列 9，−2，5，7，12 作累乘积计算后的结果序列是 9，−18，−90，−630，−7560。

在 MATLAB 中，使用 cumsum 和 cumprod 函数能方便地求得向量和矩阵元素的累加和与累乘积向量，函数的调用格式为：

（1）cumsum(X)：返回向量 X 累加和向量。

（2）cumprod(X)：返回向量 X 累乘积向量。

（3）cumsum(A)：返回一个矩阵，其第 i 列是 A 的第 i 列的累加和向量。

（4）cumprod(A)：返回一个矩阵，其第 i 列是 A 的第 i 列的累乘积向量。

（5）cumsum(A,dim)：当 dim 为 1 时，该函数等同于 cumsum(A)；当 dim 为 2 时，返回一个矩阵，其第 i 行是 A 的第 i 行的累加和向量。

（6）cumprod(A,dim)：当 dim 为 1 时，该函数等同于 cumprod(A)；当 dim 为 2 时，返回一个矩阵，其第 i 行是 A 的第 i 行的累乘积向量。

例 5-6　求 $s=1+2+2^2+\cdots+2^{10}$ 的值。

命令如下：

```
>> x=[1,ones(1,10)*2]
x =
      1   2   2   2   2   2   2   2   2   2   2
>> y=cumprod(x)
y =
  1 至 6 列
      1          2          4          8         16         32
  7 至 11 列
     64        128        256        512       1024
>> s=sum(y)
s =
   2047
```

5.1.5　标准差与相关系数

1. 标准差

对于具有 n 个元素的数据序列 x_1，x_2，x_3，$\cdots$，x_n，标准差的计算公式如下：

$$\sigma 1 = \sqrt{\frac{1}{n-1}\sum_{i=1}^{n}(x_i-\overline{x})^2}$$

或

$$\sigma 2 = \sqrt{\frac{1}{n}\sum_{i=1}^{n}(x_i-\overline{x})^2}$$

其中

$$\overline{x}=\frac{1}{n}\sum_{i=1}^{n}x_i$$

在 MATLAB 中，提供了计算数据序列的标准差的函数 std。对于向量 X，std(X)返回一个标准差。对于矩阵 A，std(A)返回一个行向量，它的各个元素便是矩阵 A 各列或各行的标准差。std 函数的一般调用格式为：

```
Y=std(A,flag,dim)
```

其中，dim 取 1 或 2。当 dim=1 时，求各列元素的标准差；当 dim=2 时，则求各行元素的标准差。flag 取 0 或 1，当 flag=0 时，按 σ1 所列公式计算标准差；当 flag=1 时，按 σ2 所列公式计算标准差。默认取 flag=0，dim=1。

方差是和标准差相关的概念，其值是标准差的平方。MATLAB 提供了 var 函数来计算方差，其使用方法与 std 函数类似。

例 5-7　对二维矩阵 x，从不同维方向求出其标准差和方差。

命令如下：

```
>> x=[4,5,6;1,4,8];
>> y1=std(x,0,1)              %求标准差
y1 =
    2.1213    0.7071    1.4142
```

```
>> v1=var(x,0,1)                        %求方差
v1 =
      4.5000       0.5000       2.0000
>> y2=std(x,1,1)
y2=
      1.5000       0.5000       1.0000
>> v2=var(x,1,1)
v2 =
      2.2500       0.2500       1.0000
>> y3=std(x,0,2)
y3=
      1.0000
      3.5119
>> v3=var(x,0,2)
v3 =
      1.0000
     12.3333
>> y4=std(x,1,2)
y4=
      0.8165
      2.8674
>> v4=var(x,1,2)
v4 =
      0.6667
      8.2222
```

2. 相关系数

对于两组数据序列 x_i、y_i（$i=1$，2，…，n），可以由下式计算出两组数据的相关系数：

$$r = \frac{\displaystyle\sum_{i=1}^{n}(x_i - \overline{x})(y_i - \overline{y})}{\sqrt{\displaystyle\sum_{i=1}^{n}(x_i - \overline{x})^2 \sum_{i=1}^{n}(y_i - \overline{y})^2}}$$

相关系数的绝对值越接近于 1，说明两组数据相关程度越高。MATLAB 提供了 corrcoef 函数，可以求出两组数据的相关系数矩阵。corrcoef 函数的调用格式为：

（1）corrcoef(X)：返回从矩阵 X 形成的一个相关系数矩阵，其中第 i 行第 j 列的元素代表原矩阵 X 中第 i 个列向量和第 j 个列向量的相关系数，即 X(:,i)和 X(:,j)的相关系数。

（2）corrcoef(X,Y)：在这里，X，Y 是向量。corrcoef(X,Y)返回序列 X 和序列 Y 的相关系数，得到的结果是一个 2×2 矩阵，其中对角线上的元素分别表示 X 和 Y 的自相关系数，非对角线上的元素分别表示 X 与 Y 的相关系数和 Y 与 X 的相关系数，两个是相等的。corrcoef(X,Y)与 corrcoef([X,Y])等价。

例 5-8　生成满足正态分布的 10000×5 随机矩阵，然后求各列元素的均值和标准差，再求这 5 列随机数据的相关系数矩阵。

命令如下：

```
>> X=randn(10000,5);
>> M=mean(X)
M =
    0.0017    -0.0020    -0.0038    -0.0001    -0.0106
>> D=std(X)
D =
    0.9915    0.9899    0.9995    0.9862    1.0118
>> R=corrcoef(X)
R =
    1.0000    0.0060    -0.0001    0.0111    0.0005
    0.0060    1.0000    -0.0030    -0.0131    -0.0050
   -0.0001    -0.0030    1.0000    -0.0203    -0.0024
    0.0111    -0.0131    -0.0203    1.0000    0.0122
    0.0005    -0.0050    -0.0024    0.0122    1.0000
```

求得的均值接近于 0，标准差接近于 1，由标准正态分布的随机数的性质可以看出，这个结果是正确的。此外，由于其相关系数矩阵趋于单位矩阵，故由函数 randn 产生的随机数是独立的。

相关系数是反映两组数据序列之间的相互关系的指标，类似的指标还有协方差，计算公式为：

$$c = \frac{1}{n-1}\sum_{i=1}^{n}(x_i - \overline{x})(y_i - \overline{y})$$

MATLAB 提供了 cov 函数来求两组数据的协方差矩阵，使用方法与 corrcoef 函数类似。例如：

```
>> A=[3,6,4];
>> B=[7,12,-9];
>> C1=cov(A,B)
C1 =
    2.3333    6.8333
    6.8333    120.3333
```

求 A、B 两个向量的协方差，将产生一个 2×2 矩阵，其中 C(1,1)代表向量 A 的自协方差，C(1,2)代表向量 A 与向量 B 的协方差，C(2,1)代表向量 B 与向量 A 的协方差，C(2,2)代表向量 B 的自协方差。

又如：

```
>> A=[5,0,3,7;1,-5,7,3;4,9,8,10]
A =
    5    0    3    7
    1    -5    7    3
    4    9    8    10
>> C2=cov(A)
C2 =
    4.3333    8.8333    -3.0000    5.6667
```

```
          8.8333      50.3333       6.5000      24.1667
         -3.0000       6.5000       7.0000       1.0000
          5.6667      24.1667       1.0000      12.3333
```

因为矩阵 A 有 4 列，所以协方差矩阵是 4×4 矩阵，其中 C2(i,j)代表 A(:,i)和 A(:,j)的协方差。

5.1.6　排序

对向量元素进行排序是一个经常性的操作，MATLAB 中对向量 X 进行排序的函数是 sort(X)，函数返回一个对 X 中的元素按升序排列的新向量。

sort 函数也可以对矩阵 A 的各列或各行重新排序，其调用格式为：

　　　　[Y,I]=sort(A,dim,mode)

其中，Y 是排序后的矩阵，而 I 记录 Y 中的元素在 A 中的位置。dim 指明对 A 的列还是行进行排序，若 dim=1，则按列排；若 dim=2，则按行排，dim 默认取 1。mode 指明按升序还是按降序排序，'ascend'为升序，'descend'为降序，mode 默认取'ascend'。

例 5-9　对二维矩阵做各种排序。

命令如下：

```
>> A=[1,-8,5;4,12,6;13,7,-13];
>> sort(A)                    %对 A 的每列按升序排序
ans =
        1      -8     -13
        4       7       5
       13      12       6
>> sort(A,2,'descend')        %对 A 的每行按降序排序
ans =
        5       1      -8
       12       6       4
       13       7     -13
>> [X,I]=sort(A)              %对 A 按列排序，并将每个元素所在行号送矩阵 I
X =
        1      -8     -13
        4       7       5
       13      12       6
I =
        1       1       3
        2       3       1
        3       2       2
```

5.2　数据插值

在工程测量和科学实验中，所得到的数据通常都是离散的。如果要得到这些离散点以外的其他点的数值，就需要根据这些已知数据进行插值。例如，测量得 n 个点的数据为(x_1,y_1)，(x_2,y_2)，$\cdots$，(x_n,y_n)，这些数据点反映了一个函数关系 y=f(x)，然而并不知道 f(x)的解析式。数据插值的任务就是根据上述条件构造一个函数 y=g(x)，使得在 $x_i(i=1,2,\cdots,n)$，有 $g(x_i)=f(x_i)$，且在两个相邻的采样点(x_i,x_{i+1})（i=1,2,$\cdots$,n-1）之间，g(x)光滑过渡。如果被插值函数 f(x)是光

滑的，并且采样点足够密，一般在采样区间内，f(x)与 g(x)比较接近。插值函数 g(x)一般由线性函数、多项式、样条函数或这些函数的分段函数充当。

根据被插值函数的自变量个数，插值问题分为一维插值、二维插值和多维插值等；根据选用的插值方法，插值问题又分为线性插值、多项式插值和样条插值等。MATLAB 提供了一维、二维、N 维数据插值函数 interp1、interp2 和 interpn，以及 3 次埃尔米特（Hermite）插值函数 pchip 和 3 次样条插值函数 spline 等。下面重点介绍一维数据插值和二维数据插值。

5.2.1　一维数据插值

如果被插值函数是一个单变量函数，则数值插值问题称为一维插值。一维插值采用的方法有线性插值、最近点插值、3 次埃尔米特插值和 3 次样条插值。在 MATLAB 中，实现这些插值的函数是 interp1，其调用格式为：

　　　　Y1=interp1(X,Y,X1,method)

函数根据 X、Y 的值，计算函数在 X1 处的值。X、Y 是两个等长的已知向量，分别描述采样点和样本值，X1 是一个向量或标量，描述欲插值的点，Y1 是一个与 X1 等长的插值结果。method 是插值方法，允许的取值有：

（1）'linear'，线性插值。线性插值是默认的插值方法。它是把与插值点靠近的两个数据点用直线连接，然后在直线上选取对应插值点的数据。

（2）'nearest'，最近点插值。根据已知插值点与已知数据点的远近程度进行插值。插值点优先选择较近的数据点进行插值操作。

（3）'pchip'，分段 3 次埃尔米特插值。分段三次埃尔米特插值采用分段三次多项式，除满足插值条件，还需要满足在若干节点处的一阶导数也相等，从而提高了插值函数的光滑性。MATLAB 中有一个专门的 3 次埃尔米特插值函数 pchip(X,Y,X1)，其功能及使用方法与函数 interp1(X,Y,X1,'pchip')相同。

（4）'spline'，3 次样条插值。所谓 3 次样条插值，是指在每个分段（子区间）内构造一个 3 次多项式，使其插值函数除满足插值条件外，还要求在各节点处具有连续的一阶和二阶导数，从而保证节点处光滑。MATLAB 中有一个专门的 3 次样条插值函数 spline(X,Y,X1)，其功能及使用方法与函数 interp1(X,Y,X1, 'spline')相同。

注意：对于超出 X 范围的插值点，使用'linear'和'nearest'插值方法，会给出 NaN 错误。对于其他的方法，将对超出范围的插值点执行外插值算法。

例 5-10　用不同的插值方法计算 sin x 在 π/2 点的值。

这是一个一维插值问题。命令如下：

```
>> X=0:0.2:pi;Y=sin(X);              %给出 X、Y
>> interp1(X,Y,pi/2)                 %用默认方法（即线性插值方法）计算 sin(π/2)
ans =
    0.9975
>> interp1(X,Y,pi/2,'nearest')       %用最近点插值方法计算 sin(π/2)
ans =
    0.9996
>> interp1(X,Y,pi/2,'linear')        %用线性插值方法计算 sin(π/2)
ans =
    0.9975
```

```
>> interp1(X,Y,pi/2,'pchip')          %用 3 次埃尔米特插值方法计算 sin(π/2)
ans =
     0.9992
>> interp1(X,Y,pi/2,'spline')         %用 3 次样条插值方法计算 sin(π/2)
ans =
     1.0000
```

例中，3 次样条的插值结果优于其他插值方法，但不能认为什么情况下都是这样的。插值方法的好坏还依赖于被插值函数，没有一种对所有函数都是最好的插值方法。

例 5-11　某观测站测得某日 6:00 时至 18:00 时之间每隔两小时的室内外温度（℃）如表 5-1 所示，用 3 次样条插值分别求得该日室内外 6:30 时至 17:30 时之间每隔两小时各点的近似温度（℃）。

表 5-1　室内外温度观测值

时间 h	6	8	10	12	14	16	18
室内温度 t1	18.0	20.0	22.0	25.0	30.0	28.0	24.0
室外温度 t2	15.0	19.0	24.0	28.0	34.0	32.0	30.0

设时间变量 h 为一行向量，温度变量 t 为一个两列矩阵，其中第 1 列存放室内温度，第 2 列存放室外温度。命令如下：

```
>> h =6:2:18;
>> t=[18,20,22,25,30,28,24;15,19,24,28,34,32,30]';
>> XI =6.5:2:17.5
XI =
    6.5000    8.5000   10.5000   12.5000   14.5000   16.5000
>> YI=interp1(h,t,XI,'spline')        %用 3 次样条插值计算
YI =
   18.5020   15.6553
   20.4986   20.3355
   22.5193   24.9089
   26.3775   29.6383
   30.2051   34.2568
   26.8178   30.9594
```

5.2.2　二维数据插值

当函数依赖于两个自变量变化时，其采样点就应该是一个由这两个参数组成的平面区域，插值函数也是一个二维函数。对依赖于两个参数的函数进行插值的问题称为二维插值问题。同样，在 MATLAB 中，提供了解决二维插值问题的函数 interp2，其调用格式为：

Z1=interp2(X,Y,Z,X1,Y1,method)

其中，X、Y 是两个向量，分别描述两个参数的采样点，Z 是与参数采样点对应的函数值，X1、Y1 是两个向量或标量，描述欲插值的点。Z1 是根据相应的插值方法得到的插值结果。method 的取值与一维插值函数相同，但二维插值不支持'pchip'方法。X、Y、Z 也可以是矩阵形式。

同样，对于超出 X、Y 范围的插值点，使用'linear'和'nearest'插值方法，会给出 NaN 错误。对于'spline'方法，将对超出范围的插值点执行外插值算法。

例 5-12　设 z=x^2+y^2，对 z 函数在[0,1]×[0,2]区域内进行插值。

命令如下：

```
>> x=0:0.1:1;y=0:0.2:2;
>> [X,Y]=meshgrid(x,y);        %产生自变量网格坐标
>> Z=X.^2+Y.^2;                %求对应的函数值
>> interp2(x,y,Z,0.5,0.5)      %在(0.5,0.5)点插值
ans =
     0.5100
>> interp2(x,y,Z,[0.5 0.6],0.4) %在(0.5,0.4)点和(0.6,0.4)点插值
ans =
     0.4100     0.5200
>> interp2(x,y,Z,[0.5 0.6],[0.4 0.5])%在(0.5,0.4)点和(0.6,0.5)点插值
ans =
     0.4100     0.6200
```

下列命令在(0.5,0.4)、(0.6,0.4)、(0.5,0.5)和(0.6,0.5)各点插值。

```
>> interp2(x,y,Z,[0.5 0.6]',[0.4 0.5])
ans =
     0.4100     0.5200
     0.5100     0.6200
```

如果想提高插值精度，可选择插值方法为'spline'，对于本例，精度可以提高。输入命令：

```
>> interp2(x,y,Z,[0.5 0.6]',[0.4 0.5],'spline')
ans =
     0.4100     0.5200
     0.5000     0.6100
```

例 5-13　某实验对一根长 10 米的钢轨进行热源的温度传播测试。用 x 表示测量点 0:2.5:10（米），用 h 表示测量时间 0:30:60（秒），用 T 表示测试所得各点的温度（℃），见表 5-2。

表 5-2　钢轨各点温度测量值

T\x h	0	2.5	5	7.5	10
0	95	14	0	0	0
30	88	48	32	12	6
60	67	64	54	48	41

试用线性插值求出在一分钟内每隔 20 秒、钢轨每隔 1 米处的温度 TI。

命令如下：

```
>> x=0:2.5:10;
>> h=[0:30:60]';
>> T=[95,14,0,0,0;88,48,32,12,6;67,64,54,48,41];
>> xi=[0:10];
>> hi=[0:20:60]';
>> TI=interp2(x,h,T,xi,hi)
TI =
  1 至 7 列
    95.0000    62.6000    30.2000    11.2000     5.6000          0          0
    90.3333    68.8667    47.4000    33.6000    27.4667    21.3333    16.0000
```

| 81.0000 | 69.9333 | 58.8667 | 50.5333 | 44.9333 | 39.3333 | 33.2000 |
| 67.0000 | 65.8000 | 64.6000 | 62.0000 | 58.0000 | 54.0000 | 51.6000 |

8 至 11 列

0	0	0	0
10.6667	7.2000	5.6000	4.0000
27.0667	22.7333	20.2000	17.6667
49.2000	46.6000	43.8000	41.0000

图 5-1 是根据插值结果[xi,hi,TI]，用绘图函数 surf(xi,hi,TI)绘制的钢轨温度立体图。如果加密插值点，则绘制的立体图更理想。

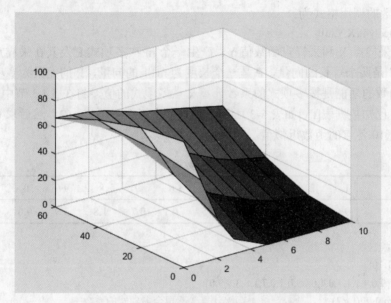

图 5-1　线性插值而得到的钢轨温度立体图

5.3　曲线拟合

与数据插值类似，曲线拟合的目的也是用一个较简单的函数去逼近一个复杂的或未知的函数，所依据的条件都是在一个区间或一个区域上的有限个采样点的函数值。

5.3.1　曲线拟合原理

数据插值要求逼近函数在采样点与被逼近函数相等，但由于实验或测量中的误差，所获得的数据不一定准确。在这种情况下，如果强求逼近函数通过各采样插值点，显然不够合理。为此人们设想构造这样的函数 y=g(x)去逼近 f(x)，但它放弃在插值点两者完全相等的要求，使它在某种意义下最优。

MATLAB 曲线拟合的最优标准是采用常见的最小二乘原理，所构造的 g(x)是一个次数小于插值节点个数的多项式。

设测得 n 个离散数据点(x_i, y_i)，今欲构造一个 m（m≤n）次多项式 p(x)：

$$p(x)=a_m x^m + a_{m-1} x^{m-1} + \cdots + a_1 x + a_0$$

所谓曲线拟合的最小二乘原理，就是使上述拟合多项式在各节点处的偏差 $p(x_i)-y_i$ 的平方和 $\sum_{i=1}^{n}(p(x_i)-y_i)^2$ 达到最小。数学上已经证明，上述最小二乘逼近问题的解总是确定的。

5.3.2 曲线拟合的实现

采用最小二乘法进行曲线拟合时，实际上是求一个系数向量，该系数向量是一个多项式的系数。在 MATLAB 中，用 polyfit 函数来求得最小二乘拟合多项式的系数，再用 polyval 函数按所得的多项式计算所给出的点上的函数近似值。

polyfit 函数的调用格式为：

    [P,S]=polyfit(X,Y,m)

函数根据采样点 X 和采样点函数值 Y，产生一个 m 次多项式 P 及其在采样点的误差向量 S。其中 X、Y 是两个等长的向量，P 是一个长度为 m+1 的向量，P 的元素为多项式系数。

polyval 函数的功能是按多项式的系数计算 x 点多项式的值，将在 5.4.3 节中详细介绍。

例 5-14 已知数据表[t,y]如表 5-3 所示，试求 2 次拟合多项式 p(t)，然后求 t_i=1，1.5，2，2.5，…，9.5，10 各点的函数近似值。

表 5-3 数据表

t	1	2	3	4	5	6	7	8	9	10
y	9.6	4.1	1.3	0.4	0.05	0.1	0.7	1.8	3.8	9.0

命令如下：

```
>> t=1:10;
>> y=[9.6,4.1,1.3,0.4,0.05,0.1,0.7,1.8,3.8,9.0];
>> p=polyfit(t,y,2)            %计算 2 次拟合多项式的系数
p =
     0.4561    -5.0412    13.2533
```

以上求得了 2 次拟合多项式 p(t) 的系数分别为 0.4561、-5.0412、13.2533，故 p(t)=$0.4561t^2-5.0412t+13.2533$。以下再用 polyval 求得 ti 各点上的函数近似值：

```
>> ti=1:0.5:10;
>> yi=polyval(p,ti)
yi =
  1 至 7 列
    8.6682    6.7177    4.9952    3.5007    2.2342    1.1958    0.3855
  8 至 14 列
   -0.1969   -0.5512   -0.6775   -0.5758   -0.2460    0.3118    1.0977
  15 至 19 列
    2.1115    3.3534    4.8233    6.5213    8.4473
```

根据计算结果可以绘制出拟合曲线图，命令如下：

```
>> plot(t,y,':o',ti,yi,'-*')
```

图 5-2 是拟合曲线图。图中虚线为数据表[t,y]构成的折线，实线为拟合多项式 p(t)在 t_i 各点上的函数近似值 $p(t_i)$所构成的曲线。

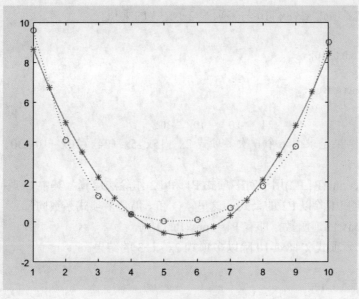

图 5-2　拟合曲线图

5.4　多项式计算

在 MATLAB 中，n 次多项式用一个长度为 n+1 的行向量表示，缺少的幂次项系数为 0。如果 n 次多项式表示为：

$$P(x)=a_nx^n+a_{n-1}x^{n-1}+\cdots+a_1x+a_0$$

则在 MATLAB 中，P(x)表示为向量形式：$[a_n,\ a_{n-1},\ \cdots,\ a_1,\ a_0]$。

5.4.1　多项式的四则运算

多项式之间可以进行四则运算，其运算结果仍为多项式。

1．多项式的加减运算

MATLAB 没有提供专门进行多项式加减运算的函数。事实上，多项式的加减运算就是其所对应的系数向量的加减运算。对于次数相同的两个多项式，可直接对多项式系数向量进行加减运算。如果多项式的次数不同，则应该把低次的多项式系数不足的高次项用 0 补足，使同式中的各多项式具有相同的次数。例如计算$(x^3-2x^2+5x+3)+(6x-1)$，对于和式的后一个多项式 6x-1，它仅为 1 次多项式，而前面的是 3 次。为确保两者次数相同，应把后者的系数向量处理成[0,0,6,-1]。命令如下：

```
>> a=[1,-2,5,3];
>> b=[0,0,6,-1];
>> c=a+b
c =
     1    -2    11     2
```

2．多项式乘法运算

函数 conv(P1,P2)用于求多项式 P1 和 P2 的乘积。这里，P1、P2 是两个多项式系数向量。

例 5-15 求多项式 x^4+8x^3-10 与多项式 $2x^2-x+3$ 的乘积。

命令如下：

```
>> A=[1,8,0,0,-10];
>> B=[2,-1,3];
>> C=conv(A,B)
C =
     2    15    -5    24   -20    10   -30
```

本例的运行结果是求得一个 6 次多项式 $2x^6+15x^5-5x^4+24x^3-20x^2+10x-30$。

3. 多项式除法

函数[Q,r]=deconv(P1,P2)用于对多项式 P1 和 P2 作除法运算。其中 Q 返回多项式 P1 除以 P2 的商式，r 返回 P1 除以 P2 的余式。这里，Q 和 r 仍是多项式系数向量。

deconv 是 conv 的逆函数，即有 P1=conv(P2,Q)+r。

例 5-16 求多项式 x^4+8x^3-10 除以多项式 $2x^2-x+3$ 的结果。

命令如下：

```
>> A=[1,8,0,0,-10];
>> B=[2,-1,3];
>> [P,r]=deconv(A,B)
P =
    0.5000    4.2500    1.3750
r =
        0         0         0  -11.3750  -14.1250
```

从上面的运行可知，多项式 A 除以多项式 B 获得商多项式 P 为 $0.5x^2+4.25x+1.375$，余项多项式 r 为-11.375x-14.125。以下则用本例来验证 deconv 和 conv 是互逆的。

```
>> conv(B,P)+r
ans =
     1     8     0     0   -10
```

5.4.2 多项式的导函数

对多项式求导数的函数是：

（1）p=polyder(P)，求多项式 P 的导函数。

（2）p=polyder(P,Q)，求 P·Q 的导函数。

（3）[p,q]=polyder(P,Q)，求 P/Q 的导函数，导函数的分子存入 p，分母存入 q。

上述函数中，参数 P、Q 是多项式的向量表示，结果 p、q 也是多项式的向量表示。

例 5-17 求有理分式的导数。

$$f(x) = \frac{1}{x^2+5}$$

命令如下：

```
>> P=[1];
>> Q=[1,0,5];
>> [p,q]=polyder(P,Q)
p =
    -2     0
```

```
    q =
        1      0     10      0     25
```

结果表明 $f'(x) = -\dfrac{2x}{x^4+10x^2+25}$。

5.4.3　多项式的求值

MATLAB 提供了两种求多项式值的函数：polyval 与 polyvalm，它们的输入参数均为多项式系数向量 P 和自变量 x。两者的区别在于前者是代数多项式求值，而后者是矩阵多项式求值。

1.　代数多项式求值

polyval 函数用来求代数多项式的值，其调用格式为：

　　　　Y=polyval(P,x)

若 x 为一数值，则求多项式在该点的值；若 x 为向量或矩阵，则对向量或矩阵中的每个元素求其多项式的值。

例 5-18　已知多项式 x^4+8x^3-10，分别取 x=1.2 和一个 2×3 矩阵为自变量计算该多项式的值。

命令如下：

```
>> A=[1,8,0,0,-10];              % 4 次多项式系数
>> x=1.2;                        % 取自变量为一数值
>> y1=polyval(A,x)
y1 =
    5.8976
>> x=[-1,1.2,-1.4;2,-1.8,1.6]    % 给出一个矩阵 x
x =
   -1.0000     1.2000    -1.4000
    2.0000    -1.8000     1.6000
>> y2=polyval(A,x)               % 分别计算矩阵 x 中各元素为自变量的多项式之值
y2 =
  -17.0000     5.8976   -28.1104
   70.0000   -46.1584    29.3216
```

2.　矩阵多项式求值

polyvalm 函数用来求矩阵多项式的值，其调用格式与 polyval 相同，但含义不同。polyvalm 函数要求 x 为方阵，它以方阵为自变量求多项式的值。设 A 为方阵，P 代表多项式 x^3-5x^2+8，那么 polyvalm(P,A)的含义是：

　　　　A*A*A-5*A*A+8*eye(size(A))

而 polyval(P,A)的含义是：

　　　　A.*A.*A-5*A.*A+8*ones(size(A))

例 5-19　仍以多项式 x^4+8x^3-10 为例，取一个 2×2 矩阵为自变量，分别用 polyval 和 polyvalm 计算该多项式的值。

命令如下：

```
>> A=[1,8,0,0,-10];              % 多项式系数
>> x=[-1,1.2;2,-1.8]             % 给出一个矩阵 x
x =
```

```
             -1.0000       1.2000
              2.0000      -1.8000
>> y1=polyval(A,x)                     % 计算代数多项式的值
y1 =
            -17.0000       5.8976
             70.0000     -46.1584
>> y2=polyvalm(A,x)                     % 计算矩阵多项式的值
y2 =
            -60.5840      50.6496
             84.4160     -94.3504
```

5.4.4　多项式求根

n 次多项式具有 n 个根，当然这些根可能是实根，也可能含有若干对共轭复根。MATLAB 提供的 roots 函数用于求多项式的全部根，其调用格式为：

```
x=roots(P)
```

其中，P 为多项式的系数向量，求得的根赋给向量 x，即 x(1)、x(2)、…、x(n)分别代表多项式的 n 个根。

例 5-20　求多项式 x^4+8x^3-10 的根。

命令如下：

```
>> A=[1,8,0,0,-10];
>> x=roots(A)
x =
   -8.0194 + 0.0000i
    1.0344 + 0.0000i
   -0.5075 + 0.9736i
   -0.5075 - 0.9736i
```

若已知多项式的全部根，则可以用 poly 函数建立起该多项式，其调用格式为：

```
P=poly(x)
```

若 x 为具有 n 个元素的向量，则 poly(x)建立以 x 为其根的多项式，且将该多项式的系数赋给向量 P。

例 5-21　已知

$$f(x) = 3x^5 + 4x^3 - 5x^2 - 7.2x + 5$$

（1）计算 f(x)=0 的全部根。

（2）由方程 f(x)=0 的根构造一个多项式 g(x)，并与 f(x)进行对比。

命令如下：

```
>> P=[3,0,4,-5,-7.2,5];
>> X=roots(P)                     %求方程 f(x)=0 的根
X =
   -0.3046 + 1.6217i
   -0.3046 - 1.6217i
   -1.0066 + 0.0000i
    1.0190 + 0.0000i
    0.5967 + 0.0000i
```

```
>> G=poly(X)                        %求多项式 g(x)
G =
        1.0000   -0.0000    1.3333   -1.6667   -2.4000    1.6667
```

这是多项式 f(x)除以首项系数 3 的结果，两者的零点相同。

实验指导

一、实验目的

1．掌握数据统计和分析的方法。
2．掌握数值插值与曲线拟合的方法及其应用。
3．掌握多项式的常用运算。

二、实验内容

1．利用 MATLAB 提供的 randn 函数生成符合正态分布的 10×5 随机矩阵 A，进行如下操作：

（1）A 各列元素的均值和标准差。
（2）A 的最大元素和最小元素。
（3）求 A 每行元素的和以及全部元素之和。
（4）分别对 A 的每列元素按升序、每行元素按降序排序。

2．按要求对指定函数进行插值和拟合。

（1）按表 5-4 用 3 次样条方法插值计算 0～90°内整数点的正弦值和 0～75°内整数点的正切值，然后用 5 次多项式拟合方法计算相同的函数值，并将两种计算结果进行比较。

（2）按表 5-5 用 3 次多项式方法插值计算 1～100 之间整数的平方根。

表 5-4　特殊角的正弦与正切值表

α(度)	0	15	30	45	60	75	90
sinα	0	0.2588	0.5000	0.7071	0.8660	0.9659	1.0000
tanα	0	0.2679	0.5774	1.0000	1.7320	3.7320	

表 5-5　1～100 内特殊值的平方根表

N	1	4	9	16	25	36	49	64	81	100
$\sqrt{N}$	1	2	3	4	5	6	7	8	9	10

3．有两个多项式 $P(x)=2x^4-3x^3+5x+13$，$Q(x)=x^2+5x+8$，试求 $P(x)$、$P(x)Q(x)$ 以及 $P(x)/Q(x)$ 的导数。

4．有 3 个多项式 $P_1(x)=x^4+2x^3+4x^2+5$，$P_2(x)=x+2$，$P_3(x)=x^2+2x+3$，进行下列操作：

（1）求 $P(x)=P_1(x)+P_2(x)P_3(x)$。
（2）求 $P(x)$ 的根。

（3）当 x 取矩阵 A 的每一元素时，求 P(x)的值。其中

$$A = \begin{bmatrix} -1 & 1.2 & -1.4 \\ 0.75 & 2 & 3.5 \\ 0 & 5 & 2.5 \end{bmatrix}$$

（4）当以矩阵 A 为自变量时，求 P(x)的值。其中 A 的值与（3）相同。

思考练习

一、填空题

1. 设 A=[1,2,3,4,5;3,4,5,6,7]，则 min(max(A))的值是_____。
   A. 1   B. 3   C. 5   D. 7
2. 设 A=[1,2,3;10 20 30;4 5 6]，则 sum(A)=_____，median(A)=_____。
3. 如果被插值函数是一个单变量函数，则称为_____插值，相应的 MATLAB 函数是_____。
4. 求曲线拟合多项式系数的函数是_____，计算多项式在给定点上函数值的函数是_____。
5. 向量[2,0,-1]所代表的多项式是_____。
6. 为了求 $ax^2+bx+c=0$ 的根，相应的命令是_____（假定 a、b、c 已经赋值）。为了将求得的根代回方程进行验证，相应的命令是_____。
7. 在 MATLAB 命令行窗口输入下列命令：
   ```
   >> x=[1,2,3,4];
   >> y=polyval(x,1);
   ```
则 y 的值为_____。

二、问答题

1. 试说明函数 sum 与 cumsum 间的差别。
2. 什么是数据插值？什么是曲线拟合？试述数据插值与曲线拟合的共同处与不同处。
3. 在 MATLAB 中，如何表示一个多项式？
4. 利用 MATLAB 提供的 rand 函数生成 30000 个符合均匀分布的随机数，然后检验随机数的性质。
   （1）求均值和标准差。
   （2）求最大元素和最小元素。
   （3）求大于 0.5 的随机数个数占总数的百分比。
5. 将 100 个学生 5 门功课的成绩存入矩阵 P 中，进行如下处理：
   （1）分别求每门课的最高分、最低分及相应学生序号。
   （2）分别求每门课的平均分和标准差。
   （3）5 门课总分的最高分、最低分及相应学生序号。
   （4）将 5 门课总分按从大到小顺序存入 zcj 中，相应学生序号存入 xsxh。

6．已知 lg x 在[1,101]区间 11 个整数采样点的函数值如表 5-6 所示。

表 5-6　lg x 在 11 个采样点的函数值

x	1	11	21	31	41	51	61	71	81	91	101
lg x	0	1.0414	1.3222	1.4914	1.6128	1.7076	1.7853	1.8513	1.9085	1.9590	2.0043

试求 lg x 的 5 次拟合多项式 p(x)，并绘制出 lg x 和 p(x)在[1,101]区间的函数曲线。

第 6 章　MATLAB 解方程与最优化问题求解

在科学研究和工程应用的许多领域，很多问题都常常归结为解方程，包括线性方程、非线性方程和常微分方程。研究方程的解析解固然能使人们更好地掌握问题的规律。但是，在很多情况下无法求出其解析解，这时数值解法就是一个十分重要的手段。MATLAB 为解决这类问题提供了极大的便利。

另外，在日常生活和实际工作中，人们对于同一个问题往往会提出多个解决方案，并通过各方面的论证从中提取出最佳方案。最优化方法就是专门研究如何从多个方案中科学合理地提取出最佳方案的科学。

本章介绍线性方程组、非线性方程、常微分方程的 MATLAB 求解方法以及最优化问题的 MATLAB 实现方法。

本章要点

- MATLAB 线性方程组求解
- MATLAB 非线性方程数值求解
- MATLAB 常微分方程初值问题的数值解法
- MATLAB 最优化问题求解

6.1　线性方程组求解

将包含 n 个未知数，由 n 个方程构成的线性方程组表示为：

$$\begin{cases} a_{11}x_1 + a_{12}x_2 + \cdots + a_{1n}x_n = b_1 \\ a_{21}x_1 + a_{22}x_2 + \cdots + a_{2n}x_n = b_2 \\ \qquad\qquad \cdots\cdots \\ a_{n1}x_1 + a_{n2}x_2 + \cdots + a_{nn}x_n = b_n \end{cases}$$

其矩阵表示形式为：

$$Ax=b$$

其中

$$A = \begin{bmatrix} a_{11} & a_{12} & \cdots & a_{1n} \\ a_{21} & a_{22} & \cdots & a_{2n} \\ \vdots & \vdots & & \vdots \\ a_{n1} & a_{n2} & \cdots & a_{nn} \end{bmatrix}, \quad x = \begin{bmatrix} x_1 \\ x_2 \\ \vdots \\ x_n \end{bmatrix}, \quad b = \begin{bmatrix} b_1 \\ b_2 \\ \vdots \\ b_n \end{bmatrix}。$$

在 MATLAB 中，关于线性方程组的解法一般可以分为两类：一类是直接解法，就是在没有舍入误差的情况下，通过有限步的矩阵初等运算来求得方程组的解；另一类是迭代解法，就是先给定一个解的初始值，然后按照一定的迭代算法进行逐步逼近，求出更精确的近似解。

6.1.1　直接解法

1. 利用左除运算符的直接解法

线性方程组的直接解法大多是基于高斯消元法、主元素消元法、平方根法和追赶法等。在 MATLAB 中，这些算法已经被编成了现成的库函数或运算符，因此，只需调用相应的函数或运算符即可完成线性方程组的求解。其中，最简单的方法就是使用左除运算符"\"。程序会根据输入的系数矩阵自动判断选用哪种方法进行求解。

对于线性方程组 Ax=b，可以利用左除运算符"\"求解：

$$x=A\backslash b$$

当系数矩阵 A 为 N×N 的方阵时，MATLAB 会自行用高斯消元法求解线性方程组。若右端项 b 为 N×1 的列向量，则 x=A\b 可获得方程组的数值解 x（N×1 的列向量）；若右端项 b 为 N×M 的矩阵，则 x=A\b 可同时获得与系数矩阵 A 相同的 M 个线性方程组的数值解 x（为 N×M 的矩阵），即 x(:,j)=A\b(:,j)，j=1,2,…,M。注意，如果矩阵 A 是奇异的或接近奇异的，则 MATLAB 会给出警告信息。

当系数矩阵 A 不是方阵时，称这样的方程组为欠定方程组或超定方程组，MATLAB 将会在最小二乘意义下求解。

例 6-1　用直接解法求解下面的线性方程组。

$$\begin{cases} 2x_1 + x_2 - 5x_3 + x_4 = 13 \\ x_1 - 5x_2 + 7x_4 = -9 \\ 2x_2 + x_3 - x_4 = 6 \\ x_1 + 6x_2 - x_3 - 4x_4 = 0 \end{cases}$$

命令如下：

```
>> A=[2,1,-5,1;1,-5,0,7;0,2,1,-1;1,6,-1,-4];
>> b=[13,-9,6,0]';
>> x=A\b
x =
   -66.5556
    25.6667
   -18.7778
    26.5556
```

在 2.5.3 节中，曾介绍过利用矩阵求逆来解线性方程组，即 x=A⁻¹b，其结果与使用左除运算符相同。

2. 利用矩阵的分解求解线性方程组

矩阵分解是指根据一定的原理用某种算法将一个矩阵分解成若干个矩阵的乘积。常见的矩阵分解有 LU 分解、QR 分解、Cholesky 分解，以及 Schur 分解、Hessenberg 分解、奇异分解等。这里着重介绍前 3 种常见的分解。通过这些分解方法求解线性方程组的优点是运算速度快，可以节省存储空间。

（1）LU 分解。矩阵的 LU 分解就是将一个矩阵表示为一个交换下三角矩阵和一个上三角矩阵的乘积形式。线性代数中已经证明，只要方阵 A 是非奇异的，LU 分解总是可以进行的。

MATLAB 提供的 lu 函数用于对矩阵进行 LU 分解，其调用格式为：

① [L,U]=lu(X)：产生一个上三角矩阵 U 和一个变换形式的下三角矩阵 L（行交换），使之满足 X=LU。注意，这里的矩阵 X 必须是方阵。

② [L,U,P]=lu(X)：产生一个上三角矩阵 U 和一个下三角矩阵 L 以及一个置换矩阵 P，使之满足 PX=LU。当然，这里的矩阵 X 同样必须是方阵。

当使用第①种格式时，矩阵 L 往往不是一个下三角矩阵，但可以通过行交换成为一个下三角矩阵。设

$$A = \begin{bmatrix} 1 & -1 & 1 \\ 5 & -4 & 3 \\ 2 & 1 & 1 \end{bmatrix}$$

则对矩阵 A 进行 LU 分解的命令如下：

```
>> A=[1,-1,1;5,-4,3;2,1,1]
A =
     1    -1     1
     5    -4     3
     2     1     1
>> [L,U]=lu(A)
L =
    0.2000   -0.0769    1.0000
    1.0000         0         0
    0.4000    1.0000         0
U =
    5.0000   -4.0000    3.0000
         0    2.6000   -0.2000
         0         0    0.3846
```

为检验结果是否正确，输入如下命令。

```
>> LU=L*U
LU =
     1    -1     1
     5    -4     3
     2     1     1
```

说明结果是正确的。例中所获得的矩阵 L 并不是一个下三角矩阵，但经过各行互换后，即可获得一个下三角矩阵。

利用第②种格式对矩阵 A 进行 LU 分解，命令如下：

```
>> [L,U,P]=lu(A)
L =
    1.0000         0         0
    0.4000    1.0000         0
    0.2000   -0.0769    1.0000
U =
    5.0000   -4.0000    3.0000
         0    2.6000   -0.2000
```

```
                 0            0      0.3846
    P =
              0       1       0
              0       0       1
              1       0       0
>> LU=L*U                %这种分解其乘积不为 A
LU =
              5      -4       3
              2       1       1
              1      -1       1
>> inv(P)*L*U            %考虑矩阵 P 后其乘积等于 A
ans =
              1      -1       1
              5      -4       3
              2       1       1
```

实现 LU 分解后，线性方程组 Ax=b 的解 x=U\(L\b)或 x=U\(L\Pb)，这样可以大大提高运算速度。

例 6-2　用 LU 分解求解例 6-1 中的线性方程组。

命令如下：

```
>> A=[2,1,-5,1;1,-5,0,7;0,2,1,-1;1,6,-1,-4];
>> b=[13,-9,6,0]';
>> [L,U]=lu(A);
>> x=U\(L\b)
x =
    -66.5556
     25.6667
    -18.7778
     26.5556
```

或采用 LU 分解的第②种格式，命令如下：

```
[L,U,P]=lu(A);
x=U\(L\P*b)
```

将得到与上面同样的结果。

（2）QR 分解。对矩阵 X 进行 QR 分解，就是把 X 分解为一个正交矩阵 Q 和一个上三角矩阵 R 的乘积形式。注意，QR 分解只能对方阵进行。MATLAB 的函数 qr 可用于对矩阵进行 QR 分解，其调用格式为：

① [Q,R]=qr(X)：产生一个正交矩阵 Q 和一个上三角矩阵 R，使之满足 X=Q R。

② [Q,R,E]=qr(X)：产生一个正交矩阵 Q 和一个上三角矩阵 R，以及一个置换矩阵 E，使之满足 X E=Q R。

设

$$A = \begin{bmatrix} 1 & -1 & 1 \\ 5 & -4 & 3 \\ 2 & 7 & 10 \end{bmatrix}$$

则对矩阵 A 进行 QR 分解的命令如下：

```
>> A=[1,-1,1;5,-4,3;2,7,10];
>> [Q,R]=qr(A)
Q =
   -0.1826   -0.0956   -0.9785
   -0.9129   -0.3532    0.2048
   -0.3651    0.9307   -0.0228
R =
   -5.4772    1.2780   -6.5727
        0     8.0229    8.1517
        0          0   -0.5917
```

为检验结果是否正确，输入如下命令。

```
>> QR=Q*R
QR =
    1.0000   -1.0000    1.0000
    5.0000   -4.0000    3.0000
    2.0000    7.0000   10.0000
```

说明结果是正确的。利用第②种格式对矩阵 A 进行 QR 分解，命令如下：

```
>> [Q,R,E]=qr(A)
Q =
   -0.0953   -0.2514   -0.9632
   -0.2860   -0.9199    0.2684
   -0.9535    0.3011    0.0158
R      =
  -10.4881   -5.4347   -3.4325
        0     6.0385   -4.2485
        0          0    0.4105
E =
     0     0     1
     0     1     0
     1     0     0
>> Q*R/E            %验证 A=Q*R*inv(E)
ans =
    1.0000   -1.0000    1.0000
    5.0000   -4.0000    3.0000
    2.0000    7.0000   10.0000
```

实现 QR 分解后，线性方程组 Ax=b 的解 x=R\(Q\b)或 x=E(R\(Q\b))。

例 6-3 用 QR 分解求解例 6-1 中的线性方程组。

命令如下：

```
>> A=[2,1,-5,1;1,-5,0,7;0,2,1,-1;1,6,-1,-4];
>> b=[13,-9,6,0]';
>> [Q,R]=qr(A);
>> x=R\(Q\b)
x =
   -66.5556
    25.6667
```

　　　　　　-18.7778
　　　　　　 26.5556

或采用 QR 分解的第②种格式，命令如下：

```
[Q,R,E]=qr(A);
x=E*(R\(Q\b))
```

将得到与上面同样的结果。

　　（3）Cholesky 分解。如果矩阵 X 是对称正定的，则 Cholesky 分解将矩阵 X 分解成一个下三角矩阵和一个上三角矩阵的乘积。设上三角矩阵为 R，则下三角矩阵为其转置，即 X=R'R。MATLAB 函数 chol(X)用于对矩阵 X 进行 Cholesky 分解，其调用格式为：

　　①R=chol(X)：产生一个上三角矩阵 R，使 R'R=X。若 X 为非对称正定，则输出一个出错信息。

　　②[R,p]=chol(X)：这个命令格式将不输出出错信息。若 X 为对称正定的，则 p=0，R 与上述格式得到的结果相同；否则 p 为一个正整数。如果 X 为满秩矩阵，则 R 为一个阶数为 q=p-1 的上三角矩阵，且满足 R'R=X(1:q,1:q)。

　　设

$$A = \begin{bmatrix} 2 & 1 & 1 \\ 1 & 2 & -1 \\ 1 & -1 & 3 \end{bmatrix}$$

则对矩阵 A 进行 Cholesky 分解的命令如下：

```
>> A=[2,1,1;1,2,-1;1,-1,3];
>> R=chol(A)
R =
    1.4142    0.7071    0.7071
         0    1.2247   -1.2247
         0         0    1.0000
```

可以验证 R'R=A，命令如下：

```
>> R'*R
ans =
    2.0000    1.0000    1.0000
    1.0000    2.0000   -1.0000
    1.0000   -1.0000    3.0000
```

利用第 2 种格式对矩阵 A 进行 Cholesky 分解，命令如下：

```
>> [R,p]=chol(A)
R =
    1.4142    0.7071    0.7071
         0    1.2247   -1.2247
         0         0    1.0000
p =
     0
```

　　结果中 p=0，这表示矩阵 A 是一个正定矩阵。如果试图对一个非正定矩阵进行 Cholesky 分解，则将得出错误信息，所以，chol 函数还可以用来判定矩阵是否为正定矩阵。

实现 Cholesky 分解后，线性方程组 Ax=b 变成 R'Rx=b，所以 x=R\(R'\b)。

例 6-4 用 Cholesky 分解求解例 6-1 中的线性方程组。

命令如下：

```
>> A=[2,1,-5,1;1,-5,0,7;0,2,1,-1;1,6,-1,-4];
>> b=[13,-9,6,0]';
>> R=chol(A)
错误使用 chol
矩阵必须为正定矩阵。
```

命令执行时，出现错误信息，说明 A 为非正定矩阵。

6.1.2 迭代解法

迭代解法非常适合求解大型系数矩阵的方程组。在数值分析中，迭代解法主要包括 Jacobi 迭代法、Gauss-Serdel 迭代法、超松弛迭代法和两步迭代法。首先用一个例子说明迭代法的思想。

为了求解线性方程组：

$$\begin{cases} 10x_1 - x_2 = 9 \\ -x_1 + 10x_2 - 2x_3 = 7 \\ -2x_2 + 10x_3 = 6 \end{cases}$$

将方程改写为：

$$\begin{cases} x_1 = 10x_2 - 2x_3 - 7 \\ x_2 = 10x_1 - 9 \\ x_3 = \dfrac{1}{10}(6 + 2x_2) \end{cases}$$

这种形式的好处是将一组 x 代入右端，可以立即得到另一组 x。如果两组 x 相等，那么它就是方程组的解，不等时可以继续迭代。例如，选取初值 $x_1=x_2=x_3=0$，则经过一次迭代后，得到 $x_1=-7$，$x_2=-9$，$x_3=0.6$，然后再继续迭代。可以构造方程的迭代公式为：

$$\begin{cases} x_1^{(k+1)} = 10x_2^{(k)} - 2x_3^{(k)} - 7 \\ x_2^{(k+1)} = 10x_1^{(k)} - 9 \\ x_3^{(k+1)} = 0.6 + 0.2x_2^{(k)} \end{cases}$$

1. Jacobi 迭代法

对于线性方程组 Ax=b，如果 A 为非奇异方阵，且 $a_{ii} \neq 0$（i=1,2,⋯,n），则可将 A 分解为 A=D-L-U，其中 D 为对角阵，其元素为 A 的对角元素，L 与 U 为 A 的下三角矩阵取反和上三角矩阵取反：

$$L = -\begin{bmatrix} 0 & & & \\ a_{21} & 0 & & \\ \vdots & \ddots & \ddots & \\ a_{n1} & \cdots & a_{n,n-1} & 0 \end{bmatrix}, \quad U = -\begin{bmatrix} 0 & a_{12} & \cdots & a_{1n} \\ & 0 & \ddots & \vdots \\ & & \ddots & a_{n-1,n} \\ & & & 0 \end{bmatrix}$$

于是 Ax=b 化为：

$$x = D^{-1}(L+U)x + D^{-1}b$$

与之对应的迭代公式为：

$$x^{(k+1)} = D^{-1}(L+U)x^{(k)} + D^{-1}b$$

这就是 Jacobi 迭代公式。如果序列 $\{x^{(k+1)}\}$ 收敛于 x，则 x 必是方程 Ax=b 的解。
Jacobi 迭代法的 MATLAB 函数文件 jacobi.m 如下：

```
function [y,n]=jacobi(A,b,x0,ep)
if nargin==3
    ep=1.0e-6;
elseif nargin<3
    error
    return
end
D=diag(diag(A));            %求 A 的对角矩阵
L=-tril(A,-1);              %求 A 的下三角矩阵
U=-triu(A,1);              %求 A 的上三角矩阵
B=D\(L+U);
f=D\b;
y=B*x0+f;
n=1;                        %迭代次数
while norm(y-x0)>=ep
    x0=y;
    y=B*x0+f;
    n=n+1;
end
```

例 6-5　用 Jacobi 迭代法求解下面的线性方程组。设迭代初值为 0，迭代精度为 10^{-6}。

$$\begin{cases} 10x_1 - x_2 = 9 \\ -x_1 + 10x_2 - 2x_3 = 7 \\ -2x_2 + 10x_3 = 6 \end{cases}$$

在命令中调用函数文件 jacobi.m，命令如下：

```
>> A=[10,-1,0;-1,10,-2;0,-2,10];
>> b=[9,7,6]';
>> [x,n]=jacobi(A,b,[0,0,0]',1.0e-6)
x =
    0.9958
    0.9579
    0.7916
n =
    11
```

2. Gauss-Serdel 迭代法

在 Jacobi 迭代过程中，计算 $x_i^{(k+1)}$ 时，$x_1^{(k+1)}$，…，$x_{i-1}^{(k+1)}$ 已经得到，不必再用 $x_1^{(k)}$，…，$x_{i-1}^{(k)}$，即原来的迭代公式 $Dx^{(k+1)}=(L+U)x^{(k)}+b$ 可以改进为 $Dx^{(k+1)}=Lx^{(k+1)}+Ux^{(k)}+b$，于是得到：

$$x^{(k+1)} = (D-L)^{-1}Ux^{(k)} + (D-L)^{-1}b$$

该式即为 Gauss-Serdel 迭代公式。和 Jacobi 迭代相比，Gauss-Serdel 迭代用新分量代替旧

分量，精度会更高。

Gauss-Serdel 迭代法的 MATLAB 函数文件 gauseidel.m 如下：

```
function [y,n]=gauseidel(A,b,x0,ep)
if nargin==3
    ep=1.0e-6;
elseif nargin<3
    error
    return
end
D=diag(diag(A));              %求 A 的对角矩阵
L=-tril(A,-1);                %求 A 的下三角矩阵
U=-triu(A,1);                 %求 A 的上三角矩阵
G=(D-L)\U;
f=(D-L)\b;
y=G*x0+f;
n=1;                          %迭代次数
while norm(y-x0)>=ep
    x0=y;
    y=G*x0+f;
    n=n+1;
end
```

例 6-6　用 Gauss-Serdel 迭代法求解下面的线性方程组。设迭代初值为 0，迭代精度为 10^{-6}。

$$\begin{cases} 10x_1 - x_2 = 9 \\ -x_1 + 10x_2 - 2x_3 = 7 \\ -2x_2 + 10x_3 = 6 \end{cases}$$

在命令中调用函数文件 gauseidel.m，命令如下：

```
>> A=[10,-1,0;-1,10,-2;0,-2,10];
>> b=[9,7,6]';
>> [x,n]=gauseidel(A,b,[0,0,0]',1.0e-6)
x =
    0.9958
    0.9579
    0.7916
n =
    7
```

由此可见，一般情况下 Gauss-Serdel 迭代比 Jacobi 迭代要收敛得快一些。但这也不是绝对的，在某些情况下，Jacobi 迭代收敛而 Gauss-Serdel 迭代却可能不收敛，看下面的例子。

例 6-7　分别用 Jacobi 迭代和 Gauss-Serdel 迭代法求解下列线性方程组，看是否收敛。

$$\begin{bmatrix} 1 & 2 & -2 \\ 1 & 1 & 1 \\ 2 & 2 & 1 \end{bmatrix} \begin{bmatrix} x_1 \\ x_2 \\ x_3 \end{bmatrix} = \begin{bmatrix} 9 \\ 7 \\ 6 \end{bmatrix}$$

命令如下：

```
>> a=[1,2,-2;1,1,1;2,2,1];
>> b=[9;7;6];
>> [x,n]=jacobi(a,b,[0;0;0])
x =
    -27
     26
      8
n =
      4
>> [x,n]=gauseidel(a,b,[0;0;0])
x =
    NaN
    NaN
    NaN
n =
   1012
```

可见对此方程，用 Jacobi 迭代收敛，而 Gauss-Serdel 迭代不收敛。因此，在使用迭代法时，要考虑算法的收敛性。

6.2　非线性方程数值求解

在 5.4.4 节中介绍了多项式方程的求根，这里介绍更一般的非线性方程的求根方法。非线性方程的求根方法很多，常用的有牛顿迭代法，但该方法需要求原方程的导数，而在实际运算中这一条件有时是不能满足的，所以又出现了弦截法、二分法等其他方法。MATLAB 提供了有关的函数用于非线性方程求解。

6.2.1　单变量非线性方程求解

在 MATLAB 中提供了一个 fzero 函数，可以用来求单变量非线性方程的根。该函数的调用格式为：

        z=fzero(@fname,x0,tol,trace)

其中，fname 是待求根函数的函数文件名，x0 为搜索的起点。@fname 是函数句柄，代表待求根的函数。一个函数可能有多个根，但 fzero 函数只给出离 x0 最近的那个根。tol 控制结果的相对精度，默认时取 tol=eps。trace 指定迭代信息是否在运算中显示，为 1 时显示，为 0 时不显示，默认时取 trace=0。

例 6-8　求 $f(x)=x-10^x+2=0$ 在 $x_0=0.5$ 附近的根。

（1）建立函数文件 funx.m。

```
function fx=funx(x)
fx=x-10.^x+2;
```

（2）调用 fzero 函数求根，命令如下：

```
>> z=fzero(@funx,0.5)
z =
    0.3758
```

6.2.2 非线性方程组的求解

非线性方程组是经常遇到的一类数学问题，在此作一简单介绍。这部分内容已超出 MATLAB 的基本部分，它需要用到 MATLAB 的优化工具箱（Optimization Toolbox）。

对于非线性方程组 F(X)=0，用 fsolve 函数求其数值解，该函数的调用格式为：

    X=fsolve(@fname,X0,options)

其中，X 为返回的解，fname 是用于定义需求解的非线性方程组的函数文件名，X0 是求解过程的初值，options 用于设置优化工具箱的优化参数。

优化工具箱提供了许多优化参数选项，用户在命令行窗口输入下列命令，可以将优化参数全部显示出来：

    >> optimset

如果希望得到某个优化函数（例如 fsolve 函数）当前的默认参数值，则可在命令行窗口输入命令：

    >> optimset fsolve

如果想改变其中某个参数选项，则可以调用 optimset 函数来完成。例如，Display 参数选项决定函数调用时中间结果的显示方式，其中'off'为不显示，'iter'表示每步都显示，'final'只显示最终结果。如果要将设定 Display 选项为 off，可以使用命令：

    >> options=optimset('Display','off')。

除了 fsolve 函数外，在使用后面 6.4 节中介绍的其他优化函数时，也可以用 optimset 函数来设置优化参数。

例 6-9 求下列非线性方程组在（0.5，0.5）附近的数值解。

$$\begin{cases} x - 0.6\sin x - 0.3\cos y = 0 \\ y - 0.6\cos x + 0.3\sin y = 0 \end{cases}$$

（1）建立函数文件 myfun.m。

    function q=myfun(p)
    x=p(1);
    y=p(2);
    q(1)=x-0.6*sin(x)-0.3*cos(y);
    q(2)=y-0.6*cos(x)+0.3*sin(y);

（2）在给定的初值 $x_0=0.5$，$y_0=0.5$ 的条件下，调用 fsolve 函数求方程的根，命令如下：

    >> options=optimset('Display','off');
    >> x=fsolve(@myfun,[0.5,0.5]',options)
    x =
        0.6354
        0.3734

将求得的解代回原方程，可以检验结果是否正确，命令如下：

    >> q=myfun(x)
    q =
       1.0e-09 *
        0.2375   0.2957

可见得到了较高精度的结果。

6.3　常微分方程初值问题的数值解法

众所周知，只有对一些典型的常微分方程，才能求出它们的一般解表达式并用初始条件确定表达式中的任意常数。然而在实际问题中遇到的常微分方程往往很复杂，在许多情况下得不出一般解，所以，一般是要求获得解在若干个点上的近似值。

考虑常微分方程的初值问题

$$y'=f(t,y),\quad t_0 \leqslant t \leqslant T$$
$$y(t_0)=y_0$$

所谓其数值解法，就是求它的解 $y(t)$ 在节点 $t_0 < t_1 < \cdots < t_m$ 处的近似值 $y_0, y_1, \cdots, y_m$ 的方法。所求得的 $y_0, y_1, \cdots, y_m$ 称为常微分方程初值问题的数值解。一般采用等距节点 $t_n=t_0+nh, n=0,1,\cdots,m$，其中 h 为相邻两个节点间的距离，叫做步长。

常微分方程初值问题的数值解法多种多样，比较常用的有欧拉（Euler）法、龙格－库塔（Runge-Kutta）法、线性多步法、预报校正法等。本节简单介绍龙格－库塔法及其 MATLAB 实现。

6.3.1　龙格－库塔法简介

对于一阶常微分方程的初值问题，在求解未知函数 y 时，y 在 t_0 点的值 $y(t_0)=y_0$ 是已知的，并且根据高等数学中的中值定理，应有

$y(t_0+h)=y_1 \approx y_0+hf(t_0,y_0)$（$h>0$，称为步长）

$y(t_0+2h)=y_2 \approx y_1+hf(t_1,y_1)$

一般地，在任意点 $t_i=t_0+ih$，有：

$$y(t_0+ih)=y_i \approx y_{i-1}+hf(t_{i-1},y_{i-1}),\quad i=1,2,\cdots,n$$

当 (t_0,y_0) 确定后，根据上述递推式能计算出未知函数 y 在点 $t_i=t_0+ih, i=0,1,\cdots,n$ 的一列数值解：

$$y_i=y_0,y_1,y_2,\cdots,y_n,\quad i=0,1,\cdots,n$$

当然，递推过程中有一个误差累计的问题。在实际计算过程中，使用的递推公式一般进行过改造，著名的龙格－库塔公式是：

$$y(t_0+ih)=y_i \approx y_{i-1}+\frac{h}{6}(k_1+2k_2+2k_3+k_4)$$

其中

$k_1=f(t_{i-1},y_{i-1})$

$k_2=f(t_{i-1}+\dfrac{h}{2},y_{i-1}+\dfrac{h}{2}k_1)$

$k_3=f(t_{i-1}+\dfrac{h}{2},y_{i-1}+\dfrac{h}{2}k_2)$

$k_4=f(t_{i-1}+h,y_{i-1}+hk_3)$

6.3.2 龙格－库塔法的实现

MATLAB 提供了多个求常微分方程数值解的函数，一般调用格式为

    [t,y]=solver(@fname,tspan,y0)

其中，t 和 y 分别给出时间向量和相应的状态向量。solver 为求常微分方程数值解的函数，表 6-1 列出了常用函数采用的方法和适用的场合。fname 是定义 f(t,y)的函数文件名，该函数文件必须返回一个列向量。tspan 形式为[t0,tf]，表示求解区间。y0 是初始状态列向量。

表 6-1　求常微分方程数值解的函数

求解函数	采用方法	适用场合
ode23	2-3 阶龙格－库塔算法，低精度	非刚性
ode45	4-5 阶龙格－库塔算法，中精度	非刚性
ode113	Adams 算法，精度可到 $10^{-3}\sim10^{-6}$	非刚性，计算时间比 ode45 短
ode23t	梯形算法	适度刚性
ode15s	Gear's 反向数值微分算法，中精度	刚性
ode23s	2 阶 Rosebrock 算法，低精度	刚性，当精度较低时，计算时间比 ode15s 短
ode23tb	梯形算法，低精度	刚性，当精度较低时，计算时间比 ode15s 短

选取方法时，可综合考虑精度要求和复杂度控制要求等实际需要，选择适当的方法求解。

若微分方程描述的是一个变化过程包含着多个相互作用但变化速度相差十分悬殊的子过程，这样一类过程就认为具有"刚性"，这类方程具有非常分散的特征值。求解刚性方程的初值问题的解析解是困难的，常采用表 6-1 中的函数 ode15s、ode23s 和 ode23tb 求其数值解。求解非刚性的一阶常微分方程或方程组的初值问题的数值解常采用函数 ode23 和 ode45，其中 ode23 采用 2 阶龙格－库塔算法，用 3 阶公式作误差估计来调节步长，具有低等的精度；ode45 则采用 4 阶龙格－库塔算法，用 5 阶公式作误差估计来调节步长，具有中等的精度。

例 6-10　设有初值问题：

$$\begin{cases} y' = \dfrac{y^2 - t - 2}{4(t+1)}, & 0 \leqslant t \leqslant 1 \\ y(0)=2 \end{cases}$$

试求其数值解，并与精确解相比较（精确解为 $y(t)=\sqrt{t+1}+1$）。

（1）建立函数文件 funt.m。

```
function yp=funt(t,y)
yp=(y^2-t-2)/4/(t+1);
```

（2）求解微分方程，命令如下：

```
>> t0=0;
>> tf=10;
>> y0=2;
>> [t,y]=ode23(@funt,[t0,tf],y0);        %求数值解
>> y1=sqrt(t+1)+1;                        %求精确解
>> t'
```

```
ans =
    1 至 7 列
         0      0.3200    0.9380    1.8105    2.8105    3.8105    4.8105
    8 至 13 列
    5.8105    6.8105    7.8105    8.8105    9.8105   10.0000
>> y'
ans =
    1 至 7 列
    2.0000    2.1490    2.3929    2.6786    2.9558    3.1988    3.4181
    8 至 13 列
    3.6198    3.8079    3.9849    4.1529    4.3133    4.3430
>> y1'
    1 至 7 列
    2.0000    2.1489    2.3921    2.6765    2.9521    3.1933    3.4105
    8 至 13 列
    3.6097    3.7947    3.9683    4.1322    4.2879    4.3166
```

y 为数值解，y1 为精确值，显然两者近似。

例 6-11　求著名的 Van der Pol 方程 $\ddot{x} + (x^2 - 1)\dot{x} + x = 0$。

函数 ode23 和 ode45 是对一阶常微分方程组设计的，因此对高阶常微分方程，需先将它转化为一阶常微分方程组，即状态方程。选择状态变量 $x_1 = \dot{x}$，$x_2 = x$，则可写出 Van der Pol 方程的状态方程形式：

$$\dot{x}_1 = (1 - x_2{}^2)x_1 - x_2$$
$$\dot{x}_2 = x_1$$

基于以上状态方程，求解过程如下：

（1）建立函数文件 vdpol.m。

```
function xdot=vdpol(t,x)
xdot(1)=(1-x(2)^2)*x(1)-x(2);
xdot(2)=x(1);
xdot=xdot';
```

状态方程的表示形式并不是唯一的，例如 Van der Pol 方程还可以表示成"xdot=[(1-x(2)^2)*x(1)-x(2);x(1)];"或"xdot=[(1-x(2)^2),-1;1,0]*x;"。

（2）求解微分方程，命令如下：

```
>> t0=0;
>> tf=20;
>> x0=[0;0.25];
>> [t,x]=ode45(@vdpol,[t0,tf],x0);
>> [t,x]
ans =
         0         0    0.2500
    0.0002   -0.0001    0.2500
    0.0004   -0.0001    0.2500
    0.0006   -0.0002    0.2500
    0.0008   -0.0002    0.2500
    ......
```

19.6482	-0.6301	1.7403
19.7362	-0.6703	1.6831
19.8241	-0.7105	1.6224
19.9121	-0.7520	1.5581
20.0000	-0.7961	1.4900

结果第 1 列为 t 的采样点，第 2 列和第 3 列分别为 x′和 x 与 t 对应点的值（只列出部分结果）。

（3）得出方程的数值解之后，还可以绘制解的曲线，命令如下：

```
>> subplot(1,2,1);plot(t,x);          %系统时间响应曲线
>> subplot(1,2,2);plot(x(:,1),x(:,2))  %系统相平面曲线
```

绘制系统的时间响应曲线及相平面曲线如图 6-1 所示。

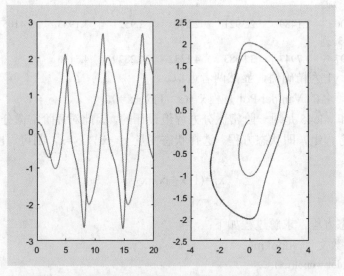

图 6-1　Van der Pol 方程的时间响应曲线及相平面曲线

例 6-12　Lorenz 模型的状态方程表示为

$$\dot{x}_1(t) = -\beta x_1(t) + x_2(t)x_3(t)$$

$$\dot{x}_2(t) = -\sigma x_2(t) + \sigma x_3(t)$$

$$\dot{x}_3(t) = -x_2(t)x_1(t) + \rho x_2(t) - x_3(t)$$

取 σ=10，ρ=28，β=8/3，试绘制系统相平面图。

（1）建立 Lorenz 模型的函数文件 lorenz.m。

```
function xdot=lorenz(t,x)
xdot=[-8/3,0,x(2);0,-10,10;-x(2),28,-1]*x;
```

（2）解微分方程组，命令如下：

```
>> x0=[0,0,eps]';
>> [t,x]=ode23(@lorenz,[0,100],x0);
```

（3）绘制系统相平面图，命令如下：

```
>> plot3(x(:,1),x(:,2),x(:,3));
>> axis([0,45,-25,25,-25,25]);
```

结果如图 6-2 所示。

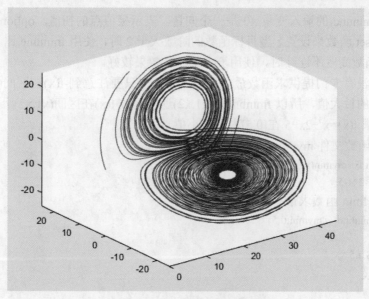

图 6-2　Lorenz 模型相平面图

6.4　最优化问题求解

最优化方法包含有多个分支，如线性规划、整数规划、非线性规划、动态规划、多目标规划等。利用 MATLAB 的优化工具箱，可以求解线性规划、非线性规划和多目标规划问题。MATLAB 还提供了非线性函数最小值问题的求解方法，为优化方法在工程中的实际应用提供了更加方便快捷的途径。

6.4.1　无约束最优化问题求解

无约束最优化问题的一般描述为：

$$\min_{x} f(x)$$

其中，$x = [x_1, x_2, \cdots, x_n]^T$，该数学表示的含义亦即求取一组 x，使得目标函数 f(x) 为最小，故这样的问题又称为最小化问题。

在实际应用中，许多科学研究和工程计算问题都可以归结为一个最小化问题，如能量最小、时间最短等。MATLAB 提供了 3 个求最小值的函数，它们的调用格式为：

（1）[x,fval]=fminbnd(@fname,x1,x2,options)：求一元函数在(x1,x2)区间中的极小值点 x 和最小值 fval。

（2）[x,fval]=fminsearch(@fname,x0,options)：基于单纯形法求多元函数的极小值点 x 和最小值 fval。

（3）[x,fval]=fminunc(@fname,x0,options)：基于拟牛顿法求多元函数的极小值点 x 和最小值 fval。

确切地讲，这里讨论的也只是局域极值的问题（全域最小问题要复杂得多）。fname 是定义目标函数的 M 文件名。fminbnd 的输入变量 x1、x2 分别表示被研究区间的左、右边界。

fminsearch 和 fminunc 的输入变量 x0 是一个向量，表示极值点的初值。options 为优化参数，可以通过 optimset 函数来设置。当目标函数的阶数大于 2 时，使用 fminunc 比 fminsearch 更有效，但当目标函数高度不连续时，使用 fminsearch 效果较好。

MATLAB 没有专门提供求函数最大值的函数，但只要注意到-f(x)在区间(a,b)上的最小值就是 f(x)在(a,b)的最大值，所以 fminbnd(-f,x1,x2)返回函数 f(x)在区间(x1,x2)上的最大值。

例 6-13 求 f(x)=x³-2x-5 在[0,5]内的最小值点。

（1）建立函数文件 mymin.m。

```
function fx=mymin(x)
fx=x.^3-2*x-5;
```

（2）调用 fmin 函数求最小值点，命令如下：

```
>> x=fminbnd(@mymin,0,5)
x=
    0.8165
```

例 6-14 设

$$f(x,y,z) = x + \frac{y^2}{4x} + \frac{z^2}{y} + \frac{2}{z}$$

求函数 f 在(0.5,0.5,0.5)附近的最小值。

（1）建立函数文件 fxyz.m。

```
function f=fxyz(p)
x=p(1);y=p(2);z=p(3);
f=x+y^2/x/4+z^2/y+2/z;
```

（2）求函数的最小值点和最小值，命令如下：

```
>> [U,fmin]=fminsearch(@fxyz,[0.5,0.5,0.5])
U =
    0.5000    1.0000    1.0000
fmin =
    4.0000
```

6.4.2 有约束最优化问题求解

有约束最优化问题的一般描述为：

$$\min_{x \ s.t. \ G(x)\leqslant 0} f(x)$$

其中，$x =[x_1,x_2,\cdots,x_n]^T$，该数学表示的含义亦即求取一组 x，使得目标函数 f(x)为最小，且满足约束条件 G(x)≤0。记号 s.t.是英文 subject to 的缩写，表示 x 要满足后面的约束条件。

约束条件可以进一步细化为：

（1）线性不等式约束：Ax≤b。

（2）线性等式约束：$A_{eq}x=b_{eq}$。

（3）非线性不等式约束：C(x)≤0。

（4）非线性等式约束：$C_{eq}(x)=0$。

（5）x 的下界和上界：$L_{bnd}\leqslant x\leqslant U_{bnd}$。

MATLAB 最优化工具箱提供了一个 fmincon 函数，专门用于求解各种约束下的最优化问题。该函数的调用格式为：

[x,fval]=fmincon(@fname,x0,A,b, Aeq,beq,Lbnd,Ubnd,NonF,options)

其中，x、fval、fname、x0 和 options 的含义与求最小值函数相同。其余参数为约束条件，参数 NonF 为非线性约束函数的函数文件名。如果某个约束不存在，则用空矩阵来表示。

例 6-15　求解有约束最优化问题。

$$\min_{x} \ f(x) = 0.4x_2 + x_1^2 + x_2^2 - x_1x_2 + \frac{1}{30}x_1^3$$
$$\text{s.t.} \begin{cases} x_1+0.5x_2 \geq 0.4 \\ 0.5x_1+x_2 \geq 0.5 \\ x_1 \geq 0, x_2 \geq 0 \end{cases}$$

（1）建立目标函数的函数文件 fop.m。

```
function f=fop(x)
f=0.4*x(2)+x(1)^2+x(2)^2-x(1)*x(2)+1/30*x(1)^3;
```

（2）设定约束条件，并调用 fmincon 函数求解此约束最优化问题，程序如下：

```
x0=[0.5;0.5];
A=[-1,-0.5;-0.5,-1];
b=[-0.4;-0.5];
lb=[0;0];
options=optimset('Display','off');
[x,f]=fmincon(@fop,x0,A,b,[],[],lb,[],[],options)
```

程序运行结果如下：

```
x =
    0.3396
    0.3302
f =
    0.2456
```

6.4.3　线性规划问题求解

线性规划是研究线性约束条件下线性目标函数的极值问题的数学理论和方法。线性规划问题的标准形式为：

$$\min_{x} \ f(x)$$
$$\text{s.t.} \begin{cases} Ax=b \\ A_{eq}x=b_{eq} \\ L_{bnd} \leq x \leq U_{bnd} \end{cases}$$

在 MATLAB 中求解线性规划问题使用函数 linprog，其调用格式为

[x, fval] = linprog(f, A, b, Aeq, beq, lbnd, ubnd)

其中，x 是最优解，fval 是目标函数的最优值。函数中的各项参数是线性规划问题标准形式中的对应项，x、b、beq、lbnd、ubnd 是向量，A、Aeq 为矩阵，f 为目标函数系数向量。

例 6-15　求解线性规划问题。

$$\min_{x} \ f(x) = 2x_1 + x_2$$
$$\text{s.t.} \begin{cases} 3x_1+x_2 \geq 3 \\ 4x_1+3x_2 \geq 6 \\ x_1+2x_2 \geq 2 \\ x_1 \geq 0, x_2 \geq 0 \end{cases}$$

程序如下：

```
f=[2;1];
A=[-3,-1;-4,-3;-1,-2];
b=[-3;-6;-2];
lb=[0;0];
options=optimset('Display','off');
[x,f]=linprog(f,A,b,[],[],lb,[])
```
程序运行结果如下：
```
Optimization terminated.
x =
      0.6000
      1.2000
f =
      2.4000
```

实验指导

一、实验目的

1．掌握线性方程组的数值求解方法。
2．掌握常微分方程的数值求解方法。
3．掌握非线性方程以及最优化问题的求解方法。

二、实验内容

1．下面是一个线性病态方程组：

$$\begin{bmatrix} 1/2 & 1/3 & 1/4 \\ 1/3 & 1/4 & 1/5 \\ 1/4 & 1/5 & 1/6 \end{bmatrix} \begin{bmatrix} x_1 \\ x_2 \\ x_3 \end{bmatrix} = \begin{bmatrix} 0.95 \\ 0.67 \\ 0.52 \end{bmatrix}$$

（1）求方程的解。
（2）将方程右边向量元素 b_3 改为 0.53，再求解，并比较 b_3 的变化和解的相对变化。
（3）计算系数矩阵 A 的条件数并分析结论。

2．求下列方程的解。

（1）$x^{41} + x^3 + 1 = 0$，$x_0 = -1$。

（2）$x - \dfrac{\sin x}{x} = 0$，$x_0 = 0.5$。

（3）$\begin{cases} \sin x + y^2 + \ln z - 7 = 0 \\ 3x + 2^y - z^3 + 1 = 0 \\ x + y + z - 5 = 0 \end{cases}$，初值 $x_0 = 1$，$y_0 = 1$，$z_0 = 1$。

3．求常微分方程的数值解。
（1）$y' + (1.2 + \sin 10t)y = 0$，$t_0 = 0$，$t_f = 5$，$y(t_0) = 1$。

（2）$y' + \dfrac{1}{1+t^2} y = \cos t$，$t_0 = 0$，$t_f = 5$，$y(t_0) = 1$。

4．求函数在指定区间的最大值。

$$f(x) = \frac{1+x^2}{1+x^4}, \quad x \in (0,2)$$

5．设有 400 万元资金，要求 4 年内使用完，若在一年内使用资金 x 万元，则可得效益 $\sqrt{x}$ 万元（效益不能再使用），当年不用的资金可存入银行，年利率为 10%。试制定出资金的使用计划，以使 4 年效益之和为最大。

思考练习

一、填空题

1．线性方程组的求解方法可以分为两类，一类是_____，另一类是_____。前者是在没有舍入误差的情况下，通过有限步的初等运算来求得方程组的解；后者是先给定一个解的_____，然后按照一定的算法不断用变量的旧值递推出新的值。

2．MATLAB 用_____函数来求单变量非线性方程的根。对于非线性方程组，则用_____函数求其数值解。

3．已知函数文件 fx.m：

```
function f=fx(x)
f=2*x.^2+5*x-1;
```

则求 $f(x)=2x^2+5x-1=0$ 在 x_0=-2 附近的根的命令是_____。

4．已知：

```
fx=@(x) 2*x.^2+5*x-1;
```

则求 $f(x)=2x^2+5x-1=0$ 在 x_0=-2 附近的根的命令是_____。

5．用数值方法求解常微分方程的初值问题，一般都是用_____系列函数，包括 ode23、ode45 等函数，各有不同的适用场合。

6．ode23、ode45 等函数是针对一阶常微分方程组的，对于高阶常微分方程，需要先将它转化为一阶常微分方程组，即_____。

二、问答题

1．分别用矩阵求逆、矩阵除法以及矩阵分解求线性方程组的解。

（1）$\begin{cases} 2x + 3y + 5z = 10 \\ 3x + 7y + 4z = 3 \\ x - 7y + z = 5 \end{cases}$
（2）$\begin{cases} 6x_1 + 5x_2 - 2x_3 + 5x_4 = -4 \\ 9x_1 - x_2 + 4x_3 - x_4 = 13 \\ 3x_1 + 4x_2 + 2x_3 - 2x_4 = 1 \\ 3x_1 - 9x_2 + 2x_4 = 11 \end{cases}$

2．求下列方程的解。

（1）$3x + \sin x - e^x = 0$ 在 x_0=1.5 附近的解。

（2） $x - \dfrac{1}{x} + 5 = 0$ 在 $x_0 = 1$ 附近的解。

（3） $\begin{cases} x^2 + y^2 = 9 \\ x + y = 1 \end{cases}$，初值 $x_0 = 3$，$y_0 = 0$。

3．求常微分方程的数值解。

（1） $(1 + t^2)y'' + 2ty' + 3y = 2$，$t_0 = 0$，$t_f = 5$，$y(t_0) = 0$，$y'(t_0) = 1$。

（2） $y''' - 5\dfrac{\cos 2t}{(t+1)^2} y'' + y' + \dfrac{1}{3 + \sin t} y = \cos t$,

$t_0 = 0$，$t_f = 5$，$y(t_0) = 1$，$y'(t_0) = 0$，$y''(t_0) = 2$。

4．求函数在指定区间的最大值。

$$f(x) = \sin x + \cos x^2, \quad x \in (0, \pi)$$

5．对边长为 3m 的正方形铁板，在 4 个角剪去相等的正方形以制成方形无盖水槽，问如何剪才能使水槽的容积最大？

第7章　MATLAB 数值积分与数值微分

在科学实验和生产实践中，经常要求函数 $f(x)$ 在区间 $[a,b]$ 上的定积分：

$$S = \int_a^b f(x)dx$$

在高等数学中，计算积分依靠微积分基本定理，只要找到被积函数 $f(x)$ 的原函数 $F(x)$，则可用牛顿－莱布尼兹（Newton-Leibniz）公式：

$$\int_a^b f(x)dx = F(b) - F(a)$$

来求出定积分。但是，在有些情况下，应用牛顿—莱布尼兹公式往往有困难，例如，当被积函数的原函数无法用初等函数表示或被积函数为仅知离散点处函数值的离散函数时。

类似于积分问题，在微分学中，函数的导数是用极限来定义的，如果一个函数是以数值给出的离散形式，那么它的导数就无法用极限运算方法求得，当然也就无法用求导方法去计算函数在某点处的导数。

基于以上原因，在许多实际问题中要采用数值方法来求函数的积分或微分。本章介绍积分与微分数值方法的基本思想、积分与微分在 MATLAB 中的实现方法以及离散傅里叶变换的 MATLAB 实现方法。

 本章要点

- MATLAB 数值积分
- MATLAB 数值微分
- MATLAB 离散傅里叶变换

7.1　数值积分

求解定积分的数值方法多种多样，如简单的梯形法、辛普生（Simpson）法、高斯－克朗罗德（Gauss-Kronrod）法等都是经常采用的方法。本节先介绍数值积分的基本原理，在介绍其实现方法。

7.1.1　数值积分基本原理

数值积分是将整个积分区间 $[a,b]$ 分成 n 个子区间 $[x_i,x_{i+1}]$，$i=1,2,\cdots,n$，其中 $x_1=a$，$x_{n+1}=b$。这样求定积分问题就分解为下面的求和问题：

$$S = \int_a^b f(x)dx = \sum_{i=1}^n \int_{x_i}^{x_{i+1}} f(x)dx$$

而在每一个小的子区间上定积分的值可以近似求得。例如，可以利用下面的变步长辛普生法求定积分。

从梯形公式出发，利用将积分区间逐次分半的办法，分别计算出每个子区间的定积分近似值并求和。用 T_m 表示积分区间[a,b]被分为 $n=2^m$ 等分后所形成的梯形值，这时，对应的子区间长度为：

$$h_m = \frac{b-a}{2^m}, \quad m=0,1,2,\cdots$$

经过计算得到：

$$T_0 = \frac{b-a}{2}[f(a)+f(b)]$$

$$T_1 = \frac{b-a}{2\times 2}\left[f(a)+f(b)+2f\left(a+\frac{b-a}{2}\right)\right] = \frac{T_0}{2}+\frac{b-a}{2}f\left(a+\frac{b-a}{2}\right)$$

$$= \frac{T_0}{2}+h_1 f(a+h_1)$$

$$T_2 = \frac{b-a}{2\times 2^2}\left[f(a)+f(b)+2\sum_{k=1}^{3}f\left(a+k\frac{b-a}{2^2}\right)\right] = \frac{T_1}{2}+\frac{b-a}{2^2}\sum_{i=1}^{2}f\left[a+(2i-1)\frac{b-a}{2^2}\right]$$

$$= \frac{T_1}{2}+h_2\sum_{i=1}^{2}f[a+(2i-1)h_2]$$

$$T_3 = \frac{b-a}{2\times 2^3}\left[f(a)+f(b)+2\sum_{k=1}^{7}f\left(a+k\frac{b-a}{2^3}\right)\right] = \frac{T_2}{2}+\frac{b-a}{2^3}\sum_{i=1}^{4}f\left[a+(2i-1)\frac{b-a}{2^3}\right]$$

$$= \frac{T_2}{2}+h_3\sum_{i=1}^{4}f[a+(2i-1)h_3]$$

一般地，若 T_{m-1} 已算出，则

$$T_m = \frac{T_{m-1}}{2}+h_m\sum_{i=1}^{2^{m-1}}f[a+(2i-1)h_m]$$

辛普生求积公式为

$$S_m = \frac{4T_m - T_{m-1}}{3}$$

根据上述递推公式，不断计算积分近似值，直到相邻两次的积分近似值 S_m 和 S_{m-1} 满足如下条件为止：

$$|S_m - S_{m-1}| \leqslant \varepsilon(1+|S_m|)$$

自适应求积方法不需要事先确定步长，能对每步计算结果估计误差，是一种稳定的和收敛的求积方法。

辛普生求积公式是封闭型的（即区间的两端点均是求积节点），而且要求求积节点是等距的，其代数精确度只能是 n（n 为奇数）或 n+1（n 为偶数）。高斯—克朗罗德法对求积节点也进行适当的选取，即在求积公式中 x_i 也加以选取，从而可提高求积公式的代数精确度。

7.1.2　数值积分的实现方法

1. 自适应积分法

MATLAB 提供了基于全局自适应积分算法的 integral 函数来求定积分。函数的调用格式为：

    I=integral(@fname,a,b)

其中，I 是计算得到的积分；fname 是被积函数；a 和 b 分别是定积分的下限和上限，积分限可以为无穷大。

例 7-1　求 $I = \int_0^\infty e^{-x^2}(\ln x)^2 dx$ 。

命令如下：

```
>> fun=@(x) exp(-x.^2).*log(x).^2;          %用匿名函数定义被积函数
>> q=integral(fun,0,Inf)                     %求定积分
q =
    1.9475
```

2. 变步长辛普生法

基于变步长辛普生法，MATLAB 给出了 quad 函数和 quadl 函数来求定积分。函数的调用格式为：

    [I,n]=quad(@fname,a,b,tol,trace)

    [I,n]=quadl(@fname,a,b,tol,trace)

其中，fname 是被积函数名。a 和 b 分别是定积分的下限和上限。tol 用来控制积分精度，默认时取 tol=10^{-6}。trace 控制是否展现积分过程，若取非 0 则展现积分过程，取 0 则不展现，默认时取 trace=0。返回参数 I 即定积分值，n 为被积函数的调用次数。

例 7-2　设 $f(x) = e^{-0.5x} \sin\left(x + \dfrac{\pi}{6}\right)$，求 $S = \int_0^{3\pi} f(x)dx$ 。

（1）建立被积函数文件 fesin.m。

```
function f=fesin(x)
f=exp(-0.5*x).*sin(x+pi/6);
```

（2）调用数值积分函数 quad 求定积分，命令如下：

```
>> [S,n]=quad(@fesin,0,3*pi)
S =
    0.9008
n =
    77
```

在建立被积函数文件时，注意到所写程序应允许向量作为输入参数，所以在该函数文件中采用了 .* 运算符。

也可不建立关于被积函数的函数文件，而使用匿名函数求解，命令如下：

```
>> f=@(x) exp(-0.5*x).*sin(x+pi/6);         %用匿名函数定义被积函数
>> [S,n]=quad(f,0,3*pi)
S =
    0.9008
n =
    77
```

一般情况下，quadl 函数调用的步数明显小于 quad 函数，而且精度更高，从而保证能以更高的效率求出所需的定积分值。

例 7-3 分别用 quad 函数和 quadl 函数求 $\int_1^{2.5} e^{-x}dx$ 的近似值，并在相同的积分精度下，比较函数的调用次数。

调用函数 quad 求定积分，命令如下：

```
>> format long
>> fx=@(x) exp(-x);
>> [I,n]=quad(fx,1,2.5,1e-10)
I =
    0.285794442547663
n =
    65
```

调用函数 quadl 求定积分，命令如下：

```
>> format long
>> fx=@(x) exp(-x);
>> [I,n]=quadl(fx,1,2.5,1e-10)
I =
    0.285794442548811
n =
    18
>> format short
```

当精度取 10^{-10} 时，quad 函数调用被积函数的次数是 65 次，quadl 函数调用被积函数的次数是 18 次，因而此时后者效率要明显高于前者，而且精度也更高。

3. 高斯－克朗罗德法

MATLAB 提供了基于自适应高斯－克朗罗德法的 quadgk 函数来求振荡函数的定积分。该函数的调用格式为

```
[I,err]=quadgk(@fname,a,b)
```

其中，err 返回近似误差范围，其他参数的含义和用法与 quad 函数相同。积分上下限可以是-Inf 或 Inf，也可以是复数。如果积分上下限是复数，则 quadgk 在复平面上求积分。

例 7-4 求 $\int_0^\pi \dfrac{x\sin x}{1+\cos^2 x}dx$ 。

（1）建立被积函数文件 fsx.m。

```
function f=fsx(x)
f=x.*sin(x)./(1+cos(x).*cos(x));
```

（2）调用函数 quadgk 求定积分，命令如下：

```
>> I=quadgk(@fsx,0,pi)
I =
    2.4674
```

4. 梯形积分法

在科学实验和工程应用中，函数关系往往是不知道的，只有实验测定的一组样本点和样本值，人们是无法使用 quad 等函数计算其定积分的。在 MATLAB 中，对由表格形式定义的

函数关系的求定积分问题用梯形积分函数 trapz。该函数调用格式如下：

```
I=trapz(X,Y)
```

其中，向量 X，Y 定义函数关系 Y = f(X)。X，Y 是两个等长的向量：$X = (x_1,x_2,\cdots,x_n)$，$Y = (y_1,y_2,\cdots,y_n)$，并且 $x_1<x_2<\cdots<x_n$，积分区间是 $[x_1,x_n]$。

例 7-5　用 trapz 函数计算定积分 $\int_1^{2.5} e^{-x} dx$ 。

命令如下：

```
>> X=1:0.01:2.5;
>> Y=exp(-X);              %生成函数关系数据向量
>> trapz(X,Y)
ans =
    0.2858
```

7.1.3　多重定积分的数值求解

定积分的被积函数是一元函数，积分范围是一个区间；而重积分的被积函数是二元函数或三元函数，积分范围是平面上的一个区域或空间中的一个区域。MATLAB 提供的 dblquad 函数用于求 $\int_c^d \int_a^b f(x,y)dxdy$ 的数值解，triplequad 函数用于求 $\int_e^f \int_c^d \int_a^b f(x,y,z)dxdydz$ 的数值解。函数的调用格式为

```
dblquad(@fun,a,b,c,d,tol)
triplequad(@fun,a,b,c,d,e,f,tol)
```

其中，fun 为被积函数的函数文件名，[a,b]为 x 的积分区域，[c,d]为 y 的积分区域，[e,f]为 z 的积分区域，参数 tol 的用法与函数 quad 完全相同。

注意：dblquad 函数和 triplequad 函数不允许返回被积函数的调用次数，如果需要，可以在被积函数中设置一个记数变量，从而统计出被积函数的调用次数。

例 7-6　计算二重定积分

$$I = \int_{-1}^{1} \int_{-2}^{2} e^{-x^2/2} \sin(x^2 + y)dxdy$$

（1）建立一个函数文件 fxy.m。

```
function f=fxy(x,y)
global ki;
ki=ki+1;                %ki 用于统计被积函数的调用次数
f=exp(-x.^2/2).*sin(x.^2+y);
```

（2）调用 dblquad 函数求解，命令如下：

```
>> global ki;
>> ki=0;
>> I=dblquad(@fxy,-2,2,-1,1)
>> ki
I =
    1.5745
ki =
    1050
```

如果使用匿名函数，则命令如下：

```
>> f=@(x,y) exp(-x.^2/2).*sin(x.^2+y);
>> I=dblquad(f,-2,2,-1,1)
I =
     1.5745
```

例 7-7　计算三重定积分

$$\int_0^1 \int_0^\pi \int_0^\pi 4xze^{-z^2y-x^2}\,dxdydz$$

命令如下：

```
>> fxyz=@(x,y,z) 4*x.*z.*exp(-z.*z.*y-x.*x);
>> triplequad(fxyz,0,pi,0,pi,0,1,1e-7)
ans=
     1.7328
```

7.2　数值微分

一般来说，函数的导数依然是一个函数。设函数 f(x) 的导函数 f'(x)=g(x)，高等数学关心的是 g(x) 的形式和性质，而数值分析关心的问题是怎样计算 g(x) 在一串离散点 $X=(x_1,x_2,\cdots,x_n)$ 的近似值 $G=(g_1,g_2,\cdots,g_n)$ 以及所计算的近似值有多大误差。

7.2.1　数值差分与差商

任意函数 f(x) 在 x 点的导数是通过极限定义的：

$$f'(x) = \lim_{h \to 0} \frac{f(x+h)-f(x)}{h}$$

$$f'(x) = \lim_{h \to 0} \frac{f(x)-f(x-h)}{h}$$

$$f'(x) = \lim_{h \to 0} \frac{f(x+h/2)-f(x-h/2)}{h}$$

上述式子中，均假设 h>0，如果去掉上述等式右端的 h→0 的极限过程，并引进记号：

$$\Delta f(x) = f(x+h)-f(x)$$

$$\nabla f(x) = f(x)-f(x-h)$$

$$\delta f(x) = f(x+h/2)-f(x-h/2)$$

称 Δf(x)、∇f(x) 及 δf(x) 分别为函数在 x 点处以 h（h>0）为步长的向前差分、向后差分和中心差分。当步长 h 充分小时，有

$$f'(x) \approx \frac{\Delta f(x)}{h}$$

$$f'(x) \approx \frac{\nabla f(x)}{h}$$

$$f'(x) \approx \frac{\delta f(x)}{h}$$

和差分一样，称 Δf(x)/h、∇f(x)/h 及 δf(x)/h 分别为函数在 x 点处以 h（h>0）为步长的向前差商、向后差商和中心差商。当步长 h（h>0）充分小时，函数 f 在点 x 的微分接近于函

数在该点的任意一种差分，而在点 x 的导数接近于函数在该点的任意一种差商。

7.2.2　数值微分的实现

有两种方式计算任意函数 f(x)在给定点 x 的数值导数，第 1 种方式是用多项式或样条函数 g(x)对 f(x)进行逼近（插值或拟合），然后用逼近函数 g(x)在点 x 处的导数作为 f(x)在点 x 处的导数，第 2 种方式是用 f(x)在点 x 处的某种差商作为其导数。在 MATLAB 中，没有直接提供求数值导数的函数，只有计算向前差分的函数 diff，其调用格式为：

（1）DX=diff(X)：计算向量 X 的向前差分，DX(i)=X(i+1)-X(i)，i=1,2,…,n-1。

（2）DX=diff(X,n)：计算 X 的 n 阶向前差分。例如，diff(X,2)=diff(diff(X))。

（3）DX=diff(A,n,dim)：计算矩阵 A 的 n 阶差分，dim=1 时（默认状态），按列计算差分；dim=2 时，按行计算差分。

例 7-8　生成以向量 V=[1,2,3,4,5,6]为基础的范德蒙矩阵，按列进行差分运算。

命令如下：

```
>> V=vander(1:6)
           1          1          1          1          1          1
          32         16          8          4          2          1
         243         81         27          9          3          1
        1024        256         64         16          4          1
        3125        625        125         25          5          1
        7776       1296        216         36          6          1
>> DV=diff(V)          %计算 V 的一阶差分
DV =
          31         15          7          3          1          0
         211         65         19          5          1          0
         781        175         37          7          1          0
        2101        369         61          9          1          0
        4651        671         91         11          1          0
```

可以看出，diff 函数对矩阵的每一列都进行差分运算，因而结果矩阵的列数是不变的，只有行数减 1。

例 7-9　设

$$f(x) = \sqrt{x^3 + 2x^2 - x + 12} + \sqrt[6]{x+5} + 5x + 2$$

用不同的方法求函数 f(x)的数值导数，并在同一个坐标系中做出 f'(x)的图像。

为确定计算数值导数的点，假设在[-3,3]区间内以 0.01 为步长求数值导数。下面用 3 种方法求 f(x)在这些点的导数。首先用一个 5 次多项式 p(x)拟合函数 f(x)，并对 p(x)求一般意义下的导数 dp(x)，求出 dp(x)在假设点的值；第 2 种方法直接求 f(x)在假设点的数值导数；第 3 种方法求出 f'(x)：

$$f'(x) = \frac{3x^2 + 4x - 1}{2\sqrt{x^3 + 2x^2 - x + 12}} + \frac{1}{6\sqrt[6]{(x+5)^5}} + 5$$

然后直接求 f'(x)在假设点的导数。最后用一个坐标图来显示这 3 条曲线。

程序如下：

```
f=inline('sqrt(x.^3+2*x.^2-x+12)+(x+5).^(1/6)+5*x+2');
g=inline('(3*x.^2+4*x-1)./sqrt(x.^3+2*x.^2-x+12)/2+1/6./(x+5).^(5/6)+5');
x=-3:0.01:3;
p=polyfit(x,f(x),5);              %用 5 次多项式 p 拟合 f(x)
dp=polyder(p);                    %对拟合多项式 p 求导数 dp
dpx=polyval(dp,x);                %求 dp 在假设点的函数值
dx=diff(f([x,3.01]))/0.01;        %直接对 f(x)求数值导数
gx=g(x);                          %求函数 f 的导函数 g 在假设点的导数
plot(x,dpx,x,dx,'.',x,gx,'-');    %作图
```

程序运行后得到如图 7-1 所示的图形。结果表明，用 3 种方法求得的数值导数比较接近。

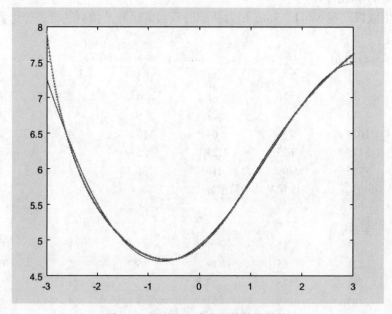

图 7-1　用不同方法求得的数值导数

7.3　离散傅里叶变换

离散傅里叶变换（DFT）广泛应用于信号分析、光谱和声谱分析、全息技术等各个领域。直接计算 DFT 的运算量与变换的长度 N 的平方成正比，当 N 较大时，计算量太大。随着计算机技术的迅速发展，在计算机上进行离散傅里叶变换的计算成为可能，特别是快速傅里叶变换（FFT）算法的出现，为离散傅里叶变换的应用创造了条件。

MATLAB 提供了一套计算快速傅里叶变换的函数，它们包括求一维、二维和 N 维离散傅里叶变换的函数 fft、fft2 和 fftn，还包括求上述各维离散傅里叶变换的逆变换函数 ifft、ifft2 和 ifftn 等。本节先简要介绍离散傅里叶变换的基本概念和变换公式，然后讨论 MATLAB 中离散傅里叶变换的实现。

7.3.1　离散傅里叶变换算法简介

在某时间片等距地抽取 N 个抽样时间 t_m 处的样本值 $f(t_m)$，且记作 f(m)，这里 m=0，1，2，…，N-1，称向量 F(k)（k=0,1,2,…,N-1）为 f(m)的一个离散傅里叶变换，其中

$$F(k) = \sum_{m=0}^{N-1} f(m) e^{-j2\pi mk/N} \ , \quad k=0,1,\cdots,N\text{-}1$$

因为 MATLAB 不允许有零下标，所以将上述公式中 m 的下标均移动 1，于是便得到相应公式：

$$F(k) = \sum_{m=1}^{N} f(m) e^{-j2\pi(m-1)(k-1)/N}, \ k=1,2,\cdots,N$$

由 f(m)求 F(k)的过程，称为求 f(m)的离散傅里叶变换，或称 F(k)为 f(m)的离散频谱。反之，由 F(k)逆求 f(m)的过程，称为离散傅里叶逆变换，相应的变换公式为：

$$f(m) = \frac{1}{N} \sum_{k=1}^{N} F(k) e^{j2\pi(m-1)(k-1)/N}, \ m=1,2,\cdots,N$$

7.3.2　离散傅里叶变换的实现

MATLAB 提供了对向量或直接对矩阵进行离散傅里叶变换的函数。下面只介绍一维离散傅里叶变换函数，其调用格式与功能为：

（1）fft(X)：返回向量 X 的离散傅里叶变换。设 X 的长度（即元素个数）为 N，若 N 为 2 的幂次，则为以 2 为基数的快速傅里叶变换，否则为运算速度很慢的非 2 幂次的算法。对于矩阵 X，fft(X)应用于矩阵的每一列。

（2）fft(X,N)：计算 N 点离散傅里叶变换。它限定向量的长度为 N，若 X 的长度小于 N，则不足部分补上零；若大于 N，则删去超出 N 的那些元素。对于矩阵 X，它同样应用于矩阵的每一列，只是限定了向量的长度为 N。

（3）fft(X,[],dim)或 fft(X,N,dim)：这是对于矩阵而言的函数调用格式，前者的功能与 fft(X)基本相同，而后者则与 fft(X,N)基本相同。只是当参数 dim=1 时，该函数作用于 X 的每一列；当 dim=2 时，则作用于 X 的每一行。

值得一提的是，当已知给出的样本数 N_0 不是 2 的幂次时，可以取一个 N 使它大于 N_0 且是 2 的幂次，然后利用函数格式 fft(X,N)或 fft(X,N,dim)便可进行快速傅里叶变换。这样，计算速度将大大加快。

相应地，一维离散傅里叶逆变换函数是 ifft。ifft(F)返回 F 的一维离散傅里叶逆变换；ifft(F,N)为 N 点逆变换；ifft(F,[],dim)或 ifft(F,N,dim)则由 N 或 dim 确定逆变换的点数或操作方向。

例 7-10　给定数学函数

$$x(t)=12\sin(2\pi\times10t+\pi/4)+5\cos(2\pi\times40t)$$

取 N=128，试对 t 从 0～1 秒采样，用 fft 作快速傅里叶变换，绘制相应的振幅－频率图。

在 0～1 秒时间范围内采样 128 点，从而可以确定采样周期和采样频率。由于离散傅里叶变换时的下标应是从 0 到 N-1，故在实际应用时下标应该前移 1。又考虑到对离散傅里叶变换来说，其振幅| F(k)|是关于 N/2 对称的，故只须使 k 从 0～N/2 即可。

程序如下：

```
N=128;                              % 采样点数
T=1;                                % 采样时间终点
t=linspace(0,T,N);                  % 给出 N 个采样时间 ti(i=1:N)
x=12*sin(2*pi*10*t+pi/4)+5*cos(2*pi*40*t);  % 求各采样点样本值 x
dt=t(2)-t(1);                       % 采样周期
f=1/dt;                             % 采样频率(Hz)
X=fft(x);                           % 计算 x 的快速傅里叶变换 X
F=X(1:N/2+1);                       % F(k)=X(k)(k=1:N/2+1)
f=f*(0:N/2)/N;                      % 使频率轴 f 从零开始
plot(f,abs(F),'-*')                 % 绘制振幅—频率图
xlabel('Frequency');
ylabel('|F(k)|')
```

运行程序所绘制的振幅—频率图如图 7-2 所示。从图 7-2 可以看出，在幅值曲线上有两个峰值点，对应的频率分别为 10Hz 和 40Hz，这正是给定函数中的两个频率值。

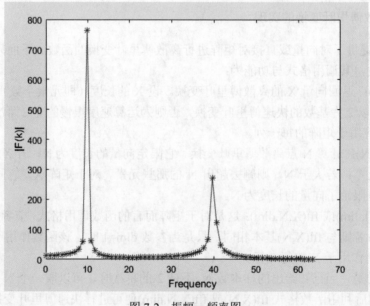

图 7-2　振幅—频率图

求 X 的快速傅里叶逆变换，并与原函数进行比较，命令如下：

```
>> ix=real(ifft(X));                %求逆变换，结果只取实部
>> plot(t,x,t,ix,':')               %逆变换结果和原函数的曲线
>> norm(x-ix)                       %逆变换结果和原函数之间的距离
ans =
    3.2025e-14
```

逆变换结果和原函数曲线如图 7-3 所示，可以看出两者一致。另外，逆变换结果和原函数之间的距离也很接近。

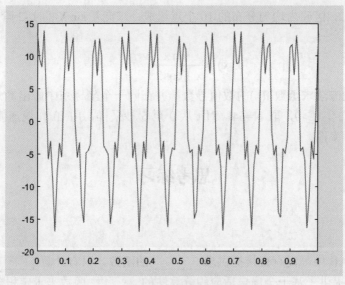

图 7-3   逆变换结果和原函数曲线比较

实验指导

一、实验目的

1. 掌握积分的数值计算方法。

2. 掌握微分的数值计算方法。

3. 了解离散傅里叶变换算法及实现方法。

二、实验内容

1. 求定积分。

（1） $I = \int_0^2 \dfrac{\sin x}{x} dx$

（2） $I = \int_0^1 \left[\dfrac{1}{(x-0.3)^2 + 0.01} - \dfrac{1}{(x-0.9)^2 + 0.04} - 6 \right] dx$

2. 求二重定积分。

（1） $I_1 = \int_0^1 \int_0^1 e^{-(x^2 + y^2)} dxdy$ （2） $I_2 = \int_0^\pi \int_0^\pi |\cos(x+y)| dxdy$

3. 分别用矩形、梯形（trapz）公式计算由表 7-1 中数据给出的定积分 $I = \int_{0.3}^{1.5} f(x)dx$ 。

表 7-1   被积函数 f(x)数据表

k	1	2	3	4	5	6	7
x_k	0.3	0.5	0.7	0.9	1.1	1.3	1.5
$f(x_k)$	0.3895	0.6598	0.9147	1.1611	1.3971	1.6212	1.8325

4．设 X 由[0,2π]区间内均匀分布的 10 个点组成，求向量 sin X 的 1~3 阶差分。

5．设

$$f(x) = \frac{\sin x}{x + \cos 2x}$$

用 3 种不同的方法求函数 f(x)的数值导数，并在同一个坐标系中做出 f'(x)的图像。

6．已知 h(t)=e^{-t}，t≥0，取 N=64，对 t 从 0 至 5 秒采样，用 fft 作快速傅里叶变换，并绘制相应的振幅—频率图。

思考练习

一、填空题

1．在 MATLAB 中，没有直接提供求_____的函数，只有计算_____的函数 diff。

2．MATLAB 提供了基于全局自适应积分算法的_____函数来求定积分，该函数的积分限_____（可以或不可以）为无穷大。

3．基于变步长辛普生法，MATLAB 给出了_____函数和_____函数来求定积分。

4．MATLAB 提供的_____、_____、_____函数用于求二重积分的数值解，_____、_____函数用于求三重积分的数值解。

5．MATLAB 提供了离散傅里叶变换函数 fft，对应的逆变换函数是_____。

二、问答题

1．简述数值微分与积分的计算过程。

2．试用函数 integral、quad、quadl 和 trapz 求积分 $\int_{-\infty}^{\infty} \frac{dx}{1+x^2}$，比较各种算法的精度（$\int_{-\infty}^{\infty} \frac{dx}{1+x^2} = \pi$）。

3．求定积分。

（1）$I = \int_0^1 \frac{\ln(1+x)}{1+x^2} dx$

（2）$I = \int_0^{2\pi} \sqrt{\cos t^2 + 4\sin(2t)^2 + 1} dt$

4．求三重定积分。

$$I = \int_0^1 \int_0^\pi \int_0^\pi 4xze^{-z^2y - x^2} dxdydz$$

5．设 f(x)=sinx，用不同的方法求函数 f(x)的数值导数，并在同一个坐标系中做出 f'(x)的图像。

（1）用一个 5 次多项式 p(x)拟合函数 f(x)，并对 p(x)求一般意义下的导数 dp(x)，求出 dp(x)在假设点的值。

（2）用 diff 函数直接求 f(x)在假设点的数值导数。

（3）先求出导函数 f'(x) = cosx，然后直接求 f'(x)在假设点的导数。

第 8 章　MATLAB 符号运算

在科学研究和工程应用中，除了存在大量的数值计算外，还有对符号对象进行的运算，即在运算时无须事先对变量赋值，而将所得到的结果以标准的符号形式来表示。应用符号计算功能，可以直接对抽象的符号对象进行各种计算，并获得问题的解析结果。

1993 年，MathWorks 公司购买了数学软件 Maple 的使用权。随后，MathWorks 公司利用 Maple 的内核，开发了实现 MATLAB 符号计算的两个工具箱：符号运算工具箱（Symbolic Math Toolbox）和扩展符号运算工具箱（Extended Symbolic Math Toolbox）。从 MATLAB 2008b 开始，MATLAB 采用数学软件 MuPAD 作为内核，以此实现符号计算的功能。

本章介绍符号对象及其有关运算、求微积分的符号方法、级数求和与展开的符号方法以及方程符号的求解。

- MATLAB 符号对象
- MATLAB 符号微积分
- MATLAB 符号级数
- MATLAB 符号方程求解

8.1　符号对象

MATLAB 为用户提供了一种符号数据类型，相应的运算对象称为符号对象。例如，符号常量、符号变量、符号函数以及有它们参与的符号表达式等。在进行符号运算前首先要建立符号对象，然后进行符号对象的运算。

8.1.1　建立符号对象

1. 建立符号变量和符号常量

MATLAB 提供了建立符号对象的函数 sym 和命令 syms，它们的用法有所不同。

（1）sym 函数。

sym 函数用来建立一个符号对象，常用的调用格式为：

　　　符号对象名=sym(A)

该函数由 A 来建立符号对象，A 可以是一个数值常量、数值矩阵或数值表达式（不加单撇号），这时 sym 函数将数值对象转换为符号对象。A 也可以是一个变量名（加单撇号），这时 sym 函数将创建一个符号变量。

应用 sym 函数可以定义符号常量，使用符号常量进行数学运算和使用数值常量进行的运算不同。下面的命令用于比较符号常量与数值常量在数学运算时的差别。

```
>> t=sym(2);                    % 定义符号常量 t
>> t+1/2                        % 符号计算
ans =
5/2
>> sin(sym(pi/3))               % 符号计算
ans =
3^(1/2)/2
>> sin(pi/3)                    % 数值计算
ans =
    0.8660
```

从命令执行情况可以看出，用符号常量进行计算更像在进行数学演算，所得到的结果是精确的数学表达式，而数值计算是将结果近似为一个有限小数。

使用 sym 函数还可以建立符号变量，此后，用户可以在表达式中使用符号变量进行各种运算。符号变量和在其他过程中建立的非符号变量是不同的。一个非符号变量在参与运算前必须赋值，变量的运算实际上是该变量所对应值的运算，其运算结果是一个和变量类型对应的值，而符号变量参与运算前无须赋值，其结果是一个由参与运算的变量名组成的表达式。下面的命令，说明了符号变量和数值变量的差别。

```
>> a=sym('a');                  %定义符号变量 a,b
>> b=sym('b');
>> x=5;                         %定义数值变量 x,y
>> y=-8;
>> w=(a+b)*(a-b)                %符号运算
w =
(a + b)*(a - b)
>> w=(x+y)*(x-y)                %数值运算
w =
    -39
>> whos                         %查看内存变量
```

Name	Size	Bytes	Class	Attributes
a	1x1	112	sym	
b	1x1	112	sym	
w	1x1	8	double	
x	1x1	8	double	
y	1x1	8	double	

从命令执行情况可以看出，定义了 2 个符号变量 a、b，2 个数值变量 x、y，w 开始为符号变量，重新被赋值后，变为数值变量。

（2）syms 命令。

函数 sym 一次只能定义一个符号变量，使用不方便。MATLAB 提供了命令 syms，一次可以定义多个符号变量。syms 命令的一般调用格式为：

    syms 符号变量名 1 符号变量名 2 … 符号变量名 n

用这种格式定义符号变量时不要在变量名上加单撇号，变量间用空格而不要用逗号分隔。例如，用 syms 函数定义 3 个符号变量 a、b、pi，并进行计算，命令如下：

```
>> syms a b pi
>> sin(pi/3)+a*a+b*b
ans =
a^2 + b^2 + 3^(1/2)/2
```

2. 建立符号表达式

通过+、−、*、/、^等运算符将已经定义的符号对象连接起来，就组成了符号表达式。例如：

```
>> x=sym(2/3)
x =
2/3
>> y=x+1                        %建立符号表达式
ans =
5/3
>> a=sym('a');
>> b=sym('b');
>> f=a*a+b*b==100              %建立符号方程
f =
a^2 + b^2 == 100
>> syms x y;
>> V=3*x^2-5*y+2*x*y+6         %建立符号表达式
V =
3*x^2 + 2*y*x - 5*y + 6
>> w=[1,x,y;2,x*x,y*y]         %建立符号矩阵
w =
[ 1,   x,   y]
[ 2, x^2, y^2]
```

8.1.2　符号表达式运算

1. 符号表达式的四则运算

符号表达式的四则运算与数值运算一样，用+、−、*、/、^等运算符实现，其运算结果依
然是一个符号表达式。例如：

```
>> syms x y z;
>> f=2*x^2+3*x-5;
>> g=x^2-x+7;
>> f+g
ans =
3*x^2 + 2*x + 2
>> f=(x*x-y*y)/(x-y)
f =
(x^2 - y^2)/(x - y)
```

有时候，MATLAB 并未将结果化为最简形式。例如，上面最后一个符号表达式的结果不
是 x+y，而是(x^2-y^2)/(x-y)。

2. 符号表达式的提取分子和分母运算

如果符号表达式是一个有理分式或可以展开为有理分式，可利用 numden 函数来提取符号
表达式中的分子或分母，其一般调用格式为：

```
[n,d]=numden(s)
```
该函数提取符号表达式 s 的分子和分母，分别将它们存放在 n 与 d 中。例如：
```
>> a=sym(0.333)
a =
333/1000
>> [n,d]=numden(a)
n =
333
d =
1000
>> syms a b x
>> f=a*x^2/(b+x)
f =
(a*x^2)/(b + x)
>> [n,d]=numden(f)
n=
a*x^2
d=
b + x
```
numden 函数在提取各部分之前，先将符号表达式有理化，返回所得的分子和分母。例如：
```
>> syms x
>> g=(x^2+3)/(2*x-1)+3*x/(x-1)
g =
(3*x)/(x - 1) + (x^2 + 3)/(2*x - 1)
>> [n,d]=numden(g)
n=
x^3 + 5*x^2 - 3
d =
(2*x - 1)*(x - 1)
```
如果符号表达式是一个符号矩阵，numden 返回两个新矩阵 n 和 d，其中 n 是分子矩阵，d 是分母矩阵。例如：
```
>> syms a x y
>> h=[3/2,(2*x+1)/3;a/x+a/y,3*x+4]
h =
[3/2, (2*x)/3 + 1/3]
[ a/x + a/y, 3*x + 4]
>> [n,d]=numden(h)
n =
[3, 2*x + 1]
[ a*(x + y), 3*x + 4]
d =
[2, 3]
[ x*y, 1]
```
3. 符号表达式的因式分解与展开
MATLAB 提供了符号表达式的因式分解与展开的函数，函数的调用格式为：

（1）factor(s)：对符号表达式 s 分解因式。

（2）expand(s)：对符号表达式 s 进行展开。

（3）collect(s)：对符号表达式 s 合并同类项。

（4）collect(s,v)：对符号表达式 s 按变量 v 合并同类项。

例如：

```
>> syms a b x y;
>> A=a^3-b^3;
>> factor(A)                    %对 A 分解因式
ans =
[ a - b, a^2 + a*b + b^2]
>> s=(-7*x^2-8*y^2)*(-x^2+3*y^2);
>> expand(s)                    %对 s 展开
ans =
7*x^4 - 13*x^2*y^2 - 24*y^4
>> collect(s,x)                 %对 s 按变量 x 合并同类项（无同类项）
ans =
7*x^4 - 13*x^2*y^2 - 24*y^4
>> factor(sym(420))             % 对符号整数分解素因式
ans =
[ 2, 2, 3, 5, 7]
```

4. 符号表达式系数的提取

如果符号表达式是一个多项式，可利用 coeffs 函数来提取符号表达式中的系数。其一般调用格式为：

```
c=coeffs(s[,x])
```

该函数返回多项式中按指定变量升幂顺序排列的系数，若没有指定变量，则返回所有项的常系数，且按离字符"x"近原则确定主变量。例如：

```
>> syms x y
>> s = 5*x*y^3 + 3*x^2*y^2 + 2*y + 1;
>> coeffs(s)                    %求所有项的常系数，按 x 的升幂排列
[ 1, 2, 3, 5]
>> coeffs(s,y)                  %求变量 y 的系数
[ 1, 2, 3*x^2, 5*x]
```

5. 符号表达式的化简

MATLAB 提供 simplify(s)函数对符号表达式 s 进行化简。例如：

```
>> syms x y a
>> s=log(2*x/y);
>> simplify(s)
ans =
log((2*x)/y)
>> s=(-a^2+1)/(1-a);
>> simplify(s)
ans =
a + 1
```

6. 符号表达式与数值表达式之间的转换

利用函数 sym 可以将数值表达式变换成它的符号表达式。例如：

```
>> sym(1.5)
ans =
3/2
>> sym(3.14)
ans =
157/50
```

函数 eval 可以将符号表达式变换成数值表达式。例如：

```
>> y=sym('x')              %定义符号变量 y，它代表 x
y =
x
>> x=10;                   %定义数值变量 x
>> a=y+1                   %符号运算
a =
x + 1
>> eval(a)                 %计算数值表达式 x+1 的值
ans =
     11
```

7. 符号多项式与多项式系数向量之间的转换

利用函数 sym2poly 可以将符号多项式转换为多项式系数向量，而函数 poly2sym 可以将多项式系数向量转换为符号多项式。例如：

```
>> syms x
>> u=sym2poly(x^3 - 2*x - 5)
u =
     1      0     -2     -5
>> v=poly2sym(u,y)
v =
y^3 - 2*y - 5
```

在调用 poly2sym 函数时，若未指定自变量，则采用系统默认自变量 x。

8.1.3　符号表达式中变量的确定

sysvar 函数可以帮助用户查找一个符号表达式中的符号变量，其调用格式为：

```
symvar(s[,n])
```

该函数以向量形式返回符号表达式 s 中的 n 个符号变量，若没有指定 n，则返回 s 中的全部符号变量。例如：

```
>> syms x a y z b;         %定义 5 个符号变量
>> s1=3*x+y;s2=a*y+b;      %定义 2 个符号表达式
>> symvar(s1)
ans =
[ x, y]
>> symvar(s2,2)
ans =
[ y, b]
```

```
>> symvar(s1+s2)
ans =
[ a, b, x, y]
```

　　在求函数的极限、导数和积分时，如果用户没有明确指定自变量，MATLAB 将按以下原则确定主变量并对其进行相应的微积分运算。

　　（1）寻找除 i、j 之外，在字母顺序上最接近 x 的小写字符。

　　（2）若表达式中有两个符号变量与 x 的距离相等，则 ASCII 大者优先。

　　可用 symvar(s,1)查找表达式 s 的主变量。例如：

```
>> syms a b w y z
>> symvar(a*z+b*w,1)
ans =
w
>> symvar(a*y+b*w,1)
ans =
y
```

8.1.4　符号矩阵的运算

　　符号矩阵也是一种符号表达式，所以前面介绍的符号表达式运算都可以在矩阵意义下进行。但应注意这些函数作用于符号矩阵时，是分别作用于矩阵的每一个元素。例如，建立如下符号矩阵并化简。

$$m = \begin{bmatrix} \dfrac{1}{x} & \sin^2 x + \cos^2 x & b^2 \\ 1 & 12 & x^2 - y^2 \end{bmatrix}$$

```
>> syms a b x y
>> m=[1/x,sin(x)*sin(x)+cos(x)*cos(x),b^2;1,12,x^2-y^2]
m =
[ 1/x, cos(x)^2 + sin(x)^2,        b^2]
[   1,                  12, x^2 - y^2]
>> simplify(m)          %对符号矩阵化简处理
ans =
[ 1/x,    1,        b^2]
[   1, 12, x^2 - y^2]
```

　　由于符号矩阵是一个矩阵，所以符号矩阵还能进行有关矩阵的运算。前几章介绍过的应用于数值矩阵的点运算符和函数，如 diag、triu、tril、inv、det、rank、eig 等，也可直接应用于符号矩阵。下面定义一个符号矩阵，并进行各种符号运算。

```
>> A=[sin(x),cos(x);acos(x),asin(x)]
A =
[   sin(x),   cos(x)]
[ acos(x), asin(x)]
>> B=A.'                          %求转置矩阵。注意有点运算符
B =
[   sin(x), acos(x)]
[   cos(x), asin(x)]
```

```
>> C=diag(A,1)                          %求矩阵对角线元素
C =
cos(x)
>> D=triu(A)                            %求上三角矩阵
D =
[ sin(x),   cos(x)]
[     0, asin(x)]
>> n=rank(A)                            %求秩
n =
    2
```

8.2　符号微积分

微积分的数值计算方法只能求出以数值表示的近似解，而无法得到以函数形式表示的解析解。在 MATLAB 中，可以通过符号运算获得微积分的解析解。

8.2.1　符号极限

MATLAB 中求函数极限的函数是 limit，可用来求函数在指定点的极限值和左右极限值。对于极限值为"没有定义"的极限，MATLAB 给出的结果为 NaN，极限值为无穷大时，MATLAB 给出的结果为 inf。limit 函数的调用格式为：

（1）limit(f,x,a)：求符号函数 $f(x)$ 的极限值 $\lim\limits_{x \to a} f(x)$。即计算当变量 x 趋近于常数 a 时，$f(x)$ 函数的极限值。

（2）limit(f,a)：求符号函数 $f(x)$ 的极限值。由于没有指定符号函数 $f(x)$ 的自变量，则使用该格式时，符号函数 $f(x)$ 的变量为函数 symvar(f)确定的默认自变量，即变量 x 趋近于 a。

（3）limit(f)：求符号函数 $f(x)$ 的极限值。符号函数 $f(x)$ 的变量为函数 symvar(f)确定的默认变量；没有指定变量的目标值时，系统默认变量趋近于 0，即 a=0 的情况。

（4）limit(f,x,a,'right')：求符号函数 f 的极限值 $\lim\limits_{x \to a^+} f(x)$。'right'表示变量 x 从右边趋近于 a。

（5）limit(f,x,a,'left')：求符号函数 f 的极限值 $\lim\limits_{x \to a^-} f(x)$。'left'表示变量 x 从左边趋近于 a。

例 8-1　求下列极限。

（1）$\lim\limits_{x \to a} \dfrac{x(e^{\sin x}+1)-2(e^{\tan x}-1)}{x+a}$

（2）$\lim\limits_{x \to \infty}(1+\dfrac{2t}{x})^{3x}$

（3）$\lim\limits_{x \to +\infty} x(\sqrt{x^2+1}-x)$

（4）$\lim\limits_{x \to 2^+} \dfrac{\sqrt{x}-\sqrt{2}-\sqrt{x-2}}{\sqrt{x^2-4}}$

（1）命令如下：

```
>> syms a x;
>> f=(x*(exp(sin(x))+1)-2*(exp(tan(x))-1))/(x+a);
>> limit(f,x,a)
ans =
(a*(exp(sin(a)) + 1) - 2*exp(sin(a)/cos(a)) + 2)/(2*a)
```

（2）命令如下：
```
>> syms x t;
>> limit((1+2*t/x)^(3*x),x,inf)
ans =
exp(6*t)
```
（3）命令如下：
```
>> syms x;
>> f=x*(sqrt(x^2+1)-x);
>> limit(f,x,inf,'left')
ans =
1/2
```
（4）命令如下：
```
>> syms x;
>> f=(sqrt(x)-sqrt(2)-sqrt(x-2))/sqrt(x*x-4);
>> limit(f,x,2,'right')
ans =
-1/2
```

8.2.2　符号导数

diff 函数用于对符号表达式求导数，其一般调用格式为：

（1）diff(s)：没有指定变量和导数阶数，则系统按 symvar 函数指示的默认变量对符号表达式 s 求一阶导数。

（2）diff(s,'v')：以 v 为自变量，对符号表达式 s 求一阶导数。

（3）diff(s,n)：按 symvar 函数指示的默认变量对符号表达式 s 求 n 阶导数，n 为正整数。

（4）diff(s,'v',n)：以 v 为自变量，对符号表达式 s 求 n 阶导数。

例 8-2　求下列函数的导数。

（1）$y = e^{-x} + x$，求 y'。　　　　（2）$y=\cos(x^2)$，求 y''、y'''。

（3）$\begin{cases} x = a\cos t \\ y = a\sin t \end{cases}$，求 y'_x、y''_x。　　（4）$z = x + \dfrac{1}{y^2}$，求 z'_x、z'_y。

命令如下：
```
>> syms x y z a t;
>> f=exp(-x)+x;
>> diff(f)                    %求（1）。未指定求导变量和阶数，按默认规则处理
ans =
1 - exp(-x)
>> f=cos(x*x);
>> diff(f,x,2)               %求（2）。求 f 对 x 的二阶导数
ans =
- 2*sin(x^2) - 4*x^2*cos(x^2)
>> diff(f,x,3)               %求（2）。求 f 对 x 的三阶导数
ans =
8*x^3*sin(x^2) - 12*x*cos(x^2)
>> f1=a*cos(t);f2=b*sin(t);
```

```
>> diff(f2)/diff(f1)                      %求（3）。按参数方程求导公式求 y 对 x 的导数
ans =
-(b*cos(t))/(a*sin(t))
>> (diff(f1)*diff(f2,2)-diff(f1,2)*diff(f2))/(diff(f1))^3      %求（3）。求 y 对 x 的二阶导数
ans =
-(a*b*cos(t)^2 + a*b*sin(t)^2)/(a^3*sin(t)^3)
>> f=x+1/y^2;
>> diff(f,x)                              %求（4）。z 对 x 的偏导数
ans =
1
>> diff(f,y)                              %求（4）。z 对 y 的偏导数
ans =
-2/y^3
```

8.2.3 符号积分

符号积分由函数 int 来实现。该函数的一般调用格式为：

（1）int(s)：没有指定积分变量和积分阶数时，系统按 symvar 函数指示的默认变量对被积函数或符号表达式 s 求不定积分。

（2）int(s,v)：以 v 为自变量，对被积函数或符号表达式 s 求不定积分。

（3）int(s,v,a,b)：求定积分运算。A 和 b 分别表示定积分的下限和上限。该函数求被积函数在区间[a,b]上的定积分。a 和 b 可以是两个具体的数，也可以是一个符号表达式，还可以是无穷（inf）。当函数 f 关于变量 x 在闭区间[a,b]上可积时，函数返回一个定积分结果。当 a 和 b 中有一个是 inf 时，函数返回一个广义积分。当 a,b 中有一个符号表达式时，函数返回一个符号函数。

例 8-3 求下列积分。

（1）$\displaystyle\int \frac{1}{1+x^2}dx$

（2）$\displaystyle\int e^t dt,\quad \int e^{\alpha t}dt$

（3）$\displaystyle\int_0^2 \sqrt{\frac{1}{1+x}}dx$

（4）$\displaystyle\int_2^{\sin x} 4xt\,dt$

命令如下：

```
>> x=sym('x');
>> f=1/(1+x^2);
>> int(f)                       %求不定积分（1）
ans =
atan(x)
>> syms alpha t
>> int([exp(t),exp(alpha*t)])   %求（2）
ans =
[ exp(t), exp(alpha*t)/alpha]
>> f=sqrt(1/(1+x));
>> int(f,0,2)                   %求定积分（3）
ans =
2*3^(1/2) - 2
```

```
>> int(4*x*t,t,2,sin(x))                    %求定积分（4）
ans =
-2*x*(cos(x)^2 + 3)
```

8.3　级数

级数是表示函数、研究函数性质以及进行数值计算的一种工具，特别是可以利用收敛的无穷级数来逼近一些无理数，使它们的求值变得更加方便。

8.3.1　级数符号求和

之前曾讨论过有限级数求和的函数 sum，sum 处理的级数是以一个向量形式表示的，并且只能是有穷级数，对于无穷级数求和，sum 是无能为力的。求无穷级数的和需要符号表达式求和函数 symsum，其调用格式为：

symsum(s,v,n,m)

其中，s 表示一个级数的通项，是一个符号表达式。v 是求和变量，v 省略时使用系统的默认变量。n 和 m 是求和的开始项和末项。

例 8-4　求下列级数之和。

（1）$1+\dfrac{1}{4}+\dfrac{1}{9}+\dfrac{1}{16}+\cdots+\dfrac{1}{n^2}+\cdots$

（2）$1+\dfrac{1}{3}+\dfrac{1}{5}+\cdots+\dfrac{1}{19}$

命令如下：

```
>> syms n;
>> s=symsum(1/n^2,1,inf)              %求（1）
s=
pi^2/6
>> y=symsum(1/(2*n-1),1,10)           %求（2）
y =
31037876/14549535
>> eval(y)                            %转换为数值
ans =
    2.1333
```

8.3.2　函数的泰勒级数

泰勒（Taylor）级数将一个任意函数表示为一个幂级数。在许多情况下，只需要取幂级数的前有限项来表示该函数，这对于大多数工程应用问题来说，精度已经足够。MATLAB 提供了 taylor 函数将函数展开为幂级数，其调用格式为：

taylor(f,v,a)
taylor(f,v,a,Name,Value)

该函数将函数 f 按变量 v 展开为泰勒级数，v 的默认值与 symvar 函数指示的默认变量相同。参数 a 指定将函数 f 在自变量 v=a 处展开，a 的默认值是 0。第二种格式用于运算时设置相关选项，Name 和 Value 成对使用，Name 为选项，Value 为 Name 的值。Name 有 3 个可取字符串：

（1）'ExpansionPoint'：指定展开点，对应值为标量或向量。未设置时，展开点为 0。

（2）'Order'：指定截断阶，对应值为一个正整数。未设置时，截断阶为 6，即展开式的最高阶为 5。

（3）'OrderMode'：指定展开式采用绝对阶或相对阶，对应值为'Absolute' 或'Relative'。未设置时取'Absolute'。

例 8-5 求函数在指定点的泰勒级数展开式。

（1）求 $\dfrac{1+x+x^2}{1-x+x^2}$ 的 5 阶泰勒级数展开式。

（2）将 ln(x)在 x=1 处按 5 阶多项式展开。

命令如下：

```
>> syms x;
>> f1=(1+x+x^2)/(1-x+x^2);
>> taylor(f1)                    %求（1）
ans =
- 2*x^5 - 2*x^4 + 2*x^2 + 2*x + 1
>> f2=log(x);
>> taylor(f2,x,1,'Order',6)      %求（2）。展开到 x-1 的 5 次幂时应选择 n=6
ans =
x - (x - 1)^2/2 + (x - 1)^3/3 - (x - 1)^4/4 + (x - 1)^5/5 - 1
```

8.4 符号方程求解

前面介绍了代数方程以及常微分方程数值求解的方法，在 MATLAB 中也提供了 solve 和 dsolve 函数，用于符号运算求解代数方程和常微分方程。

8.4.1 符号代数方程求解

代数方程是指未涉及微积分运算的方程，相对比较简单。在 MATLAB 中，求解用符号表达式表示的代数方程可由函数 solve 实现，其调用格式为：

（1）solve(s)：求解符号表达式 s 的代数方程，求解变量为默认变量。

（2）solve(s,v)：求解符号表达式 s 的代数方程，求解变量为 v。

（3）solve([s1,s2,…,sn],[v1,v2,…,vn])：求解符号表达式 s1,s2,…,sn 组成的代数方程组，求解变量分别为 v1,v2,…,vn。

例 8-6 解下列方程。

（1）$\dfrac{1}{x+2}+a=\dfrac{1}{x-2}$

（2）$\begin{cases} x+2y-z=27 \\ x+z=3 \\ x^2+3y^2=12 \end{cases}$

命令如下：

```
>> syms x y z a
>> x=solve(1/(x+2)+a==1/(x-2),x)       %解方程（1）
```

```
x =
 -(2*(a*(a + 1))^(1/2))/a
  (2*(a*(a + 1))^(1/2))/a
>> syms x y z
>> [x,y,z]=solve([x+2*y-z==27,x+z==3,x^2+3*y^2==12],[x,y,z])        %解方程（2）
x =
  (627^(1/2)*1i)/4 + 45/4
  45/4 - (627^(1/2)*1i)/4
y =
  15/4 - (627^(1/2)*1i)/4
  (627^(1/2)*1i)/4 + 15/4
z =
 - (627^(1/2)*1i)/4 - 33/4
   (627^(1/2)*1i)/4 - 33/4
```

8.4.2 符号常微分方程求解

在 MATLAB 中，用大写字母 D 表示导数。例如，Dy 表示 y'，D2y 表示 y''，Dy(0)=5 表示 $y'(0)=5$。D3y+D2y+Dy-x+5=0 表示微分方程 $y'''+y''+y'-x+5=0$。符号常微分方程求解可以通过函数 dsolve 来实现，其调用格式为：

　　　dsolve(e,c,v)

该函数求解常微分方程 e 在初值条件 c 下的特解。参数 v 描述方程中的自变量，省略时按默认原则进行处理，若没有给出初值条件 c，则求方程的通解。

dsolve 在求常微分方程组时的调用格式为：

　　　dsolve(e1,e2,…,en,c1,…,cn,v1,…,vn)

该函数求解常微分方程组 e1,…,en 在初值条件 c1,…,cn 下的特解，若不给出初值条件，则求方程组的通解，v1,…,vn 给出求解变量。

若边界条件少于方程（组）的阶数，则返回的解中会出现任意常数 C1,C2,…。dsolve 函数最多可以接受 12 个输入参量（包括方程组与定解条件个数）。若没有给定输出参量，则在命令行窗口显示解列表。若该命令得不到解析解，则返回一个警告信息，同时返回一个空的 sym 对象。这时，用户可以用命令 ode23 或 ode45 求解方程组的数值解。

例 8-7　求下列微分方程的解。

（1）求 $\dfrac{dy}{dt}=\dfrac{t^2+y^2}{2t^2}$ 的通解。

（2）求 $\dfrac{dy}{dt}=2xy^2$ 当 y(0)=1 时的特解。

（3）求 $\begin{cases}\dfrac{dx}{dt}=4x-2y\\[2mm]\dfrac{dy}{dt}=2x-y\end{cases}$ 的通解。

命令如下：

```
>> y=dsolve('Dy==(t^2+y^2)/t^2/2','t')            %解方程（1）
y =
            t
```

```
      -t*(1/(C5 + log(t)/2) - 1)
>> y=dsolve('Dy==2*x*y^2','y(0)=1','x')          %解方程（2）
y =
-1/(x^2-1)
>> [x,y]=dsolve('Dx==4*x-2*y','Dy==2*x-y','t')    %解方程组（3）
x =
C11/2 + 2*C10*exp(3*t)
y =
C11 + C10*exp(3*t)
```

实验指导

一、实验目的

1. 掌握符号对象的定义方法以及符号表达式的运算法则。
2. 掌握微积分的符号计算方法。
3. 掌握级数求和的方法以及将函数展开为泰勒级数的方法。
4. 掌握代数方程和微分方程符号求解的方法。

二、实验内容

1. 分解因式。

（1）$x^4 - y^4$ （2）5135

2. 求函数的极限。

（1）$\lim\limits_{x \to 2} \dfrac{x-2}{x^2-4}$ （2）$\lim\limits_{x \to -1^+} \dfrac{\sqrt{\pi} - \sqrt{\arccos x}}{\sqrt{x+1}}$

3. 求函数的符号导数。

（1）$y = \sin\dfrac{1}{x}$，求 y'、y''。

（2）$y = \dfrac{1 - \cos(2x)}{x}$，求 y'、y''。

4. 求积分。

（1）$\displaystyle\int \sqrt{e^x + 1}\, dx$ （2）$\displaystyle\int \dfrac{x}{x+y}\, dy$

（3）$\displaystyle\int_0^{\ln 2} e^x (1 + e^x)^2 \, dx$ （4）$\displaystyle\int_1^e x \ln x \, dx$

5. 求下列级数之和。

（1）$1 - \dfrac{1}{2} + \dfrac{1}{3} - \dfrac{1}{4} + \cdots + (-1)^{n+1} \dfrac{1}{n} + \cdots$

（2）$x + \dfrac{x^3}{3} + \dfrac{x^5}{5} + \dfrac{x^7}{7} + \cdots$

6. 求函数在 $x = x_0$ 的泰勒展开式。

（1） $y = \dfrac{e^x + e^{-x}}{2}$，$x_0=0$，n=5。　　　　（2） $y = \sqrt{x^3 - 2x + 1}$，$x_0=0$，n=6。

7．求非线性方程的符号解。

（1） $x^3 + ax + 1 = 0$

（2） $\sin x + 2\cos x - \sqrt{x} = 0$

（3） $\begin{cases} \ln \dfrac{x}{y} = 9 \\ e^{x+y} = 3 \end{cases}$

8．求微分方程初值问题的符号解，并与数值解进行比较。

$$xy'' + (1-n)y' + y = 0$$
$$y(0) = y'(0) = 0$$

思考练习

一、填空题

1．表达式 1+1/2 的值是_____，表达式 1+1/sym(2)的值是_____。

2．函数 factor(sym(15))的值是_____。

3．在命令行窗口输入下列命令：

```
>> f=sym(1);
>> eval(int(f,1,4))
```

则命令执行后的输出结果是_____。

4．在命令行窗口输入下列命令：

```
>> syms n;
>> s=symsum(n,1,10)
```

则命令执行后 s 的值是_____。

5．在 MATLAB 中，函数 solve(s,v)用于代数方程符号求解，其中 s 代表_____，v 代表_____。

6．MATLAB 用于符号计算的常用可视化分析工具有_____和_____。

二、问答题

1．试比较下列表达式的数值计算和符号计算结果有何不同？如何将符号计算结果转换为数值结果？

（1） $\dfrac{1}{2} + \dfrac{2}{3}$　　　　　（2） $\pi + \sqrt{5}$　　　　　（3） $\dfrac{1+\sqrt{y}}{2}$，其中 y 的值为 36

2．化简表达式。

（1） $2\cos^2 x - \sin^2 x$　　　　　（2） $\sin\beta_1 \cos\beta_2 - \cos\beta_1 \sin\beta_2$

（3） $\sqrt{\dfrac{a+\sqrt{a^2-b}}{2}} + \sqrt{\dfrac{a-\sqrt{a^2-b}}{2}}$　　　　　（4） $\dfrac{4x^2+8x+3}{2x+1}$

3．求函数的极限。

（1）$\lim\limits_{x \to 0^-} \dfrac{|x|}{x}$

（2）$\lim\limits_{x \to +\infty} \left(x + \dfrac{a}{x} \right)^x$

4．求函数的符号导数。

（1）$y = \sqrt{x + \sqrt{x + \sqrt{x}}}$，求 y'、y''。

（2）$z = x + y - \sqrt{x^2 + y^2}$，求 $\dfrac{\partial z}{\partial x}$、$\dfrac{\partial z}{\partial y}$。

5．求不定积分。

（1）$\displaystyle\int \dfrac{1}{\sin x} dx$

（2）$\displaystyle\int \dfrac{dx}{(\arcsin x)^2 \sqrt{1-x^2}}$

6．用数值计算与符号计算两种方法求给定函数的定积分，并对结果进行比较。

（1）$\displaystyle\int_0^4 \dfrac{dx}{1+\sqrt{x}}$

（2）$\displaystyle\int_{-1}^1 \dfrac{x^3 \sin^2 x \, dx}{x^6 + 2x^4 + 1}$

7．求下列级数之和。

（1）$\dfrac{1}{4} + \dfrac{1}{16} + \dfrac{1}{64} + \cdots + \dfrac{1}{4^n} + \cdots$

（2）$\sqrt{2} + \sqrt{\dfrac{3}{2}} + \sqrt{\dfrac{4}{3}} + \cdots + \sqrt{\dfrac{n+1}{n}} + \cdots$

8．求函数在 $x = x_0$ 的泰勒级数展开式。

（1）$y = \tan x$，$x_0 = 2$，$n = 3$。

（2）$y = \sin^2 x$，$x_0 = 0$，$n = 5$。

9．求非线性方程的符号解。

（1）$\ln(1+x) - \dfrac{5}{1 + \sin x} = 2$

（2）$\begin{cases} \dfrac{4x^2}{4x^2 + 1} = y \\[3mm] \dfrac{4y^2}{4y^2 + 1} = z \\[3mm] \dfrac{4z^2}{4z^2 + 1} = x \end{cases}$

10．求一阶微分方程组的特解。

$$\begin{cases} \dfrac{dx}{dt} = 3x + 4y \\[3mm] \dfrac{dy}{dt} = 5x - 7y \\[2mm] x(0) = 0 \\[1mm] y(0) = 1 \end{cases}$$

第 9 章　MATLAB 图形句柄

第 4 章介绍了很多 MATLAB 高层绘图函数，这些函数都是将不同的曲线或曲面绘制在图形窗口中，而图形窗口也就是由不同图形对象（如坐标轴、曲线、曲面或文本等）组成的图形界面。MATLAB 给每个图形对象分配了一个标识符，称为句柄。之后可以通过句柄对图形对象的属性进行设置，也可以获取有关属性，从而能够更加自主地绘制各种图形。

直接对图形句柄进行操作的绘图方法称为低层绘图操作。相对于高层绘图，低层绘图操作控制和表现图形的能力更强。事实上，MATLAB 的高层绘图函数都是利用低层绘图函数而建立起来的，相当于系统为用户做了许多细节性的工作，使用起来很方便。但有时单靠高层绘图不能满足要求，例如绘制特殊图形、建立图形用户界面等，这时就需要图形句柄操作。

本章主要介绍 MATLAB 图形对象句柄的概念、图形窗口与坐标轴对象的操作以及 MATLAB 低层绘图操作。

本章要点

- MATLAB 图形对象及其句柄
- MATLAB 图形对象属性
- MATLAB 图形窗口与坐标轴对象
- MATLAB 低层绘图操作

9.1　图形对象及其句柄

MATLAB 的图形系统是面向图形对象的。图形对象是 MATLAB 描述具有类似特征的图形元素的集合，是用于显示图形和设计用户界面的基本要素。

9.1.1　图形对象

在 MATLAB 中，每一个具体的图形都是由若干个不同的图形对象组成的。所有的图形对象都是按父对象和子对象的方式组成层次结构，其形式如图 9-1 所示。

在图形对象的层次结构中，计算机屏幕是产生其他对象的基础，称为根对象（Root）。MATLAB 图形系统只有一个根对象，其他对象都是它的子对象。当 MATLAB 启动时，系统自动创建根对象。

图形窗口（Figure）是显示图形和用户界面的窗口。用户可建立多个图形窗口，所有图形窗口对象的父对象都是根对象，而其他图形对象都是图形窗口的子对象。图形窗口对象有 3 种子对象：坐标轴（Axes）、用户界面对象（User Interface，UI）和标注对象（Annotation）。用户界面对象用于构建图形用户界面，在第 10 章将做专门介绍。标注对象用于给图形添加标注，从而增强图形的表现能力。通常可以利用图形窗口的工具栏或 Insert 菜单给图形添加标注，但也可以用 annotation 函数通过创建标注对象来添加标注。坐标轴有 3 种子对象：核心对象（Core Objects）、绘图对象（Plot Objects）和组对象（Group Objects）。对坐标轴及其 3 种子对象的操作即构成低层绘图操作，也就是对图形句柄的操作。

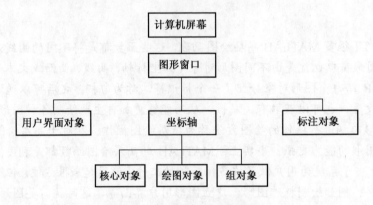

图 9-1   图形对象的层次结构

根对象可包含一个或多个图形窗口，每一个图形窗口可包含一组或多组坐标轴，每一组坐标轴上又可绘制多种图形。核心图形对象包括曲线、曲面、文本、图像、区域块、方块和光源对象等基本的绘图对象，它们都是坐标轴的子对象。创建图形对象的低层绘图函数与所创对象有相同名称。例如，line 函数创建曲线对象（Line）、text 函数创建文本对象（Text）等。在 9.3 节将详细介绍这些函数的用法。

绘图对象是由核心图形对象组合而成，绘图对象的属性提供了获取核心图形对象重要属性的简便途径。组对象允许将坐标轴的多个子对象作为一个整体进行处理。例如，可以使整个组可见或不可见、单击组对象时可选择该组所有对象或用一个变换矩阵改变对象的位置等。组对象中包括 hggroup 和 hgtransform 两种子对象。

9.1.2   图形对象句柄

句柄（Handle）是图形对象的唯一标识符，不同对象的句柄不同。在以前的 MATLAB 版本中，MATLAB 在创建每一个图形对象时，都会为该对象分配唯一的数值，图形对象句柄是一个数值，而从 MATLAB R2014b 起，图形对象句柄就代表图形对象，句柄变量相当于对象名，可以是一个图形对象的标识。

例 9-1   绘制曲线并查看有关对象的句柄。

命令如下：

```
>> x=0:pi/10:2*pi;
>> y=sin(x);
>> h0=plot(x,y,'r')              %曲线对象的句柄
h0 =
    Line (具有属性):
            Color: [1 0 0]
        LineStyle: '-'
        LineWidth: 0.5000
```

```
               Marker: 'none'
           MarkerSize: 6
      MarkerFaceColor: 'none'
                XData: [1x21 double]
                YData: [1x21 double]
                ZData: [1x0 double]
```

plot 函数绘制二维曲线，返回图形句柄，存入变量 h0 中，h0 表示一个具体的曲线对象。通过图形句柄可以访问图形对象的属性，例如：

```
>> h0.Color
ans =
     1     0     0
```

说明 h0 对象的 Color 属性是[1,0,0]，即曲线的颜色是红色。也可以通过下面的命令来改变曲线对象的颜色。

```
h0.Color=[0,1,0];
```

将颜色从红色改为绿色。

MATLAB 提供了若干个函数用于获取已有图形对象的句柄，常用的函数如表 9-1 所示。

表 9-1　常用的获取图形对象句柄的函数

函数	功能
gcf	获取当前图形窗口的句柄（get current figure）
gca	获取当前坐标轴的句柄（get current axis）
gco	获取最近被选中的图形对象的句柄（get current object）
findobj	按照指定的属性来获取图形对象的句柄

例如：

```
>> h1=gcf                          %图形窗口句柄
h1 =
  Figure (1) (具有属性):
      Number: 1
        Name: ''
       Color: [0.9400 0.9400 0.9400]
    Position: [520 378 560 420]
       Units: 'pixels'
```

9.1.3　图形对象属性

每种图形对象都具有各种各样的属性，MATLAB 正是通过对属性的操作来控制和改变图形对象的。

1. 属性名与属性值

为方便属性的操作，MATLAB 给每种对象的每一个属性都规定了一个名字，称为属性名，而属性名的取值称为属性值。例如，LineStyle 是曲线对象的一个属性名，它的值决定着线型，取值可以是-、:、-.、--或 none。在属性名的写法中，不区分字母的大小写，而且在不引起歧义的前提下，属性名不必写全。例如，lines 就代表 LineStyle。此外，属性名要用单撇号括起来。

2．属性的操作

当创建一个对象时，必须给对象的各种属性赋予必要的属性值，否则，系统自动使用默认属性值。用户可以通过 set 函数重新设置对象属性，同时也可以通过 get 函数获取这些属性值。

set 函数的调用格式为：

set(图形句柄,属性名 1,属性值 1,属性名 2,属性值 2,…)

其中，图形句柄用于指明要操作的图形对象。如果在调用 set 函数时省略全部属性名和属性值，则将显示出句柄所有的允许属性。

绘制二维曲线时，通过选择不同的选项可以设置曲线的颜色、线型和数据点的标记符号，下面用图形句柄操作来实现。假定要绘制正弦曲线，命令如下：

```
>> x=0:pi/10:2*pi;
>> h=plot(x,sin(x));
>> set(h,'Color','r','LineStyle',':','Marker','p');
```

先用默认属性绘制正弦曲线并保存曲线句柄，然后通过改变曲线的属性来设置曲线的颜色、线型和数据点的标记符号。事实上，还有很多其他属性，通过改变这些属性，可以对曲线作进一步的控制。

get 函数的调用格式为：

V=get(图形句柄,属性名)

其中，V 是返回的属性值。如果在调用 get 函数时省略属性名，则将返回句柄对象所有的属性值。

用 get 函数来获得上述曲线的属性值。例如

```
>> col=get(h,'Color');
```

将得到曲线的颜色属性值[1 0 0]，即红色。

用 get 函数可获取屏幕的分辨率：

```
>> V=get(0,'ScreenSize')
V =
         1          1       1280       1024
```

get 函数返回一个 1×4 的向量 V，其中前两个分量分别是屏幕的左下角横纵坐标(1,1)，而后两个分量分别是屏幕的宽度和高度。假如屏幕分辨率设置为 1280×1024，则 V 的值为[1 1 1280 1024]。这有助于依据现行屏幕的分辨率来设置窗口的大小。

3．对象的公共属性

图形对象具有各种各样的属性，有些属性是所有对象共同具备的，有些则是各对象所特有的。这里先介绍对象常用的公共属性。

（1）Children 属性：该属性的取值是该对象所有子对象的句柄组成的一个向量。

（2）Parent 属性：该属性的取值是该对象的父对象的句柄。

（3）Tag 属性：该属性的取值是一个字符串，它相当于给该对象定义了一个标识符。定义了 Tag 属性后，在任何程序中都可以通过 findobj 函数获取该标识符所对应图形对象的句柄。例如，hf=findobj(0,'Tag','Flag1')将在屏幕对象及其子对象中寻找 Tag 属性为 Flag1 的对象，并返回句柄。

（4）Type 属性：表示该对象的类型。显然，该属性的值是不可改变的。

（5）UserData 属性：该属性的取值是一个矩阵，默认值为空矩阵。在程序设计中，可以将一个图形对象有关的比较重要的数据存储在这个属性中，借此可以达到传递数据的目的。具体做法是，先用 set 函数给某一句柄添加一些附加数据（一个矩阵），如果想使用这样的矩阵，再用 get 函数调用出来。

（6）Visible 属性：该属性的取值是 on（默认值）或 off。决定着图形窗口是否在屏幕上显示出来。当它的值为 off 时，可以用来隐藏该图形窗口的动态变化过程，如窗口大小的变化、颜色的变化等。注意，对象存在与否与对象是否可见是两回事，对象可以存在，同时又是不可见的。

（7）ButtonDownFcn 属性：该属性的取值是一个字符串，一般是某个命令文件名或一小段 MATLAB 程序。图形对象决定了一个作用区域，当单击该区域时，MATLAB 自动执行该程序或程序段。

（8）CreateFcn 属性：该属性的取值是一个字符串，一般是某个命令文件名或一小段 MATLAB 程序。当创建该对象时，MATLAB 自动执行该程序或程序段。

（9）DeleteFcn 属性：该属性的取值是一个字符串，一般是某个命令文件名或一小段 MATLAB 程序。当取消该对象时，MATLAB 自动执行该程序或程序段。

例 9-2　在同一坐标下绘制红、绿两根不同曲线，希望获得绿色曲线的句柄，并对其进行设置。

程序如下：

```
x=0:pi/50:2*pi;
y=sin(x);
z=cos(x);
plot(x,y,'r',x,z,'g');              %绘制两根不同的曲线
Hl=get(gca,'Children');             %获取两曲线句柄向量 Hl
for k=1:size(Hl)
    if get(Hl(k),'Color')==[0 1 0]  %[0 1 0]代表绿色
        Hlg=Hl(k);                  %获取绿色线条句柄
    end
end
pause                               %便于观察设置前后的效果
set(Hlg, 'LineStyle',':', 'Marker','p');  %对绿色线条进行设置
```

9.2　图形窗口与坐标轴

除根对象外，所有图形对象都可以由与之同名的低层函数创建。所创建的对象置于适当的父对象之中，当父对象不存在时，MATLAB 会自动创建它。例如，用 line 函数画一根曲线，假如在画线之前，如果坐标轴和图形窗口不存在，MATLAB 就会自动创建它们。假如在画线之前，坐标轴、图形窗口已经存在，那么将在当前坐标轴上画线，且不影响该坐标轴上已有的其他对象。这一点与高层绘图函数完全不同，需特别注意。

创建对象的低层函数调用格式类似，关键要了解对象的属性及其取值。前面介绍了各对象的公共属性，下面介绍图形窗口与坐标轴的创建方法及特殊属性。

9.2.1 图形窗口对象

图形窗口是 MATLAB 中很重要的一类图形对象。MATLAB 的一切图形图像的输出都是在图形窗口中完成的。掌握好图形窗口的控制方法，对于充分发挥 MATLAB 的图形功能和设计高质量的用户界面是十分重要的。

建立图形窗口对象使用 figure 函数，其调用格式为：

句柄变量=figure(属性名 1,属性值 1,属性名 2,属性值 2,...)

MATLAB 通过对属性的操作来改变图形窗口的形式。也可以使用 figure 函数按 MATLAB 默认的属性值建立图形窗口，其调用格式为：

句柄变量=figure

MATLAB 通过 figure 函数建立图形窗口之后，还可以调用 figure 函数来显示该窗口，并将之设定为当前窗口，其调用格式为：

figure(图形窗口句柄)

如果这里的句柄不是已经存在的图形窗口句柄，而是一个整数，则也可以使用这一函数，它的作用是对这一句柄生成一个新的图形窗口，并将之定义为当前窗口。如果引用的窗口句柄不是一个图形窗口的句柄，也不是一个整数，则该函数返回一条错误信息。

要关闭图形窗口，使用 close 函数，其调用格式为：

close(图形窗口句柄)

另外，close all 命令可以关闭所有的图形窗口，clf 命令则是清除当前图形窗口的内容，但不关闭窗口。

MATLAB 为每个图形窗口提供了很多属性。这些属性及其取值控制着图形窗口对象。除公共属性外，其他常用属性如下：

（1）MenuBar 属性：该属性的取值可以是 figure（默认值）或 none，用来控制图形窗口是否应该具有菜单条。如果它的属性值为 none，则表示该图形窗口没有菜单条。这时用户可以采用 uimenu 函数来加入自己的菜单条。如果属性值为 figure，则该窗口将保持图形窗口默认的菜单条，这时也可以采用 uimenu 函数在原默认的图形窗口菜单后面添加新的菜单项。

（2）Name 属性：该属性的取值可以是任何字符串，它的默认值为空。这个字符串作为图形窗口的标题。一般情况下，其标题形式为：Figure n：字符串。

（3）NumberTitle 属性：该属性的取值是 on（默认值）或 off。决定着在图形窗口的标题中是否以"Figure n："为标题前缀，这里 n 是图形窗口的序号，即句柄值。

（4）Resize 属性：该属性的取值是 on（默认值）或 off。决定着在图形窗口建立后可否用鼠标改变该窗口的大小。

（5）Position 属性：该属性的取值是一个由 4 个元素构成的向量，其形式为[n1,n2,n3,n4]。这个向量定义了图形窗口对象在屏幕上的位置和大小，其中 n1 和 n2 分别为窗口左下角的横纵坐标值，n3 和 n4 分别为窗口的宽度和高度。它们的单位由 Units 属性决定。

（6）Units 属性：该属性的取值可以是下列字符串中的任意一种：pixel（像素，为默认值）、normalized（相对单位）、inches（英寸）、centimeters（厘米）和 points（磅）。

Units 属性定义图形窗口使用的长度单位，由此决定图形窗口的大小与位置。除了 normalized 以外，其他单位都是绝对度量单位。相对单位 normalized 将屏幕左下角对应为(0,0)，而右上角对应为(1.0,1.0)。该属性将影响一切定义大小的属性项，如前面的 Position 属性。如果在程序中改变过 Units 属性值，在完成相应的计算后，最好将 Units 属性值设置为默认值，以防止影响其他函数计算。

（7）Color 属性：该属性的取值是一个颜色值，既可以用字符表示，也可以用 RGB 三元组表示。默认为浅灰色，用于设定图形窗口背景的颜色。

（8）Pointer 属性：该属性的取值是 arrow（默认值）、crosshair、watch、topl、topr、botl、botr、circle、cross、fleur、custom 等，用于设定鼠标标记的显示形式。

（9）对键盘及鼠标响应属性：MATLAB 允许对键盘和鼠标键按下这样的动作进行响应，这类属性有 KeyPressFcn（键盘键按下响应）、WindowButtonDownFcn（鼠标键按下响应）、WindowButtonMotionFcn（鼠标移动响应）及 WindowButtonUpFcn（鼠标键释放响应）等，这些属性所对应的属性值可以用 MATLAB 编写的程序或命令表示，一旦键盘键或鼠标键按下之后，将自动执行给出的程序或命令。

例 9-3　建立一个图形窗口。该图形窗口没有菜单条，标题名称为"我的图形窗口"，起始于屏幕左下角，宽度和高度分别为 450 像素点和 250 像素点，背景颜色为绿色，且当用户从键盘按下任意一个键时，将在该图形窗口绘制出正弦曲线。

程序如下：

```
x=linspace(0,2*pi,60);
y=sin(x);
hf=figure('Color',[0,1,0],'Position',[1,1,450,250],...
    'Name','我的图形窗口','NumberTitle','off','MenuBar','none',...
    'KeyPressFcn', 'plot(x,y);axis([0,2*pi,-1,1]);');
```

程序执行后，得到如图 9-2 所示的图形窗口。

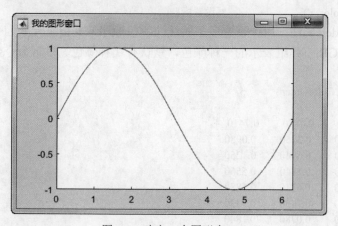

图 9-2　建立一个图形窗口

9.2.2　坐标轴对象

坐标轴是 MATLAB 中另一类很重要的图形对象。坐标轴对象是图形窗口的子对象，在每个图形窗口中可以定义多个坐标轴对象，但只有一个坐标轴是当前坐标轴，在没有指明坐标轴时，所有的图形图像都是在当前坐标轴中输出。必须弄清一个概念，所谓在某个图形窗口中输出图形图像，实质上是指在该图形窗口的当前坐标轴中输出图形图像。

建立坐标轴对象使用 axes 函数，其调用格式为：

　　　　句柄变量=axes(属性名 1,属性值 1,属性名 2,属性值 2,…)

调用 axes 函数用指定的属性在当前图形窗口创建坐标轴，并将其句柄赋给左边的句柄变量。也可以使用 axes 函数按 MATLAB 默认的属性值在当前图形窗口中创建坐标轴，其调用格式为：

　　　　句柄变量=axes

用 axes 函数建立坐标轴之后，还可以调用 axes 函数将之设定为当前坐标轴，且坐标轴所在的图形窗口自动成为当前图形窗口，函数调用格式为：

　　　　axes(坐标轴句柄)

注意，这里引用的坐标轴句柄必须存在，这与 figure 函数的对应调用形式不同。

MATLAB 为每个坐标轴对象提供了很多属性。除公共属性外，其他常用属性如下：

（1）Box 属性：该属性的取值是 on 或 off（默认值）。它决定坐标轴是否带有边框。

（2）GridLineStyle 属性：该属性的取值可以是：（默认值）、-、-.、--或 none。该属性定义网格线的类型。

（3）Position 属性：该属性的取值是一个由 4 个元素构成的向量，其形式为[n1,n2,n3,n4]。这个向量在图形窗口中决定一个矩形区域，坐标轴就位于其中。该矩形的左下角相对于图形窗口左下角的坐标为(n1,n2)，矩形的宽和高分别 n3 和 n4。它们的单位由 Units 属性决定。

（4）Units 属性：该属性的取值是 normalized（相对单位，为默认值）、inches（英寸）、centimeters（厘米）和 points（磅）。Units 属性定义 Position 属性的度量单位。

（5）Title 属性：该属性的取值是坐标轴标题文字对象的句柄，可以通过该属性对坐标轴标题文字对象进行操作。例如，要改变标题的颜色，可执行命令：

```
>> h=get(gca,'Title');          %获得标题文字对象句柄
>> set(h,'Color','r');          %设置标题颜色
```

（6）ColorOrder 属性：用于设置多条曲线的颜色顺序，其值是元素为 RGB 值的 n×3 矩阵，每行代表用 RGB 三元组表示的一种颜色，默认有 7 种颜色。以下命令显示了当前坐标轴的默认颜色顺序。

```
>> get(gca,'ColorOrder')
ans =
        0    0.4470    0.7410
   0.8500    0.3250    0.0980
   0.9290    0.6940    0.1250
   0.4940    0.1840    0.5560
   0.4660    0.6740    0.1880
   0.3010    0.7450    0.9330
   0.6350    0.0780    0.1840
```

（7）XLabel、YLabel、ZLabel 属性：3 种属性的取值分别是 x、y、z 轴说明文字的句柄。其操作与 Title 属性相同。例如，要设置 x 轴文字说明，可使用命令：

```
>> h=get(gca,'XLabel');              %获得 x 轴文字对象句柄
>> set(h,'String','Values of  X axis');   %设置 x 轴文字说明
```

（8）XLim、YLim、ZLim 属性：3 种属性的取值都是具有两个元素的数值向量。3 种属性分别定义各坐标轴的上下限，默认值为[0,1]。以前介绍的 axis 函数实际上是对这些属性的直接赋值。

（9）XScale、YScale、ZScale 属性：3 种属性的取值都是 linear（默认值）或 log，这些属性定义各坐标轴的刻度类型。

（10）View 属性：该属性的取值是两个元素的数值向量，定义视点方向。

（11）字体属性：MATLAB 允许对坐标轴标注的字体进行设置，这类属性有 FontName（字体名称）、FontWeight（字形）、FontSize（字体大小）、FontUnits（字体大小单位）、FontAngle（字体角度）等。FontName 属性的取值是系统支持的一种字体名或 FixedWidth；FontSize 属性的单位由 FontUnits 属性决定；FontWeight 属性的取值可以是 normal（默认值）、bold、light 或 demi；FontAngle 的取值可以是 normal（默认值）、italic 或 oblique。

例 9-4　利用坐标轴对象实现对图形窗口的任意分割。

利用 axes 函数可以在不影响图形窗口上其他坐标轴的前提下建立一个新的坐标轴，从而实现对图形窗口的任意分割。程序如下：

```
clf;                           %清除图形窗口中的内容
x=linspace(0,2*pi,20);
y=sin(x);
axes('Position',[0.2,0.2,0.2,0.7],'GridLineStyle','-.');
plot(y,x);
grid on
axes('Position',[0.4,0.2,0.5,0.5]);
t=0:pi/100:20*pi;
x=sin(t);
y=cos(t);
z=t.*sin(t).*cos(t);
plot3(x,y,z);
axes('Position',[0.55,0.6,0.25,0.3]);
[x,y]=meshgrid(-8:0.5:8);
z=sin(sqrt(x.^2+y.^2))./sqrt(x.^2+y.^2+eps);
mesh(x,y,z);
```

程序运行结果如图 9-3 所示。

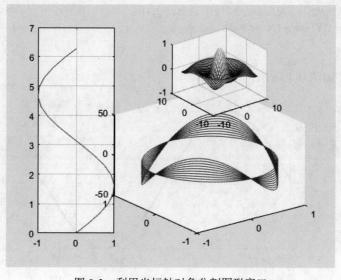

图 9-3　利用坐标轴对象分割图形窗口

9.3　低层绘图操作

MATLAB 将曲线、曲面、文本等图形均视为对象，通过句柄设置这些对象的属性，从而绘制出更具个性化的图形。

9.3.1　曲线对象

曲线对象是坐标轴的子对象，它既可以定义在二维坐标系中，也可以定义在三维坐标系中。建立曲线对象使用 line 函数，其调用格式为：

句柄变量=line(x,y,z,属性名 1,属性值 1,属性名 2,属性值 2,…)

其中，对 x、y、z 的解释与高层曲线函数 plot 和 plot3 等一样，其余的解释与前面介绍过的 figure 函数和 axes 函数类似。

每个曲线对象也具有很多属性。除公共属性外，其他常用属性如下：

（1）Color 属性：该属性的取值是代表某颜色的字符或 RGB 值。定义曲线的颜色。

（2）LineStyle 属性：定义线型。

（3）LineWidth 属性：定义线宽，默认值为 0.5 磅。

（4）Marker 属性：定义数据点标记符号，默认值为 none。

（5）MarkerSize 属性：定义数据点标记符号的大小，默认值为 6 磅。

（6）XData、YData、ZData 属性：3 种属性的取值都是数值向量或矩阵，分别代表曲线对象的 3 个坐标轴数据。

例 9-5　利用曲线对象绘制曲线。

程序如下：

```
t=0:pi/20:2*pi;
y1=sin(t);
y2=cos(t);
figh=figure('Position',[30,100,800,350]);
axes('GridLineStyle','-.','XLim',[0,2*pi],'YLim',[-1,1]);
line('XData',t,'YData',y1,'LineWidth',2);
line(t,y2);
grid on
```

程序运行结果如图 9-4 所示。

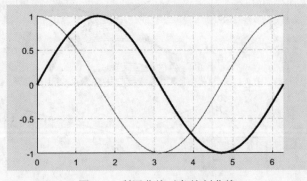

图 9-4　利用曲线对象绘制曲线

9.3.2　曲面对象

曲面对象也是坐标轴的子对象，它定义在三维坐标系中，而坐标系可以在任何视点下。建立曲面对象使用 surface 函数，其调用格式为：

　　　　句柄变量=surface(x,y,z,属性名 1,属性值 1,属性名 2,属性值 2,…)

其中，对 x、y、z 的解释与高层曲面函数 mesh 和 surf 等一样，其余的解释与前面介绍过的 figure 函数和 axes 等函数类似。

每个曲面对象也具有很多属性。除公共属性外，其他常用属性如下：

（1）EdgeColor 属性：该属性的取值是代表某颜色的字符或 RGB 值，还可以是 flat、interp 或 none，默认为黑色。定义曲面网格线的颜色或着色方式。

（2）FaceColor 属性：该属性的取值是代表某颜色的字符或 RGB 值，还可以是 flat（默认值）、interp 或 none。定义曲面网格片的颜色或着色方式。

（3）LineStyle 属性：定义曲面网格线的线型。

（4）LineWidth 属性：定义曲面网格线的线宽，默认值为 0.5 磅。

（5）Marker 属性：定义曲面数据点标记符号，默认值为 none。

（6）MarkerSize 属性：定义曲面数据点标记符号的大小，默认值为 6 磅。

（7）XData、YData、ZData 属性：3 种属性的取值都是数值向量或矩阵，分别代表曲面对象的 3 个坐标轴数据。

例 9-6　利用曲面对象绘制三维曲面 $z=\sin x$。

程序如下：

```
x=linspace(0,4*pi,100);
[x,y]=meshgrid(x);
z=sin(x);
axes('view',[-37.5,30]);
hs=surface(x,y,z,'FaceColor','w','EdgeColor','flat');
grid on;
set(get(gca,'XLabel'),'String','X-axis');        %设置 X 轴说明
set(get(gca,'YLabel'),'String','Y-axis');        %设置 Y 轴说明
set(get(gca,'ZLabel'),'String','Z-axis');        %设置 Z 轴说明
title('mesh-surf');
pause
set(hs,'FaceColor','flat');
```

开始网格片的颜色设为白色，实际上得到的是网格图，如图 9-5 所示。然后，重新设置网格片的颜色，得到着色表面图如图 9-6 所示。

例 9-7　利用曲面对象绘制三维曲面 $z=x^2-2y^2$。

程序如下：

```
[x,y]=meshgrid([-3:.5:3]);
z=x.^2-2*y.^2;
fh=figure('Position',[350 275 400 300],'Color','w');
ah=axes('Color',[0.8,0.8,0.8]);
h=surface('XData',x,'YData',y,'ZData',z,'FaceColor',...
get(ah,'Color')+0.2,'EdgeColor','k','Marker','o');
view(45,15)
```

程序运行结果如图 9-7 所示。

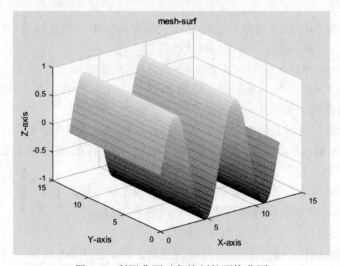

图 9-5　利用曲面对象绘制的网格曲面

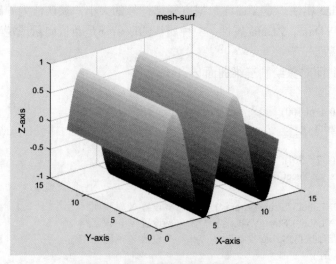

图 9-6　利用曲面对象绘制的着色曲面

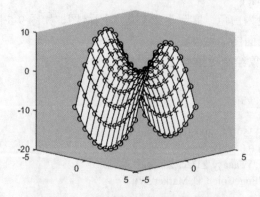

图 9-7　利用曲面对象绘制的曲面

9.3.3　文本对象

文本对象主要用于给图形添加文字标注。在文本对象中除使用一般的文本以外，还允许使用 LaTeX 文本。

使用 text 函数可以根据指定位置和属性值添加文本说明，并保存句柄。该函数的调用格式为：

句柄变量=text(x,y,z,说明文字,属性名 1,属性值 1,属性名 2,属性值 2,…)

其中，说明文字中除使用标准的 ASCII 字符外，还可使用 LaTeX 格式的控制字符。例如：

h=text(0.5,0.5,'{\gamma}={\rho}^2');

将得到标注效果：$\gamma=\rho^2$。

除公共属性外，文本对象的其他常用属性如下：

（1）Color 属性：定义文本对象的显示颜色，默认为黑色。

（2）String 属性：该属性的取值是字符串或字符串矩阵，它记录着文字标注的内容。

（3）Interpreter 属性：该属性的取值是 latex（默认值）或 none，该属性控制对文字标注内容的解释方式，即 LaTeX 方式或 ASCII 方式。

（4）字体属性：这类属性有 FontName（字体名称）、FontWeight（字形）、FontSize（字体大小）、FontUnits（字体大小单位）、FontAngle（字体角度）等。FontName 属性的取值是系统支持的一种字体名或 FixedWidth；FontSize 属性定义文本对象的大小，其单位由 FontUnits 属性决定，默认值为 10 磅；FontWeight 属性的取值可以是 normal（默认值）、bold、light 或 demi；FontAngle 的取值可以是 normal（默认值）、italic 或 oblique。

（5）Rotation 属性：该属性的取值是数值量，默认值为 0。它定义文本对象的旋转角度，取正值时表示逆时针方向旋转，取负值时表示顺时针方向旋转。

（6）BackgroundColr 和 EdgeColor 属性：设置文本对象的背景颜色和边框线的颜色，可取值为 none（默认值）或 ColorSpec。

（7）HorizontalAlignment 属性：该属性控制文本与指定点的相对位置，其取值为 left（默认值）、center 或 right。

例 9-8　利用曲线对象绘制曲线并利用文本对象完成标注。

程序如下：

```
x=-pi:.1:pi;
y=sin(x);
y1=sin(x);
y2=cos(x);
h=line(x,y1,'LineStyle',':','Color','g');
line(x,y2,'LineStyle','--','Color','b');
xlabel('-\pi \leq \Theta \leq \pi')
ylabel('sin(\Theta)')
title('Plot of sin(\Theta)')
text(-pi/4,sin(-pi/4),'\leftarrow sin(-\pi\div4)','FontSize',12)
set(h,'Color','r','LineWidth',2)          %改变曲线 1 的颜色和线宽
```

程序运行结果如图 9-8 所示。

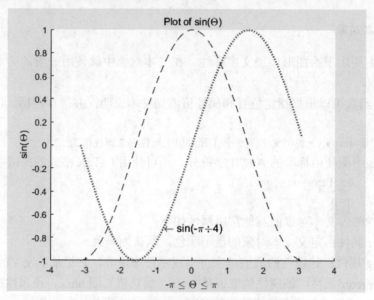

图 9-8　利用曲线对象绘制的曲线并标注

9.3.4　其他核心对象

1. 区域块对象

区域块对象由一个或多个多边形构成。在 MATLAB 中，创建区域块对象的低层函数是 patch 函数，通过定义多边形的顶点和多边形的填充颜色来实现。patch 函数的调用格式为：

```
句柄变量=patch(x,y,color)
句柄变量=patch(x,y,z,color)
句柄变量=patch(属性名 1,属性值 1,属性名 2,属性值 2,…)
```

在前两种格式中，x、y、z 是向量或矩阵，定义多边形顶点。若 x、y、z 为 m×n 大小的矩阵，则每一行的元素构成一个多边形。color 指定填充颜色，若 f 为标量，区域块对象用单色填充；若 f 为向量，区域块对象用不同颜色填充各多边形。每个多边形用不同颜色，则可以产生立体效果。第 3 种格式以指定属性的方式创建区域块对象。

除公共属性外，区域块对象的其他常用属性如下：

（1）Vertices 和 Faces 属性：其取值都是一个 m×n 大小的矩阵。Vertices 属性定义各个顶点，每行是一个顶点的坐标。Faces 属性定义图形由 m 个多边形构成，每个多边形有 n 个顶点，其每行的元素是顶点的序号（对应 Vertices 矩阵的行号）。

（2）FaceVertexCData 属性：当使用 Faces 和 Vertices 属性创建区域块对象时，该属性用于指定区域块颜色。

（3）FaceColor 属性：设置区域块对象的填充样式，可取值为 RGB 三元组、none、flat 和 interp（线性渐变）。

（4）XData、YData 和 ZData 属性：其取值都是向量或矩阵，分别定义各顶点的 x，y，z 坐标。若它们为矩阵，则每一列代表一个多边形。

例 9-9　用 patch 函数绘制一个长方体。

长方体由 6 个面构成，每面有 4 个顶点。可以把一个面当成一个多边形处理，程序如下：

```
clf;
k=1.5;                %k 为长宽比
%X、Y、Z 的每行分别表示各面的 4 个点的 x,y,z 坐标
X=[0 1 1 0;1 1 1 1;1 0 0 1;0 0 0 0;1 0 0 1;0 1 1 0]';
Y=k*[0 0 0 0;0 1 1 0;1 1 1 1;1 0 0 1;0 0 1 1;0 0 1 1]';
Z=[0 0 1 1;0 0 1 1;0 0 1 1;0 0 1 1;0 0 0 0;1 1 1 1]';
%生成和 X 同大小的颜色矩阵
tcolor=rand(size(X,1),size(X,2));
patch(X,Y,Z,tcolor,'FaceColor','interp');
view(-37.5,35),
axis equal off
```

程序运行结果如图 9-9 所示。

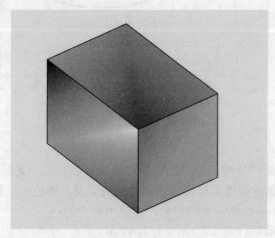

图 9-9　利用区域块对象绘制的长方体

2. 方框对象

在 MATLAB 中，矩形、椭圆以及两者之间的过渡图形，如圆角矩形都称为方框对象。创建方框对象的低层函数是 rectangle，该函数调用格式为：

句柄变量=rectangle(属性名 1,属性值 1,属性名 2,属性值 2,…)

除公共属性外，方框对象的其他常用属性如下：

（1）Position 属性：与坐标轴的 Position 属性基本相同，相对坐标轴原点定义方框的位置。

（2）Curvature 属性：定义方框边的曲率。

（3）LineStyle 属性：定义线型。

（4）LineWidth 属性：定义线宽，默认值为 0.5 磅。

（5）EdgeColor 属性：定义边框线的颜色。

例 9-10　在同一坐标轴上绘制矩形、圆角矩形、椭圆和圆。

程序如下：

```
rectangle('Position',[0,0,40,30],'LineWidth',2,'EdgeColor','r')
rectangle('Position',[5,5,20,30],'Curvature',0.5,'LineStyle','-.')
rectangle('Position',[10,10,30,20],'Curvature',[1,1],'LineWidth',2)
rectangle('Position',[0,0,30,30],'Curvature',[1,1],'EdgeColor','b')
axis equal
```

程序运行结果如图 9-10 所示。

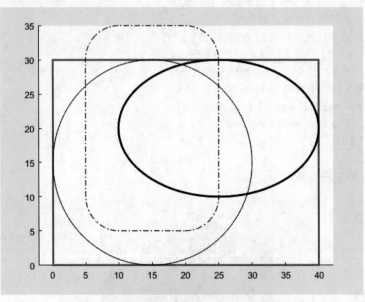

图 9-10　不同样式的矩形

3. 光源对象

使用光源对象实现光照处理，可以把图形表现得更加真实。光源对象是不可见的，但是可以像设置其他图形对象的属性那样设置光源对象的类型、颜色、位置和其他属性。

MATLAB 提供 light 函数创建光源对象，其调用格式为：

　　　　句柄变量=light(属性名 1,属性值 1,属性名 2,属性值 2,⋯)

光源对象有如下 3 个重要属性：

（1）Color 属性：设置光的颜色，取 RGB 三元组或相应的颜色字符。

（2）Style 属性：设置光源对象是否在无穷远，可取值为 infinite（默认值）或 local，分别表示无穷远光和近光。

（3）Position 属性：该属性的取值是数值向量，取三维坐标点组成的向量形式[x,y,z]，用于设置光源对象与坐标轴原点的距离。发光对象的位置与 Style 属性有关，若 Style 属性为 local，则设置的是光源的实际位置；若 Style 属性为 infinite，则设置的是光线射过来的方向，表示穿过该点射向原点。假如函数不包含任何参数，则采用默认设置：白光、无穷远、穿过(1,0,1)点射向坐标原点。

例 9-11　光照处理后的球面。

程序如下：

```
[x,y,z]=sphere(20);
subplot(1,2,1);
surf(x,y,z);axis equal;
light('Posi',[0,1,1]);
shading interp;
hold on;
plot3(0,1,1,'p');text(0,1,1,' light');
```

```
    subplot(1,2,2);
    surf(x,y,z);axis equal;
    light('Posi',[1,0,1]);
    shading interp;
    hold on;
    plot3(1,0,1,'p');text(1,0,1,' light');
```

程序运行结果如图 9-11 所示。

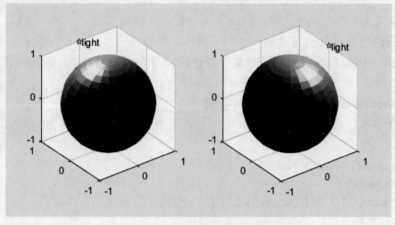

图 9-11   光照处理后的图形

实验指导

一、实验目的

1. 理解图形对象和图形句柄的基本概念。
2. 掌握图形对象属性的基本操作。
3. 掌握利用图形对象进行绘图操作的方法。

二、实验内容

1. 建立一个图形窗口，使之背景颜色为红色，并在窗口上保留原有的菜单项，而且在按下左键之后显示出 Left Button Pressed 字样。

2. 利用图形对象绘制下列曲线，要求先利用默认属性绘制曲线，然后通过图形句柄操作来改变曲线的颜色、线型和线宽，并利用文本对象给曲线添加文字标注。

（1）$y = \dfrac{1}{2}\ln(x + \sqrt{1+x^2})$ （2）$\begin{cases} x = t^2 \\ y = 5t^3 \end{cases}$

3. 利用图形对象绘制下列三维图形，要求对图形进行光照处理。

（1）$z = x^2 + y^2 - 5\sin(xy)$ （2）$z = y^3$

4. 以任意位置子图形式绘制出正弦、余弦、正切和余切函数曲线。

5. 用 patch 函数绘制一个填充渐变色的正五边形。

思考练习

一、填空题

1．H 代表一根曲线，要设置曲线的属性可以使用函数_____，要获取曲线的属性可以使用函数_____。

2．在 MATLAB 中表示颜色可以用_____表示，也可以用_____表示。

3．用于标识图形对象的属性是_____属性，可以通过_____函数获取该属性所对应图形对象的句柄。在屏幕对象及其子对象中查找标识符为 ppp 的对象，并返回其句柄，可使用命令_____。

4．使用 axes 函数可以在_____中创建_____对象。

5．下列命令执行后得到的图形是_____。要绘制圆，则需要将该图形的_____属性设置为 1。

```
>> rectangle('Position',[0,0,30,30])
>> axis equal
```

6．命令 patch([0,1/2,1], [0,tan(pi/3)/2,0], [1,0,0])执行后得到的图形是_____。

二、问答题

1．低层绘图操作的基本思路是什么？它同高层绘图操作相比有何特点？

2．简要描述下面程序最终的运行图形。

```
x=-2*pi:pi/40:2*pi;
y=sin(x);z=sin(x);
H1=plot(x,y,x,z);
set(H1(1),'color',[1,0.5,0],'linewidth',3)
set(H1(2),'color',[0.75,0.75,1])
title('Handle Graphic Example')
H1_text=get(gca,'Title')
set(H1_text,'FontSize',15)
```

3．利用图形对象绘制下列曲线，要求先利用默认属性绘制曲线，然后通过图形句柄操作来改变曲线的颜色、线型和线宽，并利用文本对象给曲线添加文字标注。

（1） $y = \dfrac{1+x^2}{1+x^4}$ 　　　　　　　　　　（2） $y = 3x + \sin x - e^x$

4．利用图形对象绘制下列三维图形，要求与问答题第 3 题相同。

（1） $\begin{cases} x = \cos t \\ y = \sin t \\ z = t \end{cases}$ 　　　　　　　　　（2） $z = xy e^{-x^2-y^2}$

5．生成一个圆柱体，并进行光照处理。

第10章　MATLAB 图形用户界面设计

图形用户界面（Graphical User Interface，GUI）无疑是人与计算机交互操作的重要方式，既形象生动，又使用户的操作更加方便灵活。所谓图形用户界面是指由窗口、菜单、对话框等各种图形对象组成的用户界面。当今软件开发环境与应用程序都采用图形用户界面，流行的开发工具都可以进行图形用户界面的设计。

MATLAB 作为功能强大的科学计算软件，同样也提供了图形用户界面设计的功能。利用 MATLAB 的图形用户界面对象可以设计出界面友好、操作方便的图形用户界面。在第 9 章已经介绍了图形句柄的操作，这是本章学习的基础。

本章介绍利用菜单对象来建立菜单系统的方法、利用控件对象来建立对话框的方法以及 MATLAB 提供的用户界面设计工具。

本章要点

- MATLAB 用户界面对象的组成
- MATLAB 菜单设计
- MATLAB 对话框设计
- MATLAB 图形用户界面设计工具

10.1　用户界面对象

在 MATLAB 中，每一个图形用户界面都是由若干个不同的用户界面对象（UI）组成的。用户界面对象也是有层次的，其层次结构如图 10-1 所示。

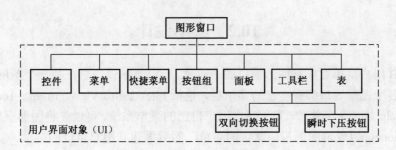

图 10-1　用户界面对象

1．控件对象

控件对象（uicontrol）是创建图形用户界面时最为常见的界面元素，常用的控件有按钮（Push Button）、双位按钮（Toggle Button）、单选按钮（Radio Button）、复选框（Check Box）、列表框（List Box）、弹出框（Pop-up Menu）、编辑框（Edit Box）、滑动条（Slider）、静态文本（Static Text）和边框（Frame）。关于控件的使用方法将在 10.3 节介绍。

2．菜单对象

在 Windows 应用程序中，菜单是一个必不可少的程序元素。通过使用菜单对象（uimenu），可以把对程序的各种操作命令非常直观地呈现给用户，单击菜单项命令将执行相应的功能。创建一级菜单时，菜单对象是图形窗口的子对象，而创建子菜单时，菜单对象作为其他 uimenu 对象的子对象。

3．快捷菜单对象

快捷菜单对象（uicontextmenu）是用右键单击某对象时在屏幕上弹出的菜单。这种菜单出现的位置是不固定的，而且总是和某个图形对象相联系。uicontextmenu 对象都包含一个或多个 uimenu 对象。

关于菜单和快捷菜单的设计方法将在 10.2 节介绍。

4．按钮组对象

按钮组对象（uibuttongroup）是一种容器，用于对图形窗口中的单选按钮和双位按钮集合进行逻辑分组。例如，要分出若干组单选按钮，在一组单选按钮内部选中一个按钮后不影响在其他组内继续选择。按钮中的所有控件，其控制代码必须写在按钮组的 SelectionChangeFcn 响应函数中，而不是控件的回调函数中。按钮组会忽略其中控件的原有属性。

5．面板对象

面板对象（uipanel）用于对图形窗口中的控件和坐标轴进行分组，便于用户对一组相关的控件和坐标轴进行管理。面板可以包含各种控件，如按钮、坐标系及其他面板等。面板中的控件与面板之间的位置为相对位置，当移动面板时，这些控件在面板中的位置不发生改变。

6．工具栏对象

通常情况下，工具栏包含的按钮和窗体菜单中的菜单项相对应，以便提供对应用程序的常用功能和命令进行快速访问。MATLAB 工具栏对象（uitoolbar）通常包括一系列双向切换按钮对象（uitoggletool）和瞬时下压按钮对象（uipushtool）。

7．表对象

表对象（uitable）用二维表格形式显示数据，这是 MATLAB 2008 版本新增的控件。

10.2　菜单设计

MATLAB 用户菜单对象是图形窗口的子对象，所以菜单设计总在某一个图形窗口中进行。MATLAB 的各个图形窗口都有自己的菜单栏，包括 File、Edit、View、Insert、Tools、Desktop、Window 和 Help 共 8 个菜单项。为了建立用户自己的菜单系统，可以先将图形窗口的 MenuBar 属性设置为 none，以取消图形窗口默认的菜单，然后再建立用户自己的菜单。

10.2.1　建立用户菜单

用户菜单通常包括一级菜单（菜单条）和二级菜单，有时根据需要还可以往下建立子菜单（三级菜单等），每一级菜单又包括若干菜单项。要建立用户菜单可用 uimenu 函数，因其调用方法不同，该函数可以用于建立一级菜单项和子菜单项。

建立一级菜单项的函数调用格式为：

　　一级菜单项句柄=uimenu(图形窗口句柄,属性名 1,属性值 1,属性名 2,属性值 2,…)

建立子菜单项的函数调用格式为：

　　子菜单项句柄=uimenu(一级菜单项句柄,属性名 1,属性值 1,属性名 2,属性值 2,…)

这两种调用格式的区别在于：建立一级菜单项时，要给出图形窗口的句柄。如果省略了这个句柄，MATLAB 就在当前图形窗口中建立这个菜单项。如果此时不存在活动图形窗口，MATLAB 会自动打开一个图形窗口，并将该菜单项作为它的菜单对象。在建立子菜单项时，必须指定一级菜单项对应的句柄。例如：

　　>> hm=uimenu(gcf,'Label','File');
　　>> hm1=uimenu(hm,'Label','Save');
　　>> hm2=uimenu(hm,'Label','Save As');

在当前图形窗口菜单条中建立名为 File 的菜单项。其中，Label 属性值 File 就是菜单项的名字，hm 是 File 菜单项的句柄，供定义该菜单项的子菜单使用。后两条命令将在 File 菜单项下建立 Save 和 Save As 两个子菜单项。

10.2.2　菜单对象常用属性

菜单对象具有 Children、Parent、Tag、Type、UserData、Visible 等公共属性，它们的含义见第 9 章有关内容。除公共属性外，还有一些常用的特殊属性。

（1）Label 属性：该属性的取值是字符串，用于定义菜单项的名字。可以在字符串中加入&字符，这时在该菜单项名字上跟随&字符后的字符有一条下划线，&字符本身不出现在菜单项中。对于这种带有下划线字符的菜单，可以用 Alt 键加该字符键来激活相应的菜单项。

（2）Accelerator 属性：该属性的取值可以是任何字母，用于定义菜单项的快捷键。例如取字母 W，则表示定义快捷键为 Ctrl +W。

（3）Callback 属性：该属性的取值是字符串，可以是某个命令文件名或一组 MATLAB 命令。在该菜单项被选中以后，MATLAB 将自动调用此回调函数来作出对相应菜单项的响应，如果没有设置一个合适的回调函数，则此菜单项也将失去其应有的意义。

在产生子菜单时 Callback 选项也可以省略，因为这时可以直接打开下一级菜单，而不是侧重于对某一函数进行响应。

（4）Checked 属性：该属性的取值是 on 或 off（默认值），该属性为菜单项定义一个指示标记，可以用这个特性指明菜单项是否已选中。

（5）Enable 属性：该属性的取值是 on（默认值）或 off，这个属性控制菜单项的可选择性。如果它的值是 off，则此时不能使用该菜单。此时，该菜单项呈灰色。

（6）Position 属性：该属性的取值是数值，它定义一级菜单项在菜单条上的相对位置或子菜单项在菜单组内的相对位置。例如，对于一级菜单项，若 Position 属性值为 1，则表示该菜单项位于图形窗口菜单条的可用位置的最左端。

（7）Separator 属性：该属性的取值是 on 或 off（默认值）。如果该属性值为 on，则在该菜单项上方添加一条分隔线，可以用分隔线将各菜单项按功能分开。

例 10-1　建立如图 10-2 所示的图形演示系统菜单。菜单条中含有 3 个菜单项：Plot、Option 和 Quit。Plot 中有 Sine Wave 和 Cosine Wave 两个子菜单项，分别控制在本图形窗口画出正弦和余弦曲线。Option 菜单项的内容如图 10-2 所示，其中 Grid on 和 Grid off 控制给坐标轴加网格线，Box on 和 Box off 控制给坐标轴加边框，而且这 4 项只有在画曲线时才是可选的。Window Color 控制图形窗口背景颜色。Quit 控制是否退出系统。

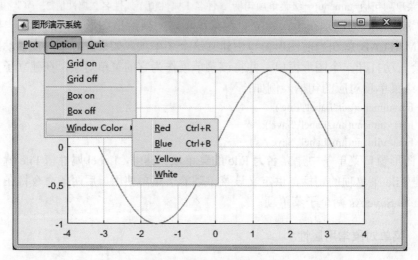

图 10-2　图形演示系统菜单

程序如下：

```
screen=get(0,'ScreenSize');
W=screen(3);
H=screen(4);
figure('Color',[1,1,1],'Position',[0.2*H,0.2*H,0.5*W,0.3*H],...
        'Name','图形演示系统','NumberTitle','off','MenuBar','none');
%定义 Plot 菜单项
hplot=uimenu(gcf,'Label','&Plot');
uimenu(hplot,'Label','Sine Wave','Call',...
['t=-pi:pi/20:pi;','plot(t,sin(t));',...
        'set(hgon,"Enable","on");',...
'set(hgoff,"Enable","on");',...
        'set(hbon,"Enable","on");',...
'set(hboff,"Enable","on");']);
uimenu(hplot,'Label','Cosine Wave','Call',...
['t=-pi:pi/20:pi;','plot(t,cos(t));',...
        'set(hgon,"Enable","on");',...
'set(hgoff,"Enable","on");',...
        'set(hbon,"Enable","on");',...
'set(hboff,"Enable","on");']);
%定义 Option 菜单项
hoption=uimenu(gcf,'Label','&Option');
hgon=uimenu(hoption,'Label','&Grid on',...
'Call','grid on','Enable','off');
hgoff=uimenu(hoption,'Label','&Grid off',...
```

```
'Call','grid off','Enable','off');
hbon=uimenu(hoption,'Label','&Box on',...
'separator','on','Call','box on','Enable','off');
hboff=uimenu(hoption,'Label','&Box off',...
'Call','box off','Enable','off');
hwincor=uimenu(hoption,'Label','&Window Color','Separator','on');
uimenu(hwincor,'Label','&Red','Accelerator','r',...
'Call','set(gcf,"Color","r");');
uimenu(hwincor,'Label','&Blue','Accelerator','b',...
'Call','set(gcf,"Color","b");');
uimenu(hwincor,'Label','&Yellow','Call',...
'set(gcf,"Color","y");');
uimenu(hwincor,'Label','&White','Call',...
'set(gcf,"Color","w");');
%定义 Quit 菜单项
uimenu(gcf,'Label','&Quit','Call','close(gcf)');
```

程序运行后可以建立如图 10-2 所示的菜单。

10.2.3　快捷菜单

快捷菜单是用右键单击某对象时在屏幕上弹出的菜单。这种菜单出现的位置是不固定的，而且总是和某个图形对象相联系。在 MATLAB 中，可以使用 uicontextmenu 函数和图形对象的 UIContextMenu 属性来建立快捷菜单，具体步骤为：

（1）利用 uicontextmenu 函数建立快捷菜单。

（2）利用 uimenu 函数为快捷菜单建立菜单项。

（3）利用 set 函数将该快捷菜单和某图形对象联系起来。

例 10-2　绘制曲线 $y=2\sin(5x)\sin x$，并建立一个与之相联系的快捷菜单，用以控制曲线的线型和曲线宽度。

程序如下：

```
x=0:pi/100:2*pi;
y=2*sin(5*x).*sin(x);
hl=plot(x,y);
hc=uicontextmenu;                          %建立快捷菜单
hls=uimenu(hc,'Label','线型');              %建立菜单项
hlw=uimenu(hc,'Label','线宽');
uimenu(hls,'Label','虚线','Call','set(hl,"LineStyle",":");');
uimenu(hls,'Label','实线','Call','set(hl,"LineStyle","-");');
uimenu(hlw,'Label','加宽','Call','set(hl,"LineWidth",2);');
uimenu(hlw,'Label','变细','Call','set(hl,"LineWidth",0.5);');
set(hl,'UIContextMenu',hc);                %将该快捷菜单和曲线对象联系起来
```

在程序运行后先按默认参数（0.5 磅实线）画线，若将鼠标指针指向线条并单击右键，则弹出快捷菜单，如图 10-3 所示。选择菜单命令可以改变线型和曲线宽度。

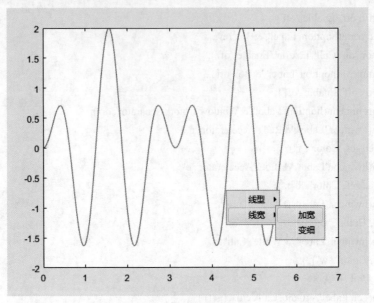

图 10-3　快捷菜单设计

10.3　对话框设计

对话框是用户与计算机进行信息交流的临时窗口，在现代软件中有着广泛的应用。在软件设计时，借助于对话框可以更好地满足用户操作需要，使用户操作更加方便灵活。

10.3.1　对话框的控件

在对话框上有各种各样的控件，利用这些控件可以实现对有关界面的控制。

1. 按钮

按钮（Push Button）是对话框中最常用的控件对象，其特征是在矩形框上加上文字说明。一个按钮代表一种操作，所以有时也称命令按钮。

2. 双位按钮

双位按钮（Toggle Button）在矩形框上加上文字说明。这种按钮有两个状态，即按下状态和弹起状态。每单击一次其状态将改变一次。

3. 单选按钮

单选按钮（Radio Button）是一个圆圈加上文字说明。它是一种选择性按钮，当被选中时，圆圈的中心有一个实心的黑点，否则圆圈为空白。在一组单选按钮中，通常只能有一个被选中，如果选中了其中一个，则原来被选中的就不再处于被选中状态，这就像收音机一次只能选中一个电台一样，故称做单选按钮。在有些文献中，也称做无线电按钮或收音机按钮。

4. 复选框

复选框（Check Box）是一个小方框加上文字说明。它的作用和单选按钮相似，也是一组选择项，被选中的项其小方框中有√。与单选按钮不同的是，复选框一次可以选择多项。这也是"复选框"名字的来由，在有些文献中也称作检测框。

5. 列表框

列表框（List Box）列出可供选择的一些选项，当选项很多而列表框装不下时，可使用列表框右端的滚动条进行选择。

6. 弹出框

弹出框（Popup Menu）平时只显示当前选项，单击其右端的向下箭头即弹出一个列表框，列出全部选项。其作用与列表框类似。

7. 编辑框

编辑框（Edit Box）可供用户输入数据使用。在编辑框内可提供默认的输入值，随后用户可以进行修改。

8. 滑动条

滑动条（Slider）可以用图示的方式输入指定范围内的一个数量值。用户可以移动滑动条中间的游标来改变它对应的参数。

9. 静态文本

静态文本（Static Text）是在对话框中显示的说明性文字，一般用来给用户作必要的提示。因用户不能在程序执行过程中改变文字说明，故将其称为静态文本。

10. 边框

边框（Frame）主要用于修饰用户界面，使用户界面更友好。可以用边框在图形窗口中圈出一块区域，而将某些控件对象组织在这块区域中。

10.3.2　控件的操作

在 MATLAB 中，要设计一个对话框，首先要建立一个图形窗口，然后在图形窗口中放置有关用户控件对象。

1. 建立控件对象

MATLAB 提供了用于建立控件对象的函数 uicontrol，其调用格式为：

控件句柄=uicontrol(图形窗口句柄,属性名 1,属性值 1,属性名 2,属性值 2,…)

其中，各个属性名及可取的值和前面介绍的 uimenu 函数相似，但也不尽相同，下面将介绍一些常用的属性。

2. 控件对象的基本控制属性

MATLAB 的控件对象使用相同的属性类型，但是这些属性对于不同类型的控件对象，其含义不尽相同。除 Children、Parent、Tag、Type、UserData、Visible 等公共属性外，还有一些常用的特殊属性。

（1）Position 属性：该属性的取值是一个由 4 个元素构成的向量，其形式为[n1,n2,n3,n4]。这个向量定义了控件对象在屏幕上的位置和大小，其中 n1 和 n2 分别为控件对象左下角相对于图形窗口的横纵坐标值，n3 和 n4 分别为控件对象的宽度和高度。它们的单位由 Units 属性决定。

（2）Units 属性：该属性的取值可以是 pixel（像素，为默认值）、normalized（相对单位）、inches（英寸）、centimeters（厘米）或 points（磅）。除了 normalized 以外，其他单位都是绝对度量单位。所有单位的度量都是从图形窗口的左下角处开始，在相对单位下，图形窗口的左下角对应为(0,0)，而右上角对应为(1.0,1.0)。该属性将影响一切定义大小的属性项，如前面的 Position 属性。

（3）Callback 属性：该属性的取值是字符串。和 uimenu 函数一样，Callback 属性允许用户建立起在控件对象被选中后的响应命令。不同的控件可以响应不同的事件，尽管有相同的属性名，但是其实现的功能却因控件的不同而不同。例如，按钮的 Callback 是由于鼠标的一次单击而引起的，而 Pop-up Menu 则是鼠标单击下拉按钮，然后在列表中单击一个条目之后发生的。

（4）String 属性：该属性的取值是字符串。它定义控件对象的说明文字，如按钮上的说明文字以及单选按钮或复选按钮后面的说明文字等。

（5）Style 属性：该属性的取值可以是 push（按钮，默认值）、toggle（双位按钮）、radio（单选按钮）、check（复选框）、list（列表框）、popup（弹出框）、edit（编辑框）、text（静态文本）、slider（滑动条）和 frame（边框）。这个属性定义控件对象的类型。

（6）BackgroundColor 属性：该属性的取值是代表某种颜色的字符或 RGB 三元组。它定义控件对象区域的背景色，它的默认颜色是浅灰色。

（7）ForegroundColor 属性：该属性的取值与 BackgroundColor 属性相同。ForegroundColor 属性定义控件对象说明文字的颜色，其默认颜色是黑色。

（8）Max、Min 属性：Max 和 Min 属性的取值都是数值，其默认值分别是 1 和 0。这两个属性值对于不同的控件对象类型，其意义是不同的。以下分别予以介绍：

当单选按钮被激活时，它的 Value 属性值为 Max 属性定义的值。当单选按钮处于非激活状态时，它的 Value 属性值为 Min 属性定义的值。

当复选框被激活时，它的 Value 属性值为 Max 属性定义的值。当复选框处于非激活状态时，它的 Value 属性值为 Min 属性定义的值。

对于滑动条对象，Max 属性值必须比 Min 属性值大，Max 定义滑动条的最大值，Min 定义滑动条的最小值。

对于编辑框，如果 Max-Min>1，那么对应的编辑框接受多行字符输入。如果 Max-Min≤1，那么编辑框仅接收单行字符输入。

对于列表框，如果 Max-Min>1，那么在列表框中允许多项选择；如果 Max-Min≤1，那么在列表框中只允许单项选择。

另外，边框、弹出框和静态文本等控件对象不使用 Max 和 Min 属性。

（9）Value 属性：该属性的取值可以是向量值，也可以是数值。它的含义依赖于控件对象的类型。对于单选按钮和复选框，当它们处于激活状态时，Value 属性值由 Max 属性值定义，反之由 Min 属性定义。对于弹出框，Value 属性值是被选项的序号，所以由 Value 的值可知弹出框的选项。同样，对于列表框，Value 属性值定义了列表框中高亮度选项的序号。对于滑动条对象，Value 属性值处于 Min 与 Max 属性值之间，由滑动条标尺位置对应的值定义。其他控件对象不使用这个属性值。

（10）FontAngle 属性：该属性的取值是 normalized（默认值）、italic 和 oblique。这个属性值定义控件对象标题等的字形。其值为 normalized 时，选用系统默认的正字体，而其值为 italic 或 oblique 时，使用方头斜字体。

（11）FontName 属性：该属性的取值是控件对象标题等使用字体的字库名，必须是系统支持的各种字库。默认字库是系统的默认字库。

（12）FontSize 属性：该属性的取值是数值，它定义控件对象标题等的字号。字号单位由

FontUnits 属性值定义。默认值与系统有关。

（13）FontUnits 属性：该属性的取值是 points（磅，默认值）、normalized（相对单位）、inches（英寸）、centimeters（厘米）或 pixels（像素），该属性定义字号单位。相对单位将 FontSize 属性值解释为控件对象图标高度百分比，其他单位都是绝对单位。

（14）FontWeight 属性：该属性的取值是 normalized（默认值）、light、demi 或 bold，它定义字体字符的粗细。

（15）HorizontalAlignment 属性：该属性的取值是 left、center（默认值）或 right。用来决定控件对象说明文字在水平方向上的对齐方式，即说明文字在控件对象图标上居左（left）、居中（center）、居右（right）。

3．建立控件对象示例

（1）建立按钮对象，当单击该按钮时绘制出正弦曲线。同时建立双位按钮，用于控制是否给坐标加网格线。程序如下：

```
pbstart=uicontrol(gcf,'Style','push','Position',...
    [50,5,60,25],'String','Start Plot',...
    'CallBack','t=-pi:pi/20:pi;plot(t,sin(t))');
ptgrid=uicontrol(gcf,'Style','toggle','Position',...
    [150,5,60,25],'String','Grid','CallBack','grid');
```

Style 属性值 push 指明该控件对象是按钮，toggle 指明该控件对象是双位按钮，Position 指示建立的按钮对象在当前的图形窗口中的位置及大小，String 的属性值就是对象上的说明文字，CallBack 属性定义了当用户单击该按钮对象时应执行的操作。程序运行后，结果如图 10-4 所示。

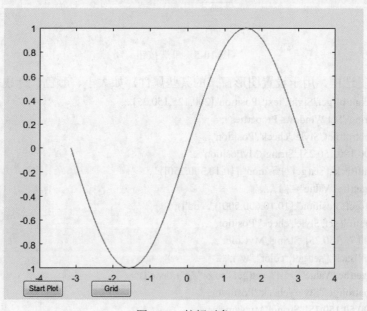

图 10-4　按钮对象

（2）建立单选按钮，用来设置图形窗口的颜色，并且只能选择一种颜色。程序如下：

```
htxt=uicontrol(gcf,'Style','text','String',...
    'Color Options','Position',[200,130,150,20]);
```

```
%建立单选按钮
hr=uicontrol(gcf,'Style','radio','String',...
        'Red','Position',[200,100,150,25],'Value',1,...
        'CallBack',['set(hr,"Value",1);','set(hb,"Value",0);',...
        'set(hy,"Value",0);','set(gcf,"Color","R")']);
hb=uicontrol(gcf,'Style','radio','String',...
        'Blue','Position',[200,75,150,25],...
        'CallBack',['set(hb,"Value",1),','set(hr,"Value",0);',...
        'set(hy,"Value",0);','set(gcf,"Color","B")']);
hy=uicontrol(gcf,'Style','radio','String',...
        'Yellow','Position',[200,50,150,25],...
        'CallBack',['set(hy,"Value",1),','set(hr,"Value",0);',...
        'set(hb,"Value",0);','set(gcf,"Color","Y")']);
```

Callback 执行的结果保证只有一个单选按钮的状态为 on，因为单选按钮的 Value 属性是这样定义的：如果单选按钮的状态是 on，那么属性 Value 的值是单选按钮的一个属性 Max 的属性值，该属性值的默认值是 1；如果状态是 off，那么属性 Value 的值是单选按钮的另一个属性 Min 的属性值，它的默认值是 0。这样，通过对属性 Value 设定不同的值，就可以得到单选按钮的不同状态。程序运行后，结果如图 10-5 所示。

图 10-5　单选按钮

（3）建立复选框，用于设置图形窗口的某些属性，如大小、颜色、标题等。程序如下：

```
htxt=uicontrol(gcf,'Style','text','Position',[200,125,150,25],...
        'String','Set Windows Properties');
hp=uicontrol(gcf,'Style','check','Position',...
        [200,100,150,25],'String','MyPosition',...
        'CallBack',['set(gcf,"Position",[10,10,300,250]);',...
        'if get(hp,"Value")==1,',...
        'set(gcf,"Position",[10,10,600,500]),','end']);
hc=uicontrol(gcf,'Style','check','Position',...
        [200,75,150,25],'String','MyColor',...
        'CallBack',['set(gcf,"color","w");',...
        'if get(hc,"Value") ==1,','set(gcf,"color","g"),','end']);
hn=uicontrol(gcf,'Style','check','Position',...
        [200,50,150,25],'String','MyName',...
        'CallBack',['set(gcf,"Name","复选框未选中");',...
        'if get(hn,"Value") ==1,',...
        'set(gcf,"Name","复选框被选中"),','end']);
```

程序运行后，结果如图 10-6 所示。

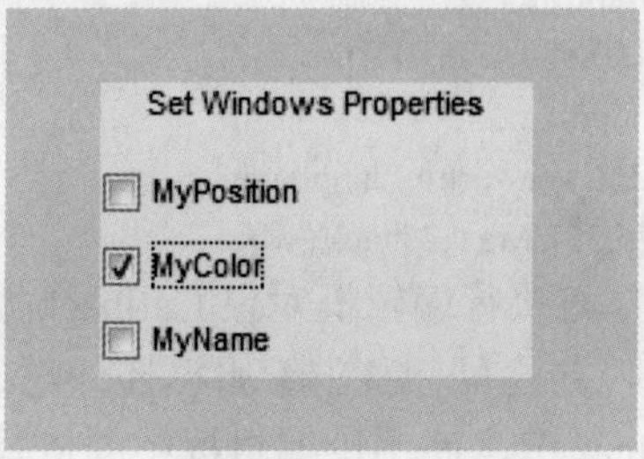

图 10-6　复选框

（4）建立弹出框，其列表中包含一组可供选择的颜色。当选择某种颜色时，就将图形窗口的背景色设置为该颜色。

弹出框可选项在 String 属性中设置，每项之间用竖线字符"|"隔开，并用单撇号将所有的选项括起来。Value 属性的值是弹出式列表中选项的序号。例如，如果用户选择列表中的第 2 项，那么 Value 的属性值就是 2。程序如下：

```
hpop=uicontrol(gcf,'Style','popup','String',...
            'red|blue|green|yellow','Position',[100,100,100,80],...
        'CallBack',['cbcol=["R","B","G","Y"];',...
            'set(gcf,"Color",cbcol(get(hpop,"Value")))']);
```

程序运行后，结果如图 10-7 所示。

（5）建立列表框，其作用与（4）相同。程序如下：

```
hl=uicontrol(gcf,'Style','list',...
            'String','red|blue|green|yellow|white|black',...
            'Position',[100,100,100,80],'Callback',...
            ['cbcol=["r","b","g","y","w","k"];',...
            'set(gcf,"color",cbcol(get(hl,"value")));']);
```

程序运行后，结果如图 10-8 所示。

图 10-7　弹出框

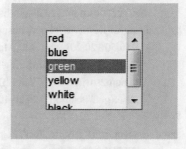

图 10-8　列表框

（6）建立一个编辑框，并加边框。

当需要用边框组织控件对象时，必须在定义控件对象之前建立边框对象，或者说边框对象必须覆盖该组中所有的控件对象。为了留出边框的边界，边框对象所占用的区域至少要比该组中所有控件对象占用的区域大。

编辑框分多行编辑框与单行编辑框。属性 Max 与属性 Min 之差小于或等于 1 时，为单行编辑框，否则为多行编辑框。程序如下：

```
ftdir=uicontrol(gcf,'Style','frame',...
        'back','y','Position',[30,180,120,100]);
edmulti=uicontrol(gcf,'Style','edit',...
        'String','MATLAB is a very useful language.',...
        'Position',[50,200,75,55],'Max',2,'back','w');
```

在下列操作之后，MATLAB 将执行编辑框对象 Callback 属性定义的操作：

① 改变编辑框中的输入值，并将鼠标移出编辑框控件对象。

② 对单行编辑框，按下 Enter 键，而不论编辑框中的值是否被改变。

③ 对单行和多行编辑框对象，按住 Ctrl 键，再按 Enter 键，而不论编辑框中的值是否被改变。在多行编辑框中，按下 Enter 键，可以输入下一行字符。程序运行后，结果如图 10-9 所示。

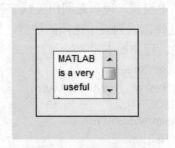

图 10-9　编辑框和边框

（7）建立两个滑动条，分别用于设置图形窗口的宽度和高度，并利用静态文本说明对象，标出滑动条的数值范围以及当前值。程序如下：

```
fig=figure('Position',[20,20,400,300]);
hsli1=uicontrol(fig,'Style','slider','Position',...
        [50,50,120,20],'Min',200,'Max',800,'Value',400,...
        'CallBack',['set(azmcur,"String",'...
        'num2str(get(hsli1,"Value")));'...
        'set(gcf,"Position",[20,20,get(hsli1,"Value"),300]);']);
hsli2=uicontrol(fig,'Style','slider','Position',...
        [240,50,120,20],'Min',100,'Max',600,'Value',300,...
        'CallBack',['set(elvcur,"String",'...
        'num2str(get(hsli2,"Value")));',...
        'set(gcf,"Position",[20,20,400,get(hsli2,"Value");])']);
%用静态文本标出最小值
azmmin=uicontrol(fig,'Style','text','Position',...
        [20,50,30,20],'String',num2str(get(hsli1,'Min')));
elvmin=uicontrol(fig,'Style','text','Position',...
        [210,50,30,20],'String',num2str(get(hsli2,'Min')));
%用静态文本标出最大值
azmmax=uicontrol(fig,'Style','text','Position',...
        [170,50,30,20],'String',num2str(get(hsli1,'Max')));
elvmax=uicontrol(fig,'Style','text','Position',...
```

```
        [360,50,30,20],'String',num2str(get(hsli2,'Max')));
%用静态文本标出当前设置的宽度和高度
azmLabel=uicontrol(fig,'Style','text','Position',...
        [50,80,65,20],'String','Width');
elvLabel=uicontrol(fig,'Style','text','Position',...
        [240,80,65,20],'String','Height');
azmcur=uicontrol(fig,'Style','text','Position',...
        [120,80,50,20],'String',num2str(get(hsli1,'Value')));
elvcur=uicontrol(fig,'Style','text','Position',...
        [310,80,50,20],'String',num2str(get(hsli2,'Value')));
```

程序运行后，结果如图 10-10 所示。

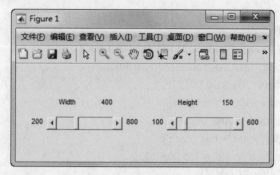

图 10-10　滑动条和静态文本

10.3.3　对话框设计示例

前面介绍了控件的基本操作，这是建立对话框的基础。下面给出两个例子，以说明对话框的应用与设计方法。

例 10-3　建立如图 10-11 所示的数制转换对话框。在左边输入一个十进制整数和一个 2～16 之间的数，单击"转换"按钮能在右边得到十进制数所对应的 2～16 进制字符串，单击"退出"按钮退出对话框。

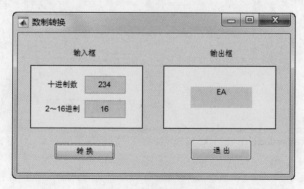

图 10-11　数制转换对话框

程序如下：

```
hf=figure('Color',[0,1,1],'Position',[100,200,400,200],...
        'Name','数制转换','NumberTitle','off','MenuBar','none');
```

```
uicontrol(hf,'Style','Text','Position',[80,160,40,20],...
    'Horizontal','center','String','输入框','Back',[0,1,1])
uicontrol(hf,'Style','Text','Position',[280,160,40,20],...
    'Horizontal','center','String','输出框','Back',[0,1,1])
uicontrol(hf,'Style','Frame','Position',[20,65,165,90],'Back',[1,1,0])
uicontrol(hf,'Style','Text','Position',[25,110,85,25],...
    'Horizontal','center','String','十进制数','Back',[1,1,0])
uicontrol(hf,'Style','Text','Position',[25,75,85,25],...
    'Horizontal','center','String','2~16 进制','Back',[1,1,0])
he1=uicontrol(hf,'Style','Edit','Position',[100,115,60,25],...
    'Back',[0,1,0]);
he2=uicontrol(hf,'Style','Edit','Position',[100,80,60,25],...
    'Back',[0,1,0]);
uicontrol(hf,'Style','Frame','Position',[215,65,165,90],'Back',[1,1,0])
ht=uicontrol(hf,'Style','Text','Position',[255,95,90,30],...
    'Horizontal','center','Back',[0,1,0]);
COMM=['n=str2num(get(he1,"String"));',...
    'b=str2num(get(he2,"String"));',...
    'dec=trdec(n,b);','set(ht,"string",dec);'];
uicontrol(hf,'Style','Push','Position',[55,20,90,25],...
    'String','转  换','Call',COMM)
uicontrol(hf,'Style','Push','Position',[255,20,90,30],...
    'String','退  出','Call','close(hf)')
```

程序调用了 trdec.m 函数文件，该函数的作用是将任意十进制整数转换为 2～16 进制字符串。trdec.m 函数文件如下：

```
function dec=trdec(n,b)
ch1='0123456789ABCDEF';            %十六进制的 16 个符号
k=1;
while n~=0                         %不断除某进制基数取余直到商为 0
    p(k)=rem(n,b);
    n=fix(n/b);
    k=k+1;
end
k=k-1;
strdec='';
while k>=1                         %形成某进制数的字符串
    kb=p(k);
    strdec=strcat(strdec,ch1(kb+1:kb+1));
    k=k-1;
end
dec=strdec;
```

例 10-4 建立如图 10-12 所示的图形演示对话框。在编辑框中输入绘图命令，当单击"绘图"按钮时，能在左边坐标轴绘制出所对应的图形，弹出框提供色图控制，列表框提供坐标网格线和坐标边框控制。

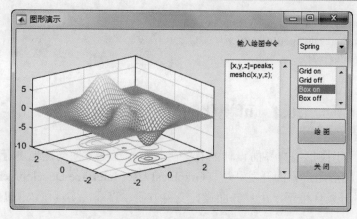

图 10-12　图形演示对话框

程序如下：

```
clf;
set(gcf,'Unit','normalized','Position',[0.2,0.3,0.55,0.30]);
set(gcf,'Menubar','none','Name','图形演示','NumberTitle','off');
axes('Position',[0.05,0.15,0.55,0.7]);
uicontrol(gcf,'Style','text', 'Unit','normalized',...
        'Posi',[0.63,0.85,0.2,0.1],'String',...
        '输入绘图命令','Horizontal','center');
        hedit=uicontrol(gcf,'Style','edit','Unit','normalized',...
        'Posi',[0.63,0.15,0.2,0.68],...
        'Max',2);            %Max 取 2，使 Max-Min>1，从而允许多行输入
hpopup=uicontrol(gcf,'Style','popup','Unit','normalized',...
        'Posi',[0.85,0.8,0.15,0.15],'String',...
        'Spring|Summer|Autumn|Winter','Call',...
        'comm(hedit,hpopup,hlist)');
hlist=uicontrol(gcf,'Style','list','Unit','normalized',...
        'Posi',[0.85,0.55,0.15,0.25],'String',...
        'Grid on|Grid off|Box on|Box off','Call',...
        'comm(hedit,hpopup,hlist)');
hpush1=uicontrol(gcf,'Style','push','Unit','normalized',...
        'Posi',[0.85,0.35,0.15,0.15],'String',...
        '绘 图','Call','comm(hedit,hpopup,hlist)');
uicontrol(gcf,'Style','push','Unit','normalized',...
        'Posi',[0.85,0.15,0.15,0.15],'String',...
        '关 闭','Call','close all');
```

comm.m 函数文件如下：

```
function comm(hedit,hpopup,hlist)
com=get(hedit,'String');
n1=get(hpopup,'Value');
n2=get(hlist,'Value');
if ~isempty(com)        %编辑框输入非空时
eval(com');             %执行从编辑框输入的命令
    chpop={'spring','summer','autumn','winter'};
```

```
        chlist={'grid on','grid off','box on','box off'};
        colormap(eval(chpop{n1}));
        eval(chlist{n2});
    end
```

10.4 可视化图形用户界面设计

前面介绍了用于图形用户界面设计的有关函数，为了更方便简捷地进行用户界面设计，MATLAB 提供了图形用户界面开发环境（Graphical User Interface Development Environment，GUIDE），在这种开发环境下，用户界面设计变得方便、直观，实现了"所见即所得"的可视化设计。

10.4.1 图形用户界面设计窗口

1. 图形用户界面设计模板

在 MATLAB 命令行窗口输入 guide 命令，或在 MATLAB 主窗口中选择"主页"选项卡，单击"文件"命令组中的"新建"命令按钮，再选择"应用程序"→GUIDE 命令，弹出图形用户界面设计模板，如图 10-13 所示。

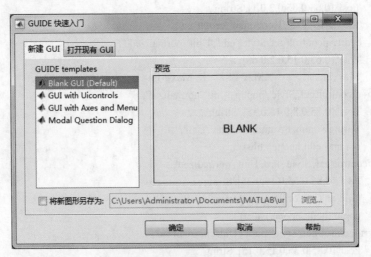

图 10-13 图形用户界面设计模板

MATLAB 为图形用户界面设计准备了 4 种模板，分别是 Blank GUI（Default）、GUI with Uicontrols（带控件对象的图形用户界面模板）、GUI with Axes and Menu（带坐标轴与菜单的图形用户界面模板）和 Modal Question Dialog（带模式问话对话框的图形用户界面模板）。

当用户选择不同的模板时，在图形用户界面设计模板界面的右边就可以预览与该模板对应的图形用户界面。

2. 图形用户界面设计窗口

在图形用户界面设计模板中选中一个模板，然后单击"确定"按钮，就会打开图形用户界面设计窗口。当选择不同的图形用户界面设计模式时，在图形用户界面设计窗口中显示的结果是不一样的。图 10-14 为选择 Blank GUI 设计模板后显示的图形用户界面设计窗口。

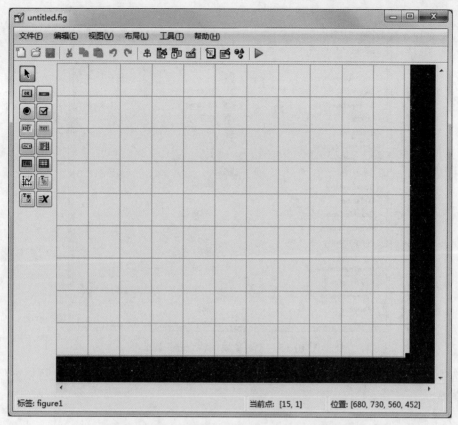

图 10-14   Blank GUI 模板下的图形用户界面设计窗口

图形用户界面设计窗口由菜单栏、工具栏、控件工具箱、图形对象设计区等部分组成。

在图形用户界面设计窗口左边的是控件工具箱，其中含有"按钮""可编辑文本""坐标轴""面板""按钮组"等控件。从中选择一个控件，以拖拽方式将其添加至图形对象设计区，生成控件对象。右击图形对象，则弹出一个快捷菜单，用户可以从中选择某个菜单项进行相应的设计。例如，选择"查看回调"子菜单的 CallBack、CreateFcn、DeleteFcn、ButtonDownFcn、KeyPressFcn 等命令，可以打开代码编辑器来编写对应事件发生时需要执行的程序代码。图形用户界面设计窗口下部的状态栏用于显示当前对象的 Tag 属性和位置属性。

10.4.2   可视化图形用户界面设计工具

MATLAB 常用的图形用户界面设计工具有对象属性检查器、菜单编辑器、工具栏编辑器、对齐对象工具、对象浏览器和 Tab 顺序编辑器。

1. 对象属性检查器

利用对象属性检查器，可以检查每个对象的属性值，也可以修改和设置对象的属性值。通过双击某个对象，或选中对象后，从图形用户界面设计窗口工具栏上单击"属性检查器"命令按钮📇，或选择"视图"→"属性检查器"命令，打开"对象属性检查器"窗口，如图 10-15 所示。另外，在 MATLAB 命令行窗口的命令行上输入命令 inspect，也可以打开对象属性查看器。

图 10-15　"对象属性检查器"窗口

在选中某个对象后，可以通过对象属性检查器，查看该对象的属性，也可以方便地修改对象的属性。

2．菜单编辑器

利用菜单编辑器，可以创建、设置、修改下拉式菜单和快捷菜单。在图形用户界面设计窗口的工具栏上单击"菜单编辑器"命令按钮▤，或选择"工具"→"菜单编辑器"命令，即可打开"菜单编辑器"窗口，如图 10-16 所示。

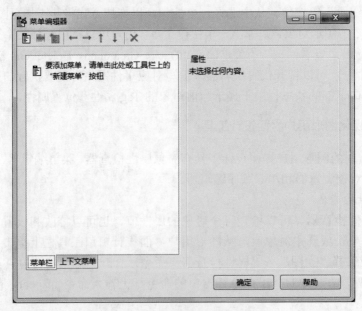

图 10-16　"菜单编辑器"窗口

菜单编辑器左上角的第一个按钮用于创建一级菜单项，可以通过单击该按钮来创建一级菜单项。第二个按钮用于创建子菜单，在选中已经创建的一级菜单项后，可以通过单击该按钮来创建选中的一级菜单项的子菜单。选中创建的某个菜单项后，菜单编辑器的右边就会显示该菜单项的有关属性，可以在这里设置与修改菜单项的属性。图 10-17 为利用菜单编辑器创建的"绘制曲线"与"参数设置"两个一级菜单项，并且在"绘制曲线"一级菜单下，创建了"正弦曲线"和"余弦曲线"两个子菜单，在"参数设置"一级菜单下创建了"框线""颜色"和"标注" 3 个子菜单。

图 10-17　设置菜单后的菜单编辑器

菜单编辑器左上角的第 4 个按钮 ← 与第 5 个按钮 → 用于改变菜单项的层次，第 6 个按钮 ↑ 与第 7 个按钮 ↓ 用于对选中的菜单进行平级上移与下移操作，最右边的按钮 ✕ 用于删除选中的菜单。

菜单编辑器右边列出了菜单的主要属性。"标签"属性的取值为字符串，作为菜单项的标识；"标记"属性的取值是字符串，用于定义菜单项的名字；"快捷键"属性的取值是任意字母，用于定义菜单项的快捷键；3 个复选框代表菜单项的外观属性；"回调"属性的取值是字符串，可以是某个命令文件名或一组 MATLAB 命令，在该菜单项被选中以后，MATLAB 将自动调用此回调函数来作出对相应菜单项的响应。

菜单编辑器有两个选项卡，选择"菜单栏"选项卡，可以创建下拉式菜单。选择"上下文菜单"选项卡，可以创建快捷菜单。在选择"上下文菜单"选项卡后，菜单编辑器左上角的第 3 个按钮 📄 就会变成可用，单击该按钮就可以创建快捷菜单。

3．工具栏编辑器

利用工具栏编辑器可以创建、设置、修改工具栏。从图形用户界面设计窗口的工具栏上单击"工具栏编辑器"命令按钮 📊，或选择"工具"→"工具栏编辑器"命令，即可打开"工具栏编辑器"窗口，如图 10-18 所示。

图 10-18　"工具栏编辑器"窗口

"工具栏编辑器"窗口的上部是设计的工具栏，左半部为工具调色板，右半部用于增加、删除工具按钮和设置工具按钮、工具栏的属性。通过使用分隔符，达到工具按钮的分组效果。

"新建""打开"等按钮只能设计单击时的回调方法，一般采用默认回调方法。"放大""缩小"等切换按钮除了可以设计"单击回调"方法，也可以设计按钮在打开和关闭时的回调方法。

4. 对齐对象工具

利用对齐对象工具，可以对图形用户界面对象设计区内的多个对象的位置进行位置调整。在选中多个对象后，在图形用户界面设计窗口的工具栏上单击"对齐对象"命令按钮 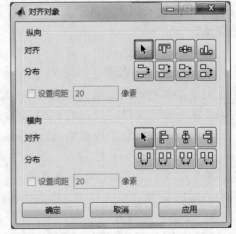，或选择"工具"→"对齐对象"命令，打开"对齐对象"窗口，如图 10-19 所示。

"对齐对象"窗口中的"对齐"组按钮用于调整对齐方向，"分布"组按钮用于调整对象间距。

5. 对象浏览器

利用对象浏览器，可以查看当前设计阶段的各个句柄图形对象。从图形用户界面设计窗口的工具栏上单击"对象浏览器"命令按钮，或选择"视图"→"对象浏览器"命令，打开"对象浏览器"窗口，如图 10-20 所示。

图 10-19　"对齐对象"窗口

在"对象浏览器"窗口中，可以看到已经创建的每个图形对象以及图形窗口对象。双击图中的任何一个对象，可以进入对象的属性检查器界面。

6. Tab 键顺序编辑器

利用 Tab 键顺序编辑器，可以设置用户按键盘上的 Tab 键时，对象被选中的先后顺序。从图形用户界面设计窗口的工具栏上单击"Tab 键顺序编辑器"按钮 ，或选择"工具"→"Tab 键顺序编辑器"命令，即可打开"Tab 键顺序编辑器"窗口。例如，若在图形用户界面设计窗口中创建了 3 个对象，与它们相对应的"Tab 键顺序编辑器"窗口如图 10-21 所示。

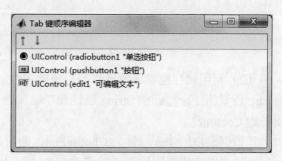

图 10-20　"对象浏览器"窗口　　　　　图 10-21　"Tab 键顺序编辑器"窗口

在"Tab 键顺序编辑器"窗口中，可以看到已经添加的对象。界面的左上角有两个按钮，分别用于设置对象按 Tab 键时选中的先后顺序。

10.4.3　可视化图形用户界面设计示例

利用上面介绍的图形用户界面设计工具，可以设计出界面友好、操作简便、功能强大的图形用户界面，然后通过编写对象的事件响应过程，就可以完成相应的任务。下面通过实例说明这些工具的具体使用方法。

例 10-5　利用 GUI 设计工具设计如图 10-22 所示的用户界面。该界面包括一个用于显示图形的坐标轴对象，显示的图形包括表面图、网格图和等高线图。绘制图形的功能通过 3 个命令按钮来实现，用户通过单击相应的按钮，即可绘制相应图形。绘制图形所需要的数据通过一个弹出框来选取。在弹出框中包括 3 个选项，分别对应 MATLAB 的数据函数 Peaks、Membrane 和用户自定义的绘图数据 Sinc，用户可以通过选择相应的选项来载入相应的绘图数据。在图形窗口默认的菜单条上添加一个菜单项 Select，Select 下又有两个子菜单项 Yellow 和 Red，选中 Yellow 项时，图形窗口将变成黄色；选中 Red 项时，图形窗口将变成红色。

操作步骤如下：

（1）打开图形用户界面设计窗口，添加有关图形对象。先打开图形用户界面设计模板，选中 Blank GUI（Default）选项后，单击"确定"按钮，打开图形用户界面设计窗口。选中控件工具箱中的"坐标轴"控件，并在图形窗口中拖拽出一个矩形框，调整好矩形框的大小和位置。再添加 3 个按钮、一个列表框和一个静态文本，并调整好它们的大小和位置。

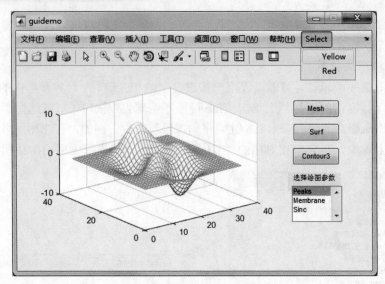

图 10-22　利用图形用户界面设计工具设计的用户界面

（2）利用属性检查器设置界面对象的属性。设置第 1 个按钮的 String 属性和 Tag 属性为 Mesh，设置第 2 个按钮的 String 属性和 Tag 属性为 Surf，设置第 3 个按钮的 String 属性和 Tag 属性为 Contour3。

设置列表框的 Tag 属性为 ChooseFun，然后添加列表项：单击 String 属性名前面的图标，在打开的文本编辑器中输入 3 个选项：Peaks、Membrane 和 Sinc，各选项间使用"|"作为分隔符，也可使用 Enter 键作为分隔符，即输入 3 行，每行输入一个选项。

设置静态文本的 String 属性为"选择绘图参数"。

（3）利用对齐对象工具，调整控件位置。选中 3 个按钮，利用对齐对象工具把前 3 个按钮设为左对齐，宽和高都相等，且间距相同。

（4）保存图形用户界面。选择"文件"→"保存"命令或单击工具栏中的"保存图形"按钮，将设计的图形界面保存为.fig 文件。例如，将其存为 guidemo.fig，这时系统还将自动生成一个 guidemo.m 文件，该 M 文件用于保存各图形对象的程序代码。

（5）编写代码，实现控件功能。如果实现代码较为简单，可以直接修改控件的 CallBack 属性。对于较为复杂的程序代码，最好还是编写 M 文件。单击图形用户界面设计窗口工具栏中的"编辑器"按钮，将打开一个 M 文件，图形用户界面开发环境就会自动添加相应的回调函数框架，这时可以在各控件的回调函数区输入相应的程序代码。

回调函数就是处理该事件的程序，它定义对象怎样处理信息并响应某事件，该函数不会主动运行，而是由主控程序调用的。主控程序一直处于前台操作，它对各种消息进行分析、排队和处理，当控件被触发时去调用指定的回调函数，执行完毕之后控制权又回到主控程序。设 gcbo 为正在执行回调的对象句柄，可以使用它来查询该对象的属性。例如：

```
get(gcbo,'Value')          %获取回调对象的状态
```

MATLAB 将 Tag 属性作为每一个控件的唯一标识。图形用户界面开发环境在生成 M 文件时，将 Tag 属性作为前缀，放在回调函数关键字 Callback 前，通过下划线连接而成函数名。例如：

```
function pushbutton1_Callback(hObject,eventdata,handles)
```

其中，hObject 为发生事件的源控件，eventdata 为事件数据，handles 保存图形界面中所有对象的句柄。

handles 保存了图形窗口中所有对象的句柄，可以使用 handles 获取或设置某个对象的属性。例如，当单击图形窗口中的按钮 Button1 时，设置图形窗口中对象 Text1 上的文字为 Welcome，则在 function Button1_Callback(hObject, eventdata, handles)的函数体中加入以下语句：

```
set(handles.text1,'String','Welcome')
```

图形用户界面开发环境使用 guidata 函数生成和维护 handles，设计者可以根据需要添加字段，将数据保存到 handles 的指定字段中，使得数据与图形句柄关联起来，从而实现回调间的数据共享。

①为打开图形窗口事件编写响应代码。选择 MATLAB 编辑器的"编辑器"选项卡，在"导航"命令组中单击"转至"命令按钮，在弹出的菜单中选择 guidemo_OpeningFcn 函数，在以 %varargin 开头的注解语句下输入如下代码：

```
handles.peaks=peaks(35);
handles.membrane=membrane;
[x,y]=meshgrid(-8:0.3:8);
r=sqrt(x.^2+y.^2);
sinc=sin(r)./(r+eps);
handles.sinc=sinc;
handles.current_data=handles.sinc;
surf(handles.current_data)
```

②为列表框编写响应代码。选择 ChooseFun_Callback 函数，在以%handles 开头的注解语句下输入如下代码：

```
str=get(hObject,'String');
val=get(hObject,'Value');
%设置用所选函数产生当前数据集
switch str{val}
case 'Peaks'
    handles.current_data=handles.peaks;
case 'Membrane'
    handles.current_data=handles.membrane;
case 'Sinc'
    handles.current_data=handles.sinc;
end
% 保存句柄结构
guidata(hObject,handles)
```

③为 Mesh 按钮编写响应代码。选择 Mesh_Callback 函数，在该区添加如下代码：

```
mesh(handles.current_data)
```

④为 Surf 按钮编写响应代码。选择 Surf_Callback 函数，在该区添加如下代码：

```
surf(handles.current_data)
```

⑤为 Contour3 按钮编写响应代码。选择 Contour3_Callback 函数，在该区添加如下代码：

```
contour3(handles.current_data)
```

可以看出，每个控件对象都有一个由 function 语句引导的函数，用户可以在相应的函数体中添加程序代码来完成指定的任务。在运行图形用户界面文件时，如果单击其中的某个对象，则在 MATLAB 机制下自动调用该函数。

（6）添加 Select 菜单项。首先将图形窗口的 MenuBar 属性设为 figure，然后打开菜单编辑器，新建一个菜单项，它的"标签"属性设为 Select，再在刚建的 Select 菜单项下建立子菜单项，其"标签"属性设为 Yellow，把"回调"属性设为 set(gcbf,'Color','y')。同理，再为 Select 菜单项建立一个子菜单项，其"标签"属性和"回调"属性分别设为 Red 和 set(gcbf,'Color','r')。

（7）运行图形用户界面。保存程序代码后，在图形界面设计器中选择"工具"→"运行"命令，或单击工具栏上的"运行图形"命令按钮 ▶，即可得到如图 10-22 所示的图形用户界面。图形界面存盘后，也可以在命令行窗口中直接输入文件名来运行。例如，可以输入 guidemo 来运行上面保存过的界面。

例 10-6　建立如图 10-23 所示的图形演示窗口。在编辑框输入 a、b、c 的值，当单击"绘图"按钮时，绘制 ax^2+bx+c 的图像，观察参数 a、b、c 对图像的影响。

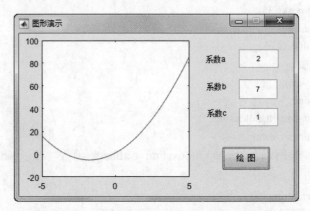

图 10-23　利用 GUIDE 设计的图形演示窗口

操作步骤如下：

（1）新建一个 GUI，在图形窗口上添加 1 个坐标轴、3 个静态文本框、3 个编辑框和 1 个按钮。图形窗口的 MenuBar 属性设置为 none，Name 属性设置为"图形演示"，其余控件的属性按图示设置。

（2）在按钮的 pushbutton1_Callback 函数中添加如下代码：

```
com1=get(handles.edit1,'String');
com2=get(handles.edit2,'String');
com3=get(handles.edit3,'String');
a=eval(com1);
b=eval(com2);
c=eval(com3);
x=-5:0.1:5;
y=a*x.*x+b*x+c;
axis([-5,5,-20,20]);
plot(x,y)
hold on;
```

实验指导

一、实验目的

1．掌握菜单设计的方法。
2．掌握各种控件的属性和创建方法。
3．掌握图形用户界面设计工具的使用方法。

二、实验内容

1．设计菜单。菜单条中含有 File 和 Help 两个菜单项。如果选择 File 中的 New 选项，则将显示 New Item 字样，如果选择 File 中的 Open 选项，则将显示出 Open Item 字样。File 中的 Save 菜单项初始时处于禁选状态，在选择 Help 选项之后将此菜单项恢复成可选状态，如果选择 File 中的 Save 选项，则将显示 Save Item 字样。如果选择 File 中的 Exit 选项，则将关闭当前窗口。如果选择 Help 中 About…选项，则将显示 Help Item 字样，并将 Save 菜单设置成可选状态。

2．绘制一条抛物线，创建一个与之相联系的快捷菜单，用以控制曲线的颜色。

3．建立控件对象。

（1）建立弹出框，分别选择不同的函数，从而实现相应的函数运算。

（2）分别建立编辑框和命令按钮，其中编辑框输入多项式系数，命令按钮求其根。

（3）在图形窗口中央建立一个按钮，单击按钮时，按钮在图形窗口中随机游动。

4．设计一个用户界面，其中有一个静态文本框、一个编辑框、两个复选框和一组单选按钮。在编辑框中输入一个数，单击按钮，可以设置静态文本框中的文字的大小；复选框用于设置文字是否为粗体、倾斜；单选按钮用于设置字体的颜色。

5．采用图形用户界面，从键盘输入参数 a、b 和 n 的值，考察参数对极坐标曲线 $\rho=a\cos(b+n\theta)$ 的影响。

思考练习

一、填空题

1．在 MATLAB 中，用户界面对象是分层次的，处于最上层的是_____。

2．在一组按钮中，通常只能有一个被选中，如果选中了其中一个，则原来被选中的就不再处于被选中的状态，这种按钮称为_____。

3．控件的 Position 属性由 4 个元素构成，前两个元素为控件左下角相对于_____的横纵坐标值，后两个元素为控件对象的_____和_____。

4．用于定义控件被选中后的响应命令的属性是_____。

5．定义菜单项时，为了使该菜单项呈灰色，应将其 Enable 属性设置为_____。

6．建立快捷菜单的函数是_____。

7．如果需要取消图形窗口默认的菜单，可以将图形窗口的_____属性设置为 none。

8．在 MATLAB 命令行窗口中输入_____命令，或在 MATLAB 主窗口中单击"主页"选项卡"文件"组中的"新建"命令按钮，选择_____命令，打开图形用户界面设计模板窗口。

二、问答题

1．什么是图形用户界面？它有何特点？

2．菜单设计的基本思路是什么？

3．在 MATLAB 应用程序的用户界面中，常用的控件有哪些？各有何作用？

4．在 MATLAB 中，GUI 的设计方式有哪两种？各有何特点？

5．结合 MATLAB 中 GUIDE 的操作，请谈谈对可视化程序设计的理解。

6．建立控件对象。

（1）建立单选按钮，分别用于将图形窗口移至屏幕的 4 个角。

（2）建立列表框，分别选择不同的函数，从而实现相应的函数运算。

（3）用滑动条来输入 a 和 b 的值，命令按钮求其和。

（4）建立一个双位按钮，控制是否保留坐标轴原有图形。

第 11 章 Simulink 动态仿真集成环境

Simulink 是一种以 MATLAB 为基础的用来对动态系统进行建模、仿真和分析的软件包。从名字上看，"Simulink" 一词有两层含义，Simu 表明它可用于系统仿真，Link 表明它能进行系统连接。在该软件环境下，用户可以在屏幕上调用现成的模块，并将它们连接起来以构成系统的模型，即所谓的可视化建模。建模以后，以该模型为对象运行 Simulink 中的仿真程序，可以对模型进行仿真，并可以随时观察仿真结果和干预仿真过程。

Simulink 由于功能强大、使用简单方便，已成为应用最广泛的动态系统仿真软件。本章主要介绍创建 Simulink 仿真模型的方法、设置仿真参数和运行仿真模型的方法、MATLAB 子系统及其封装技术，以及 S 函数的设计与应用。

本章要点

- Simulink 操作基础
- MATLAB 系统仿真模型
- MATLAB 系统的仿真与分析
- MATLAB 子系统及其封装技术
- S 函数的设计与应用

11.1 Simulink 操作基础

1990 年 MathWorks 公司为 MATLAB 增加了用于建立系统模型和仿真的组件，1992 年将该组件命名为 Simulink。Simulink 是 MATLAB 的重要组成部分，既适用于线性系统，也适用于非线性系统；既适用于连续系统，也适用于离散系统和连续与离散混合系统；既适用于定常系统，也适用于时变系统。

11.1.1 Simulink 的启动与退出

1. Simulink 的启动

在安装 MATLAB 的过程中，若选中了 Simulink 组件，则在 MATLAB 安装完成后，Simulink 也就安装好了。如果需要，可以直接启动 Simulink，步骤如下：

（1）在 MATLAB 的命令行窗口输入 simulink 命令，或选择 MATLAB 主窗口 "主页" 选项卡，单击 SIMULINK 命令组中的 Simulink 命令按钮，或选择 MATLAB 主窗口 "主页" 选项卡，单击 "文件" 命令组中的 "新建" 命令按钮，再从下拉菜单中选择 Simulink Model 命令，即可进入 Simulink 起始页。

（2）在 Simulink 起始页单击 Blank Model 按钮，打开一个名为 untitled 的模型编辑窗口，如图 11-1 所示。利用模型编辑窗口，可以通过鼠标的拖放操作创建一个仿真模型。

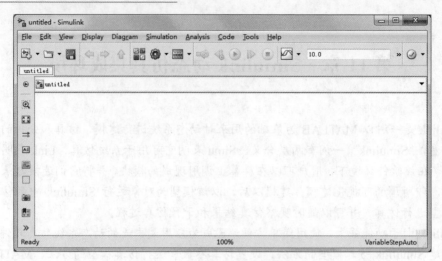

图 11-1　Simulink 模型编辑窗口

在 Simulink 模型编辑窗口选择 File→New→Blank Model 命令，或按 Ctrl+N 组合键，或单击工具栏中的 命令按钮，可以打开新的模型编辑窗口。

（3）在 Simulink 模型编辑窗口单击 Library Browser 按钮，打开如图 11-2 所示的 Simulink Library Browser（Simulink 模块库浏览器）窗口。该窗口包含两个窗格，左侧的窗格以树状列表的形式列出了所有模块库。若单击某个模块库，右侧的窗格会列出该模块库的子模块库；若单击某个子模块库，右侧的窗格会列出该子模块库中的所有模块。

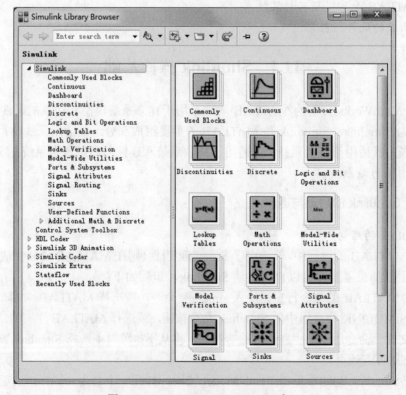

图 11-2　Simulink Library Browser 窗口

在 Simulink Library Browser 窗口中，单击其工具栏中的 或按 Ctrl+N 组合键，可以打开模型编辑窗口。

（4）模型创建完成后，在 Simulink 模型编辑窗口选择 File→Save 命令或 Save as 命令，或单击模型编辑窗口工具栏中的 Save 命令按钮，将模型以模型文件的格式存盘。MATLAB 2012b 以前的版本，模型存储格式为 MDL 格式（扩展名为.mdl），后来的版本增加了 SLX 格式（扩展名为.slx），信息存储使用 Unicode UTF-8 的 XML 标准。保存文件的格式与当前系统支持的字符编码有关，如果模型中使用了中文字符，建议使用 SLX 格式存储。

注意：Simulink 不能独立运行，只能在 MATLAB 环境中运行。

2．模型文件的打开

如果要对一个已经存在的模型文件进行编辑修改，需要打开该模型文件，其方法有：

（1）在 MATLAB 命令行窗口直接输入模型文件名（不要加扩展名），但要求该模型文件在当前文件夹下或在已定义的搜索路径中。

（2）在 Simulink 起始页单击 Open file 按钮，然后选择或输入欲编辑模型的名字。或直接选择最近打开过的模型文件打开模型。

（3）在 Simulink 模型编辑窗口选择 File→Open 命令，或按 Ctrl+O 组合键，或单击工具栏中的 Open 命令按钮，然后选择或输入欲编辑模型的名字。也可以选择 File→Open Recent 命令打开最近打开过的模型文件。

（4）在 Simulink Library Browser 窗口中，单击其工具栏中的 Open 命令按钮，也能打开已经存在的模型文件。

3．Simulink 的退出

要退出 Simulink，只要关闭所有模型编辑窗口和 Simulink Library Browser 窗口即可。

11.1.2　Simulink 仿真初步

1．模型元素

典型的 Simulink 模型包括以下 3 种元素。

（1）信号源（Source）。信号源可以是 Constant（常量）、Clock（时钟）、Sine Wave（正弦波）、Step（单位阶跃函数）等。

（2）系统模块。例如，Math Operations 模块（数学运算）、Continuous 模块（连续系统）、Discrete 模块（离散系统）等。

（3）信宿（Sink）。信号可以在 Scope（示波器）、XY Graph（图形记录仪）上显示，也可以存储到文件（To File）或导出到工作空间（To Workspace）。

2．仿真步骤

利用 Simulink 进行系统仿真通常包括以下步骤：

（1）建立系统仿真模型，包括添加模块、设置模块参数、进行模块连接等操作。

（2）设置仿真参数。

（3）启动仿真并分析仿真结果。

3．简单实例

下面通过一个简单实例，说明利用 Simulink 建立仿真模型并进行系统仿真的方法。

例 11-1　利用 Simulink 仿真曲线 $y(t) = 2e^{-0.5t}$（$0 \leqslant t \leqslant 20$）。

t 由 Sources（信号源）模块库中的时钟（Clock）模块提供，$e^{-0.5t}$ 用 Math Operations（数学运算）模块库中的 Math Function（数学函数）模块产生，再配合以 Sources 库中的 Constant（常数）模块、Math Operations 库中的 Product（乘积）模块，便可以建立系统模型。关于输出可以用 Sinks（输出）模块库中的 Scope 模块、Out（输出端口）模块或 To Workspace 模块。操作过程如下：

（1）打开一个名为 untitled 的模型编辑窗口，创建仿真模型。

（2）打开 Simulink Library Browser 窗口，将所需模块添加到模型中。在 Simulink Library Browser 窗口中展开 Simulink 模块库，然后单击 Sources 模块库，在右边的窗口中找到 Clock 模块，然后用鼠标将其拖到模型编辑窗口。同样，把其他模块拖到模型编辑窗口。

（3）设置模块参数。双击 Constant 模块，打开其参数设置对话框，在 Constant value 栏中输入-0.5 或 2，如图 11-3 所示。其余模块参数不用设置。

（4）用连线将各个模块连接起来组成系统仿真模型，如图 11-4 所示。大多数模块两边有符号">"，与尖端相连的端表示信号输入端，与开口相连的端表示信号输出端。连线时

图 11-3　Constant 模块参数设置

从一个模块的输出端按下鼠标左键，拖拽至另一模块的信号输入端，松开鼠标左键完成连线操作，连线箭头表示信号流的方向。也可以在单击信号流的源模块后，按住 Ctrl 键，然后单击信号流的目标模块，实现模块连线。

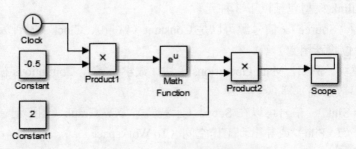

图 11-4　一个系统的仿真模型

模型建好后，在模型编辑窗口选择 File→Save 命令或 Save as 命令，或单击模型编辑窗口工具栏中的 Save 命令按钮，将模型以模型文件的格式存盘。

（5）设置系统仿真参数。在模型编辑窗口选择 Simulation→Model Configuration Parameters 命令，打开仿真参数设置对话框，在 Start time 编辑框设置起始时间为 0，在 Stop time 编辑框设置终止时间为 10s。把 Solver options（算法选项）中的 Type 参数设为 Fixed-step（固定步长），并在其右侧的 Solver 算法编辑框中选择 ode5（Dormand-Prince）选项，即 5 阶 Runge-Kutta 法，

再把 Fixed-step size（fundamental sample time）的值设置为 0.001s，如图 11-5 所示。

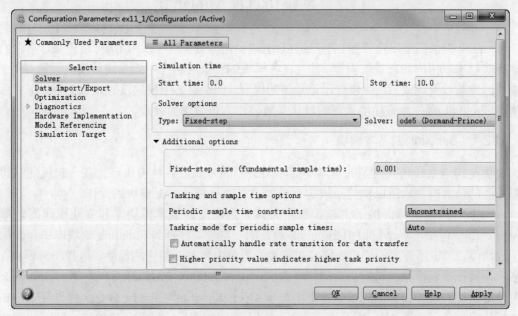

图 11-5　仿真参数设置

（6）仿真操作。在模型编辑窗口选择 Simulation→Run 命令，或单击工具栏中的 Run 命令按钮，再双击示波器模块，就可以在示波器窗口中看到仿真结果，曲线如图 11-6 所示。

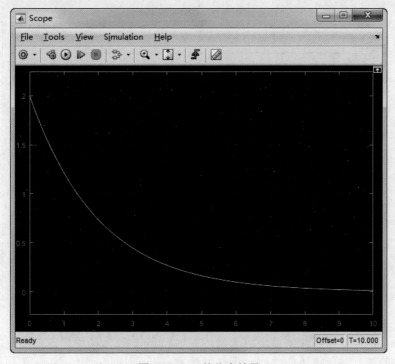

图 11-6　y(t)的仿真结果

11.2 系统仿真模型的建立

Simulink 提供图形用户界面，用户可以用鼠标操作，从模块库中调用标准模块，将它们适当地连接起来以构成动态系统模型，并且在各模块的参数对话框中为系统各模块设置参数。当各模块的参数设置完成后，即建立起该系统的模型。如果对某一模块没有设置参数，那就意味着使用 Simulink 预先为该模块设置的默认参数值作为该模块的参数。

11.2.1 Simulink 的基本模块

模块是构成系统仿真模型的基本单元，用适当的方式把各种模块连接在一起就能够建立动态系统的仿真模型，所以构建系统仿真模型主要涉及 Simulink 模块的操作。

Simulink 的模块库提供了大量模块，大体分为两类：基本模块库和专业模块库。单击 Simulink Library Browser 窗口中 Simulink 前面的 ▷ 符号，将看到 Simulink 模块库中包含的基本子模块库，单击所需要的子模块库，在右边的窗口中将看到相应的模块，选择所需模块，可用鼠标将其拖拽到模型编辑窗口。同样，在 Simulink Library Browser 窗口左侧的 Simulink 选项上单击鼠标右键，在弹出的快捷菜单中选择 Open Simulink Library 命令，将打开 Simulink 基本模块库窗口，如图 11-7 所示。双击其中的子模块库图标，打开子模块库，即可找到仿真所需要的模块。

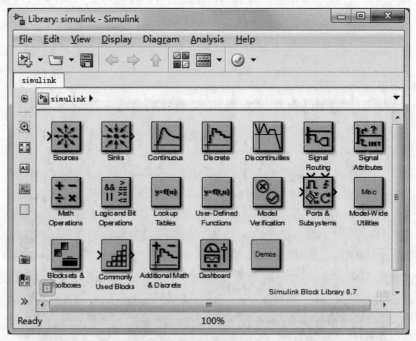

图 11-7 Simulink 基本模块库窗口

以 Continuous（连续系统）模块库为例，在 Simulink 基本模块库窗口中双击 Continuous 模块库的图标即可打开该模块库窗口，也可以在 Simulink Library Browser 窗口中的 Simulink 下选中 Continuous 选项，然后在 Simulink Library Browser 窗口右侧打开连续系统模块库。在连续系统模块库中，包含 Integrator（积分环节）、Derivative（微分环节）、State-Space（状态方程）、Transfer Fcn（传递函数）等许多模块，可供连续系统建模使用。

Simulink 模块库内容十分丰富，其他模块库的操作方法与连续系统模块库相同。此外，用户还可以自己定制和创建模块。

11.2.2　模块操作

1．添加与删除模块

要把一个模块添加到模型中，首先要在 Simulink 模块库中找到该模块，然后将这个模块拖拽到模型编辑窗口中即可。

要删除模块，需要先选定模块，再按 Delete 键，或选择 Edit→Cut 命令或 Delete 命令。也可以右击需要删除的模块，在弹出的快捷菜单中选择 Cut 命令或 Delete 命令。Cut 命令将删除的模块送到剪贴板，Delete 命令将彻底删除模块。

2．选取模块

要在模型编辑窗口中选择单个模块，只要在模块上单击即可，这时模块四周出现深色边框。要选取多个模块，可以在所有模块所占区域的一角按下左键不放，拖向该区域的对角，在此过程中会出现深色框，当深色框包住了要选的所有模块后，放开左键，这时所有被选中的模块周围会出现深色边框，表示模块都被选中了。

3．复制模块

在建立系统仿真模型时，可能需要多个相同的模块，这时可采用模块复制的方法。在同一模型编辑窗口中复制模块的方法是：单击要复制的模块，按住左键并同时按下 Ctrl 键，移动鼠标到适当位置放开左键，该模块就被复制到当前位置。模块复制以后，会发现复制出的模块名称在原名称的基础上加上了编号，这是 Simulink 的约定，每个模型中的模块和名称是一一对应的，每一个模块都有不同的名字。

在不同的模型编辑窗口之间复制模块的方法是：首先打开源模块和目标模块所在的窗口，然后单击要复制的模块，按住左键移动鼠标到相应窗口（不用按住 Ctrl 键），然后释放左键，该模块就会被复制过来，而源模块不会被删除。

复制操作还可以在模型编辑窗口选择 Edit→Copy 命令和 Edit→Paste 命令来完成。

4．模块外形的调整

要改变单个模块的大小，首先将鼠标指针指向该模块，此时模块的四角出现白色的小方块，用左键点住其周围的 4 个白方块中的任何一个并拖动到需要的位置后释放鼠标即可。

若要改变整个模型中所有模块的大小，可以选择模型编辑窗口中的 View→Zoom 菜单项，其中的 Zoom in 和 Zoom out 命令分别用来放大和缩小整个模型，Normal View（100%）命令用来将整个模型恢复到原始的正常大小，Fit to View 命令用来将当前选中的模块或当前模型放大到整个窗口大小来观察。

要调整模块的方向，首先选定模块，然后在模型编辑窗口选择 Diagram→Rotate & Flip 菜单项，其中的 Clockwise 命令使模块按顺时针方向旋转 90°，Counterclockwise 命令使模块按逆时针方向旋转 90°，Flip Block 命令使模块旋转 180°。

要改变模块的颜色，首先选定模块，然后在模型编辑窗口选择 Diagram→Format 菜单项，其中的 Foreground Color 命令用来设置模块的前景色，即模块的图标、边框和模块名的颜色。

选择 Background Color 命令，设置模块的背景色，即模块的背景填充色。选择 Canvas Color 命令，改变模型编辑窗口的背景色。选择 Shadow 命令使模块产生阴影效果。

5. 模块名的处理

要隐藏或显示模块名，首先选定模块，然后在模型编辑窗口选择 Diagram→Format→Show Block Name 命令，使模块隐藏的名字显示出来或隐藏模块名。

要修改模块名，单击模块名的区域，这时会在此处出现编辑状态的光标，在这种状态下能够对模块名随意修改。模块名和模块图标中的字体也可以更改，方法是选定模块，在模型编辑窗口选择 Diagram→Format→Font Style 命令，这时会弹出 Select Font 对话框，即可在对话框中选择需要的字体。

模块名的位置有一定的规律，当模块的接口在左右两侧时，模块名只能位于模块的上下两侧，默认在下侧；当模块的接口在上下两侧时，模块名只能位于模块的左右两侧，默认在左侧。因此，模块名只能从原位置移动到相对的位置。可以用鼠标拖动模块名到其相对的位置；也可以选定模块，在模型编辑窗口选择 Diagram→Rotate & Flip→Flip Block Name 命令实现模块名相对的移动。

11.2.3 模块的连接

当设置好了各个模块后，还需要把它们按照一定的顺序连接起来才能组成一个完整的系统模型。

1. 连接两个模块

从一个模块的输出端连到另一个模块的输入端，这是 Simulink 仿真模型最基本的连接情况。方法是先移动鼠标指针到输出端，当鼠标指针变成十字形光标时按住左键，移动鼠标指针到另一个模块的输入端，当连接线由虚线变成实线时，释放左键就完成了两个模块的连接。

如果两个模块不在同一水平线上，连线是一条折线。若要用斜线表示，需要在连线后，选中连线，再按住 Shift 键进行拖动。

2. 模块间连线的调整

调整模块间连线位置可采用鼠标拖放操作来实现。先将鼠标指针移动到需要移动的线段的位置，按住左键，移动鼠标到目标位置，再释放左键。

删除连线的方法和删除模块方法相同，即先选中连线，再删除。

3. 连线的分支

在仿真过程中，经常需要把一个信号输送到不同的模块，这时就需要从一根连线分出一根连线。操作方法是在先连好一条线之后，把鼠标指针移到分支点的位置，按下 Ctrl 键，然后按住左键拖拽到目标模块的输入端，释放左键和 Ctrl 键。

4. 标注连线

为了使模型更加直观，可读性更强，可以为传输的信号做标记。操作方法是双击要做标记的连线，将出现一个小文本编辑框，在其中输入标注文本，这样就建立了一个信号标记。

11.2.4 模块的参数和属性设置

模块参数定义模块的动态行为和状态，属性定义模块的外观。

1. 模块的参数设置

在模型编辑窗口打开模块参数设置对话框有以下方法。

（1）双击要设置的模块。

（2）选择要设置的模块，再选择 Diagram→Block Parameters 命令。

（3）右击要设置的模块，从快捷菜单中选择 Block Parameters 命令。

模块参数设置对话框分为两部分，上面一部分是模块功能说明，下面一部分用来进行模块参数设置。图 11-8 为正弦波模块参数对话框，用户可以设置它的采样时间、幅值、频率、相位等参数。

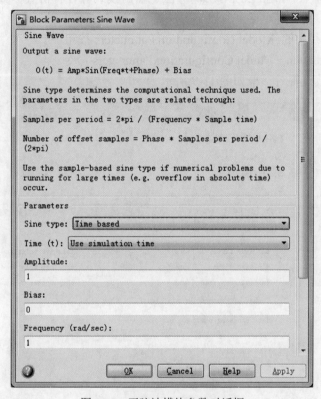

图 11-8　正弦波模块参数对话框

2. 模块的属性设置

在模型编辑窗口打开模块属性设置对话框有以下方法。

（1）选定要设置属性的模块，选择 Diagram→Properties 命令。

（2）右击要设置属性的模块，从快捷菜单中选择 Properties 命令。

模块属性对话框包括 General、Block Annotation 和 Callbacks 三个选项卡。

General 选项卡中可以设置 3 个基本属性，分别是：Description 属性对该模块在模型中的用法进行说明。Priority 属性规定该模块在模型中相对于其他模块执行的优先顺序。优先级的数值必须是整数（可以是负整数），该数值越小，优先级越高。也可以不输入优先级数值，这时系统自动选取合适的优先级。Tag 属性是用户为模块添加的文本格式的标记。

Block Annotation 选项卡中可以指定在该模块的图标下显示模块的哪个参数。

Callbacks 选项卡中可以指定当对该模块实施某种操作时需要执行的 MATLAB 命令或程序。

11.3　系统的仿真与分析

系统的模型建立之后，选择仿真参数和数值算法，便可以启动仿真程序对该系统进行仿真。

11.3.1　设置仿真参数

在系统仿真过程中，事先必须对仿真算法、输出模式等各种仿真参数进行设置。在模型编辑窗口打开仿真参数设置对话框有以下方法。

（1）单击工具栏中的 Model Configuration Parameters 按钮 ⚙ 。

（2）选择 Simulation→Model Configuration Parameters 命令。

打开的仿真参数设置对话框如图 11-9 所示。

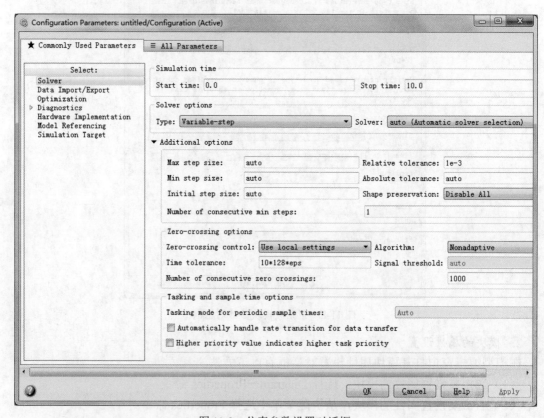

图 11-9　仿真参数设置对话框

在仿真参数设置对话框中，仿真参数分为 7 类。

（1）Solver 参数：用于设置仿真起始和终止时间，选择微分方程求解算法并为其规定参数，以及选择某些输出选项。

（2）Data Import/Export 参数：用于管理工作空间数据的导入和导出。

（3）Optimization 参数：用于设置仿真优化模式。

（4）Diagnostics 参数：用于设置在仿真过程中出现各类错误时发出警告的等级。

（5）Hardware Implementation 参数：用于设置实现仿真的硬件。

（6）Model Referencing 参数：用于设置参考模型。

（7）Simulation Target 参数：用于设置仿真模型目标。

1．Solver 参数设置

Solver（求解算法）是利用模型中所含的信息来计算系统动态行为的数值积分算法。Simulink 提供的求解算法可支持多种系统的仿真，其中包括任何规模的连续时间（模拟）、离散时间（数字）、混杂（混合信号）和多采样率系统。

这些求解算法可以对刚性系统以及具有不连续过程的系统进行仿真。可以指定仿真过程的参数，包括求解算法的类型和属性、仿真的起始时间和结束时间以及是否加载或保存仿真数据。此外，还可以设置优化和诊断信息。在仿真参数对话框左侧窗格中单击 Solver 选项，在右侧窗格中会列出所有 Solver 参数，如图 11-9 所示。

（1）设置仿真起始和终止时间（Simulink time）。在 Start time 和 Stop time 两个编辑框中，通过直接输入数值来设置仿真起始时间和终止时间，时间单位是秒（s）。

（2）仿真算法的选择（Solver options）。在 Type 列表框中设定算法类别：Fixed-step（固定步长）和 Variable-step（变步长）算法，在 Solver 列表框中选择具体算法。

仿真算法根据步长的变化分为固定步长类算法和变步长类算法。固定步长是指在仿真过程中计算步长不变，而变步长是指在仿真过程中要根据计算的要求改变步长。对于这两类算法，它们所对应的相关选项及具体算法都有所不同。

在采用变步长类算法时，首先应该指定允许的误差限，包括相对误差限（Relative tolerance）和绝对误差限（Absolute tolerance），当计算过程中的误差超过该误差限时，系统将自动调整步长，步长的大小将决定仿真的精度。在采用变步长类算法时还要设置所允许的最大步长（Max step size），在默认值（Auto）的情况下，系统所给定的最大步长为：（终止时间–起始时间）/50。

在一般情况下，系统所给的最大步长已经足够，但如果用户所进行的仿真时间过长，则默认步长值就非常大，有可能出现失真的情况，这时应根据需要设置较小的步长。

在采用固定步长算法时，要先设置固定步长。由于固定步长算法的步长不变，所以此时不设定误差限，而多了一个模型类型（Tasking mode for periodic sample times）的选项，该选项包括：Auto（默认值）、SingleTasking（单任务）和 MultiTasking（多任务）。单任务是指各模块的采样速率相同，不检测采样速率的传递；多任务是指在模型中模块具有不同的采样速率，同时检测模块之间采样速率的传递；默认值则根据模块的采样速率是否相同来决定采用单任务还是多任务。

变步长和固定步长包含多种不同的具体算法，如图 11-10 所示。一般情况下，连续系统仿真应该选择 ode45 变步长算法，对刚性问题可以选择变步长的 ode15s 算法。离散系统一般默认选择固定步长的 discrete（no continuous states）算法，要注意在仿真模型中含有连续环节时不能采用该仿真算法，而可以采用诸如 4 阶 Rung-Kutta 法这样的算法来求解问题。

2．Data Import/Export 参数设置

导入的数据包括输入信号和初始状态，输入信号可以用标准信号或自定义函数生成。导出的数据包括输出信号和仿真过程的状态数据，可以用于生成图形或进行其他处理。Data Import/Export（数据导入/导出）参数选项如图 11-11 所示，包含 Load from workspace、Save to workspace or file 和 Simulation Data Inspector 三个部分。

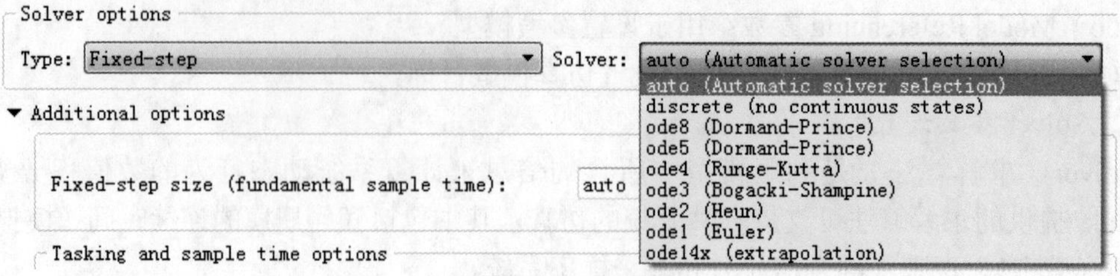

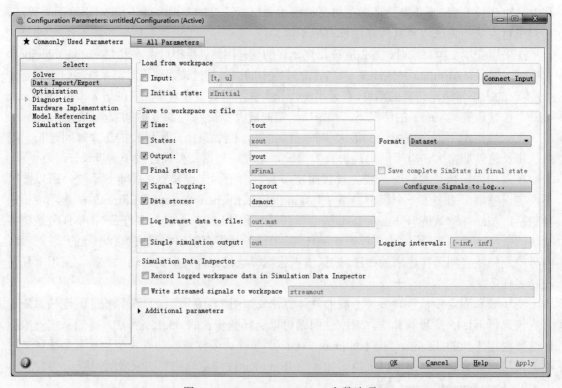

（a）固定步长仿真算法

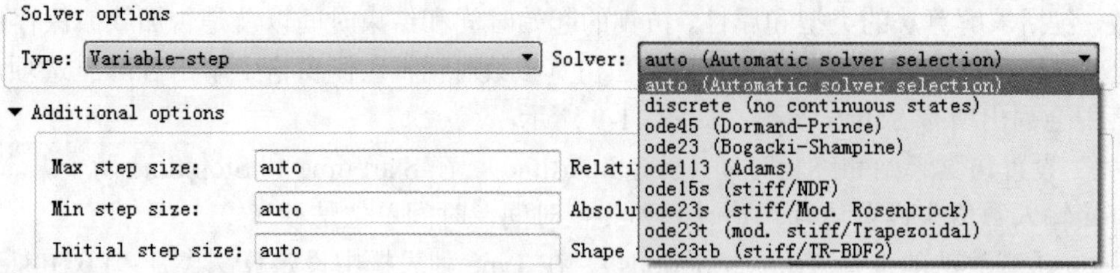

（b）变步长仿真算法

图 11-10　Simulink 仿真算法

图 11-11　Data Import/Export 参数选项

　　（1）Load from workspace（从工作空间中载入数据）。在仿真过程中，如果模型中有输入端口（In 模块），可从工作空间直接把数据载入到输入端口，即先选中 Data Import/Export 参数选项中的 Input 复选框，然后在后面的编辑框内输入数据的变量名。变量名可以采用不同的输入形式：

① 矩阵形式。如果以矩阵形式输入变量名，则矩阵的列数必须比模型的输入端口数多一个，MATLAB 把矩阵的第一列默认为时间向量，后面的每一列对应每一个输入端口，矩阵的第一行表示某一时刻各输入端口的输入状态。另外，也可以把矩阵分开来表示，即 MATLAB 默认的表示方法[t,u]，其中 t 是一维时间列向量，表示仿真时间，u 是和 t 长度相等的 n 维列向量（n 表示输入端口的数量），表示状态值。例如，在命令行窗口中定义 t 和 u，命令如下：

    >> t=(0:0.1:10)';
    >> u=[sin(t),cos(t).*sin(t),exp(-2*t).*sin(t)];

则 3 个输入端口输入的数据与时间的关系分别为：$\sin t$、$\cos t \sin t$ 和 $e^{-2t} \sin t$，用图 11-12 所示模型可观察各输入端口的输入数据曲线。

② 包含时间数据的结构形式。对于包含时间数据的结构，在 MATLAB 中有非常严格的规定，即在结构中必须有两个名字不能改变的顶级成员：time 和 signals。在 time 成员中包含一个列向量，表示仿真时间；signals 成员是一个向量，向量中的每个元素对应一个输入端口，并且每个元素必须包含一个

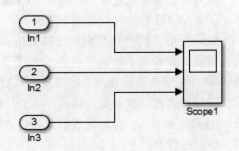

图 11-12　从工作空间中载入数据

名字同样不能改变的 values 成员，values 成员也包含一个列向量，对应于输入端口的输入数据。例如，对于上例，若改为包含时间数据的结构输入，则命令如下：

    >> t=(0:0.1:10)';
    >> A.time=t;
    >> A.signals(1).values=sin(t);
    >> A.signals(2).values=cos(t).*sin(t);
    >> A.signals(3).values=exp(-2*t).*sin(t);

在 Input 复选框右侧的文本框内输入 A，则产生的仿真曲线与上面矩阵形式数据输入后的输出曲线完全相同。

在 Input 复选框的下面，还有一个 Initial state 复选框，它表示的是模块的初始化状态。对模块进行初始化的方法是：先选中 Initial state 复选框，然后在右侧的文本框中输入初始化数据的变量名。对于变量要求的几种形式，与前面的输入端口数据的变量形式基本相同，但变量中的数据个数必须和状态模块数相同。

（2）Save to workspace or file（保存到工作空间或文件）。在 Save to workspace or file 区域中，可以选择的选项有：Time（时钟）、States（状态）、Output（输出端口）、Final states（最终状态）、Signal logging（信号）等。同载入数据的形式一样，保存数据也有矩阵、结构和包含时间数据的结构 3 种形式，在 Format 下拉列表中可以根据需要进行选择。对于不同的保存形式来说，Time 的格式是不变的，总是对应仿真的采样时间。

11.3.2　运行仿真与仿真结果分析

1. 运行仿真

在 MATLAB 中，可以在 Simulink 模型编辑窗口以交互方式运行仿真。Simulink 仿真有 3

种模式，可以通过在模型编辑窗口选择 Simulation→Mode 命令进行设置。

（1）Normal：即标准模式（默认设置），以解释方式运行，仿真过程中能够灵活地更改模型参数和显示结果，但仿真运行慢。

（2）Accelerator：即加速器模式，通过创建和执行已编译的目标代码来提高仿真性能，而且在仿真过程中能够较灵活地更改模型参数。加速器模式下运行的是模型编译生成的 S 函数，不能提供模型覆盖率信息。

（3）Rapid Accelerator：即快速加速器模式，能够比 Accelerator 模式更快地进行模型仿真，但该模式不支持调试器和性能评估器。

设置完仿真参数之后，单击模型编辑窗口工具栏中的 Run 按钮▶，或选择 Simulation→Run 命令，便可启动对当前模型的仿真。

Simulink 支持使用仿真步进器（Simulation Stepper）进行调试，便于逐步查看示波器上的仿真数据，或检查系统改变状态的方式及时间。单击模型编辑窗口工具栏中的 Step Forward 按钮▶▶，开始单步仿真。单击模型编辑窗口工具栏中的 Stop 按钮■，终止单步仿真。

运行仿真前，单击模型编辑窗口工具栏中的 Stepping Options 按钮，在打开的对话框中选中 Enable stepping back 复选框，在仿真时单击模型编辑窗口工具栏中的 Step Back 按钮◀｜，回溯仿真过程。

2. 仿真结果分析

Simulink 提供了多种有助于了解仿真行为的调试工具。使用 Simulink 中提供的查看器和示波器查看信号，实现仿真行为可视化。还可以将仿真结果导出到 MATLAB 工作区，以便使用 MATLAB 算法以及可视化工具来查看和分析数据。

在仿真过程中，用户可以设置不同的输出方式来观察仿真结果。为了观察仿真结果的变化轨迹，可以采用 3 种方法。

（1）把仿真结果送给 Scope 模块或者 XYGraph 模块。Scope 模块显示系统输出量对于仿真时间的变化曲线，XYGraph 模块显示送到该模块上的两个信号中的一个对另一个的变化关系。

（2）把仿真结果送到输出端口，将结果导出到工作空间，然后用 MATLAB 命令画出该变量的变化曲线。在运行这个模型的仿真之前，先在 Configuration Parameters 对话框的 Data Impot/Export 选项卡中，规定时间变量和输出变量的名称（假定分别为 t 和 y），那么，当仿真结束后，时间值保存在时间变量 t 中，对应的输出端口的信号值保留在输出变量 y 中，这时可以在命令行窗口使用 whos 命令查看内存变量，也可以使用绘图命令绘制系统输出量的变化曲线。

（3）把输出结果送到 To Workspace 模块，在 To Workspace 模块参数对话框中填入输出变量名称，并在 Save format 下拉列表中选择 Array 选项，从而将结果直接存入工作空间，然后用 MATLAB 命令画出该变量的变化曲线。

例 11-2 利用 Simulink 仿真下列曲线，取ω=2π。

$$x(\omega t) = \sin \omega t + \frac{1}{3}\sin 3\omega t + \frac{1}{5}\sin 5\omega t + \frac{1}{7}\sin 7\omega t + \frac{1}{9}\sin 9\omega t$$

仿真过程如下：

（1）启动 Simulink 并打开模型编辑窗口。

（2）将所需模块添加到模型中。单击模块库浏览器中的 Sources 模块库，在右边的窗口中找到 Sine Wave 模块，然后将其拖到模型编辑窗口，再重复 4 次，得到 5 个正弦源。同样，在 Math Operations 模块库中把 Add 模块拖到模型编辑窗口，在 Sinks 模块库中把 Scope 模块拖到模型编辑窗口。

（3）设置模块参数并连接各个模块组成仿真模型。先双击各个正弦源，打开其 Block Parameters 对话框，分别设置 Frequency（频率）为 2*pi、6*pi、10*pi、14*pi 和 18*pi，设置 Amplitude（幅值）为 1、1/3、1/5、1/7 和 1/9，其余参数不改变。对于求和模块，将符号列表参数 List of signs 设置为+++++。

设置模块参数后，用连线将各个模块连接起来组成仿真模型，如图 11-13 所示。

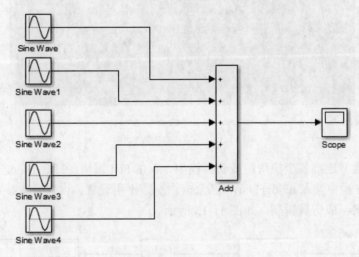

图 11-13　x(ωt)的仿真模型

（4）设置系统仿真参数。在模型编辑窗口选择 Simulation→Model Configuration Parameters 命令，打开仿真参数设置对话框，在 Start time 编辑框设置起始时间为 0，在 Stop time 编辑框设置终止时间为 1s。把 Solver options（算法选项）中的 Type 参数设为 Fixed-step（固定步长），并在其右侧的 Solver 算法编辑框中选择 ode5（Dormand-Prince）选项，再把 Fixed-step size 的值设置为 0.001s。

（5）系统仿真操作。在模型编辑窗口选择 Simulation→Run 命令，或单击工具栏中的 Run 命令按钮 ⏵，开始系统仿真操作。

（6）观察仿真结果。系统仿真结束后，双击仿真模型中的示波器模块，得到仿真结果，这时的波形如图 11-14 所示。显然这是由 5 次谐波合成的方波。

仿真输出结果还有一些其他输出方式，例如，使用 Display 模块可以显示输出数值。看下面的例子。

例 11-3　利用 Simulink 仿真求 $I = \int_0^1 x \ln(1 + x) dx$ 。

首先打开模型编辑窗口，将所需模块添加到模型中。在 Simulink Library Browser 窗口中单击 Sources 模块库，将 Clock 模块拖到模型编辑窗口。同样，在用户定义模块库 User-Defined Functions 中把函数模块 Fcn 拖到模型编辑窗口，在连续系统模块库 Continuous 中把 Integrator

模块拖到模型编辑窗口，在 Sinks 模块库中把 Display 模块拖到模型编辑窗口。

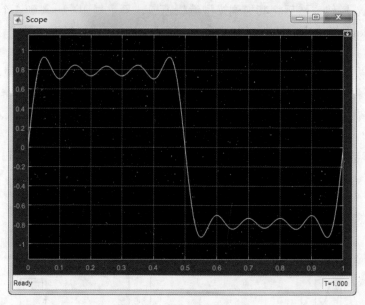

图 11-14　x(ωt)的仿真结果

设置模块参数并连接各个模块组成仿真模型。双击 Fcn 模块，打开 Block Parameters 对话框，在 Expression 栏中输入 u*log(1+u)，其余模块参数不用设置。设置模块参数后，用连线将各个模块连接起来组成仿真模型，如图 11-15 所示。

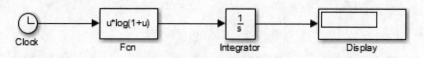

图 11-15　求积分的模型

设置系统仿真终止时间为 1s，运行仿真模型，Display 模块显示仿真结果为 0.25。

11.3.3　系统仿真实例

下面的应用实例将分别采用不同建模方法为系统建模并仿真。

例 11-4　有初始状态为 0 的二阶微分方程 $x''+0.2x'+0.4x=0.2u(t)$，其中 $u(t)$ 是单位阶跃函数，试建立系统模型并仿真。

方法 1：利用 Integrator（积分器）模块直接构造求解微分方程的模型。

把原微分方程改写为：

$$x''=0.2u(t)-0.2x'-0.4x$$

x'' 经积分作用得 x'，x' 再经积分模块作用就得 x，而 x' 和 x 经代数运算又产生 x''，据此可以建立系统模型并仿真。步骤如下：

（1）利用 Simulink 模块库中的基本模块不难建立系统模型，如图 11-16 所示。

模型中各个模块说明如下。

①u(t)输入模块：它的 Step time 被设置为 0，模块名称由原来的 Step 改为 u(t)。

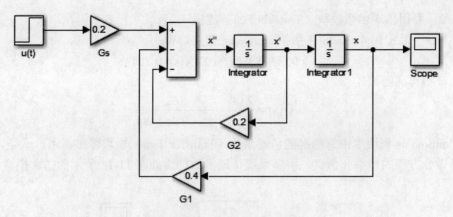

图 11-16　求解微分方程的模型

②Gs 增益模块：增益参数 Gain 设置为 0.2。

③Add 求和模块：其图标形状 Icon shape 选择 rectangular，符号列表 List of signs 设置为 ＋－－。

④Integrator 积分模块：参数不需改变。

⑤G1 和 G2 反馈增益模块：增益参数分别设置为 0.4 和 0.2，它们的方向翻转可借助快捷菜单中的 Rotate & Flip→Flip Block 命令或模型编辑窗口的 Diagram→Rotate & Flip→Flip Block 命令实现。

（2）设置系统仿真参数。打开 Configuration Parameters 窗口，把仿真的终止时间设置为 20s。

（3）仿真操作。双击示波器图标，打开示波器窗口。单击模型编辑窗口工具栏中的 Run 按钮，就可在示波器窗口中看到仿真结果的变化曲线，如图 11-17 所示。

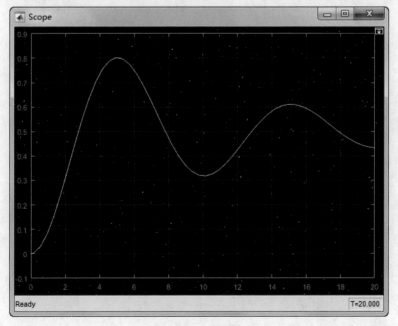

图 11-17　仿真曲线

方法 2：利用传递函数模块（Transfer Fcn）建模。

对方程 x″+0.2x′+0.4x=0.2u(t)两边取 Laplace 变换，得：

$$s^2X(s)+0.2sX(s)+0.4X(s)=0.2U(s)$$

经整理得传递函数：

$$G(s)=\frac{X(s)}{U(s)}=\frac{0.2}{s^2+0.2s+0.4}$$

在 Continuous 模块库中有标准的传递函数（Transfer Fcn）模块可供调用，于是，就可以构建求解微分方程的模型并仿真。根据系统传递函数构建如图 11-18 所示的仿真模型。

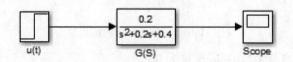

图 11-18　由传递函数模块构建的仿真模型

模型中各个模块说明如下：

（1）u(t)模块：设置 Step time 为 0。

（2）G(S)模块：双击 Transfer Fcn 模块，打开参数设置对话框，在 Numerator coefficients 栏中填写传递函数的分子多项式系数[0.2]，在 Denominator coefficients 栏中填写传递函数的分母多项式的系数[1,0.2,0.4]，如图 11-19 所示。

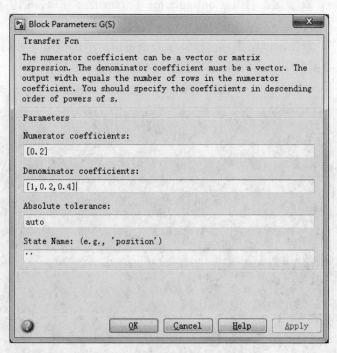

图 11-19　Transfer Fcn 模块参数设置

以后的操作与方法 1 相同。

方法 3：利用状态方程模块（State-Space）建模。

若令 $x_1=x$，$x_2=x'$，那么微分方程 $x''+0.2x'+0.4x=0.2u(t)$ 可写成：

$$x' = \begin{bmatrix} x_1' \\ x_2' \end{bmatrix} = \begin{bmatrix} 0 & 1 \\ -0.4 & -0.2 \end{bmatrix} \begin{bmatrix} x_1 \\ x_2 \end{bmatrix} + \begin{bmatrix} 0 \\ 0.2 \end{bmatrix} u(t)$$

写成状态方程为：

$$\begin{cases} x' = Ax + Bu \\ y = Cx + Du \end{cases}$$

式中 $A = \begin{bmatrix} 0 & 1 \\ -0.4 & -0.2 \end{bmatrix}$，$B = \begin{bmatrix} 0 \\ 0.2 \end{bmatrix}$，$C=[1\ 0]$，$D=0$。

在 Continuous 模块库中有标准的状态方程（State-Space）模块可供调用，于是，就可以构建求解微分方程的模型并仿真。根据系统状态方程构建如图 11-20 所示的仿真模型。

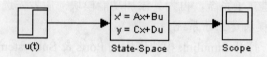

图 11-20　用状态方程模块构建的仿真模型

模型中各个模块说明如下：

（1）u(t)输入模块：它的 step time 被设置为 0。

（2）State-Space 模块：A、B、C、D 各栏依次填入[0,1;-0.4,-0.2]、[0;0.2]、[1,0]和 0，如图 11-21 所示。

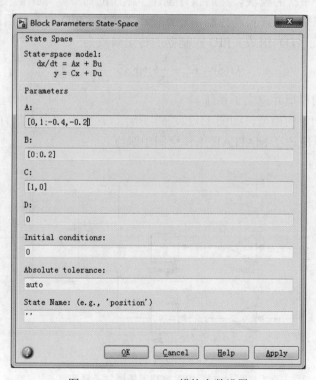

图 11-21　State-Space 模块参数设置

后面的操作与方法 1 相同。

11.4　子系统及其封装技术

当模型的规模较大或较复杂时，用户可以把几个模块组合成一个新的模块，这样的模块称为子系统。子系统把功能上有关的一些模块集中到一起保存，能够完成几个模块的功能。建立子系统的优点是：减少系统中的模块数目，使系统易于调试，而且可以将一些常用的子系统封装成一些模块，这些模块可以在其他模型中直接作为标准的 Simulink 模块使用。

11.4.1　子系统的创建

建立子系统有两种方法：通过 Subsystem 模块建立子系统和将已有的模块转换为子系统。两者的区别是：前者先建立子系统，再为其添加功能模块；后者先选择模块，再建立子系统。

1. 通过 Subsystem 模块建立子系统

新建一个仿真模型，打开 Simulink 模块库中的 Ports & Subsystems 模块库，将 Subsystem 模块添加到模型编辑窗口中。双击 Subsystem 模块打开子系统编辑窗口，窗口中已经自动添加了相互连接的输入模块和输出模块（表示子系统的输入端口和输出端口）。将要组合的模块插入到输入模块和输出模块中间并重新连接，一个子系统就建好了。若双击已建立的子系统，则打开子系统内部结构窗口。

2. 通过已有的模块建立子系统

先选择要建立子系统的模块，然后执行创建子系统的命令，原来的模块变为子系统。

例 11-5　PID 控制器是在自动控制中经常使用的模块，PID 控制器由比例单元（P）、积分单元（I）和微分单元（D）组成。PID 控制器的传递函数为

$$G(S) = K_p + \frac{K_i}{S} + K_d S$$

试建立 PID 控制器的模型并建立子系统。

先建立 PID 控制器的模型，如图 11-22（a）所示。注意，模型中含有 3 个变量 K_p、K_i 和 K_d，仿真时这些变量应该在 MATLAB 工作空间中赋值。

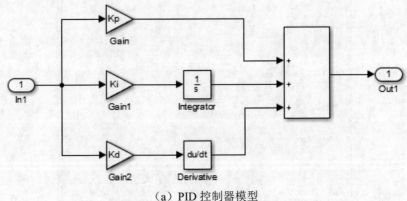

（a）PID 控制器模型

图 11-22　PID 控制器模型及子系统

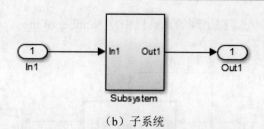

（b）子系统

图 11-22　PID 控制器模型及子系统（续图）

选中模型中的所有模块，在模型编辑窗口选择 Diagram→Subsystem & Model Reference→Create Subsystem from Selection 命令，或按 Ctrl+G 组合键建立子系统，所选模块将被一个 Subsystem 模块取代，如图 11-22（b）所示。

11.4.2　子系统的条件执行

子系统的执行可以由输入信号来控制，用于控制子系统执行的信号称为控制信号，而由控制信号控制的子系统称为条件执行子系统。在一个复杂模型中，有的模块的执行依赖于其他模块，在这种情况下，条件执行子系统是很有用的。条件执行子系统分为使能子系统、触发子系统和使能加触发子系统。

1. 使能子系统

使能子系统表示子系统在由控制信号控制时，控制信号由负变正时子系统开始执行，直到控制信号再次变为负时结束。控制信号可以是标量也可以是向量。如果控制信号是标量，则当标量的值大于 0 时子系统开始执行。如果控制信号是向量，则向量中任何一个元素大于 0，子系统将执行。

使能子系统外观上有一个"使能"控制信号输入口。"使能"是指当且仅当"使能"输入信号为正时，该模块才接收输入端的信号。可直接选择 Enabled Subsystem 模块来建立使能子系统，双击 Enabled Subsystem 模块，打开其内部结构窗口，如图 11-23 所示。

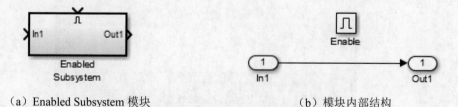

（a）Enabled Subsystem 模块　　　　　　（b）模块内部结构

图 11-23　Enabled Subsystem 模块及其内部结构

也可以展开已有子系统，添加 Ports & Subsystems 模块库中的 Enable 模块，将该子系统转换为使能子系统。

例 11-6　利用使能子系统构成一个正弦半波整流器。

新建一个仿真模型，将 Sine Wave、Enabled Subsystem 和 Scope 3 个模块拖至新打开的模型编辑窗口，连接各模块、设置参数并存盘，创建如图 11-24 所示的使能子系统。其中使能信号端接 Sine Wave 模块。

为了便于比较，除显示半波整流波形外，还显示正弦波，故在示波器窗口选择 View→

Configuration Properties 命令，在出现的对话框中将 Number of input ports 设置为 2 并设置输出布局（Layout）。

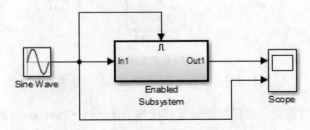

图 11-24 利用使能子系统实现半波整流

使能子系统建立好后，可对 Enable 模块进行参数设置。先双击 Enabled Subsystem 模块，打开其内部结构窗口，再双击其中的 Enable 模块打开其参数对话框，如图 11-25 所示。在 Main 选项卡中选中 Show output port 复选框，可以为 Enable 模块添加一个输出端，用以输出控制信号。在 States when enabling 下拉列表中有两个选项：held 表示当使能子系统停止输出后，输出端口的值保持最近的输出值；reset 表示当使能子系统停止输出后，输出端口重新设为初始值。在此选择 reset。设置完成后，单击 OK 按钮。

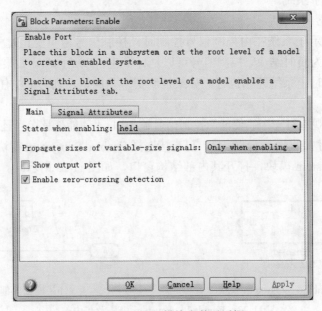

图 11-25 Enable 模块参数对话框

在模型编辑窗口单击工具栏的 Run 命令按钮，就可看到如图 11-26 所示的半波整流波形和正弦波形。

2. 触发子系统

触发子系统是指当触发事件发生时开始执行子系统。与使能子系统相类似，触发子系统的建立可直接选择 Triggered Subsystem 模块，或者展开已有子系统，添加 Ports & Subsystems 模块库中的 Trigger 模块，将该子系统转换为触发子系统。

触发子系统在每次触发结束到下次触发之前总是保持上一次的输出值，而不会重新设置初始输出值。触发形式在 Trigger 模块参数对话框中从 Main 选项卡的 Trigger type 下拉列表中选择，如图 11-27 所示。

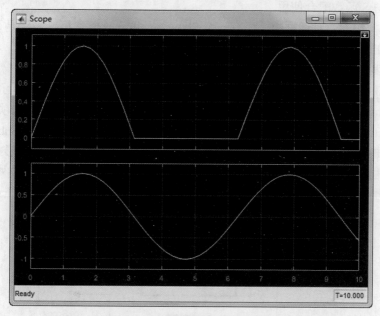

图 11-26　半波整流波形和正弦波形

图 11-27　Trigger 模块参数对话框

（1）rising（上跳沿触发）：控制信号从负值或 0 上升到正值时，子系统开始执行。

（2）falling（下跳沿触发）：控制信号从正值或 0 下降到负值时，子系统开始执行。

（3）either（上跳沿或下跳沿触发）：当控制信号满足上跳沿或下跳沿触发条件时，子系统开始执行。

（4）function-call（函数调用触发）：表示子系统的触发由 S 函数的内部逻辑决定，这种触发方式必须与 S 函数配合使用。

在 Trigger 模块参数对话框中，还有一个 Show output port 复选框，表示是否为 Trigger 模块添加一个输出端，选中后还可以选择输出信号的类型。

例 11-7　利用触发子系统将一锯齿波转换成方波。

用 Signal Generator、Triggered Subsystem 和 Scope 模块构成如图 11-28 所示的子系统。双击 Signal Generator 模块图标，在 Wave form 的下拉列表框中选择 sawtooth 选项，即锯齿波，将幅值（Amplitude）设为 4，频率（Frequency）设为 1Hz。打开 Triggered Subsystem 模块结构窗口，再双击 Trigger 模块，在其参数对话框中选择 Trigger type 触发事件形式为 either，即上跳沿或下跳沿触发。触发信号端接锯齿波模块。为了便于比较，除显示方波外，还显示锯齿波，故在示波器属性窗口将 Number of input ports 设置为 2 并设置输出布局（Layout）。

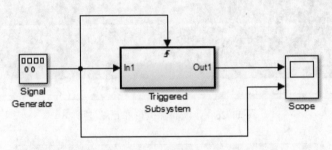

图 11-28　利用触发子系统将锯齿波转换为方波

把仿真的终止时间设置为 10，单击模型编辑窗口工具栏中的 Run 按钮，就可在示波器窗口看到如图 11-29 所示的波形。

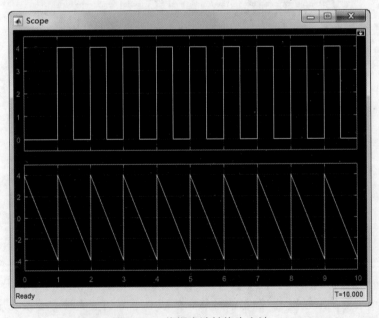

图 11-29　将锯齿波转换为方波

3. 使能加触发子系统

所谓使能加触发子系统就是当使能控制信号和触发控制信号共同作用时，才执行子系统。该系统的行为方式与触发子系统相似，但只有当使能信号为正时，触发事件才起作用。

11.4.3　子系统的封装

在对子系统进行参数设置时，需要打开其中的每个模块，然后分别进行参数设置，子系统本身没有基于整体的独立操作界面，从而使子系统的应用受到很大的限制，为解决这些问题，Simulink 提供了子系统封装技术。

所谓子系统的封装，就是为子系统定制对话框和图标，使子系统本身有一个独立的操作界面。把子系统中的各模块的参数设置合成在一个参数设置对话框内，在使用时就不必打开每个模块进行参数设置，这样使子系统的使用更加方便。

子系统的封装过程很简单，先选中所要封装的子系统，再在模型编辑窗口选择 Diagram→Mask→Create Mask 命令，或按 Ctrl+M 组合键，这时将出现封装编辑器（Mask Editor）对话框，如图 11-30 所示。

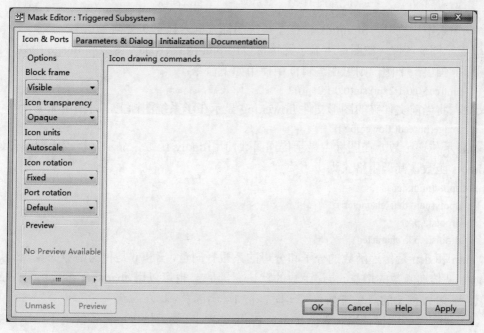

图 11-30　Mask Editor 对话框

Mask Editor 对话框中共包括 4 个选项卡：Icon & Ports、Parameters & Dialog、Initialization 和 Documentation。子系统的封装主要就是对这 4 个选项卡中的参数进行设置。

1. Icon & Ports 选项卡的参数设置

Icon & Ports 选项卡主要用于设置封装模块的图标，图标包括描述文字、状态方程、图像和图形，如图 11-30 所示。

（1）Icon drawing commands 编辑框。该编辑框用于输入命令以建立封装图标，常用命令如下：

① 显示文本。在封装图标中显示文本的函数有 4 个：disp、text、fprintf 和 port_label。下面介绍 port_label 函数的用法。port_label 函数根据端口类型和端口号为端口添加标记，其调用格式为：

```
port_label('port_type',port_num,'label')
```

下面以图 11-24 所示的使能子系统为例，在 Icon drawing commands 编辑框中输入如下命令：

```
disp('Enable')
port_label('input',1,'IN')
port_label('output',1,'OUT')
```

则新生成的子系统图标如图 11-31 所示。

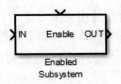

图 11-31　显示文本的子系统图标

命令输入不正确时，Simulink 将在子系统图标方框内显示 3 个问号。

② 显示图形图像。在图标中显示图形可以用 plot 函数、patch 函数和 image 函数。例如，想在图标上画出一个圆，则可在编辑框中使用如下命令：

```
plot(cos(0:0.1:2*pi),sin(0:0.1:2*pi))
```

又如，将当前文件夹的图形文件 flower.jpg 显示在子系统图标上，可使用如下命令：

```
image(imread('flower.jpg'))
```

③ 显示传递函数。在图标中显示传递函数使用 dpoly 函数，显示零极点模型的传递函数使用 droots 函数，其调用格式为：

```
dpoly(num,den)
dpoly(num,den,'character')
droots(z,p,k)
droots(z,p,k,'character')
```

其中，num 和 den 是传递函数的分子和分母的系数行向量，z 和 p 是传递函数的零点向量和极点向量，k 是传递函数的增益。传递函数的默认变量是 s，也可以用 character 参数指定。character 的取值为 x 时，按 x 的降幂排列。取 x-时，按 1/x 升幂排列。

（2）设置封装图标特性。选择 Icon & Ports 选项卡，左侧的 Options 区用于指定封装图标的属性，包括是否显示块框架、图标的透明度等。

① Block frame 设置图标的边框，在其下拉列表中有两个选项，Invisible 和 Visible 分别表示隐藏和显示边框。

② Icon transparency 设置图标的透明度，在其下拉列表中有两个选项，Transparent 表示透明，显示图标中的内容；Opaque with ports 表示不透明，不显示图标中的内容。

③ Icon units 设置在 Icon drawing commands 编辑框中使用命令 plot 和 text 时的坐标系。在下拉列表中有 3 个选项。Autoscale 表示规定图标的左下角的坐标为(0,0)，右上角的坐标为(1,1)，要显示的文本等必须把坐标设在[0,1]之间才能显示，当模块大小改变时，图标也随之改

变；Pixels 表示图标以像素为单位，当模块大小改变时，图标不随之改变；Normalized 表示根据设定的坐标点自动选取坐标系，使设置中的最小坐标位于图标左下角，最大坐标位于图标右上角。当模块大小改变时，图标也随之改变。

④ Icon rotation 设置图标是否跟模块一起旋转，在其下拉列表中有两个选项，Fixed 表示不旋转，Rotates 表示旋转。

⑤ Port rotation 设置端口旋转方式，在其下拉列表中有两个选项，Default 表示图形旋转时，端口信号流向从由上至下变为由左至右；Physical 表示信号流向相对位置不变化。

2．Parameters & Dialog 选项卡的参数设置

Parameters & Dialog 选项卡主要用来设置参数和对话框，此选项卡由 3 部分组成：左侧为控件工具箱（Controls），中间的 Dialog box 区域显示对话框中的控件，右侧的 Property editor 用于显示和修改控件的属性。

下面以例 11-5 中的 PID 控制器子系统为例，说明子系统参数和对话框的设置方法。

在 Parameters & Dialog 选项卡的左侧控件工具箱中，连续 3 次单击 Edit 按钮，为 PID 控制器的 3 个变量准备输入位置。双击 Dialog box 区域的列表中的#1，在 Prompt 栏中输入该控件的提示信息，如 Proportional Kp，在 Name 栏中输入控件名 Kp。用同样的方法设置 Ki 和 Kd，如图 11-32 所示，最后单击 OK 按钮确认设置。

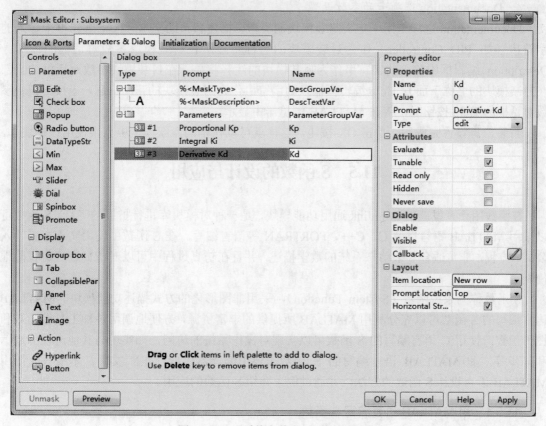

图 11-32　子系统参数和对话框的设置

子系统参数和对话框设置完成后，双击子系统图标将出现其参数对话框。例如，双击

PID 控制器封装子系统，则弹出如图 11-33 所示的参数对话框，允许用户输入 PID 控制器的参数。

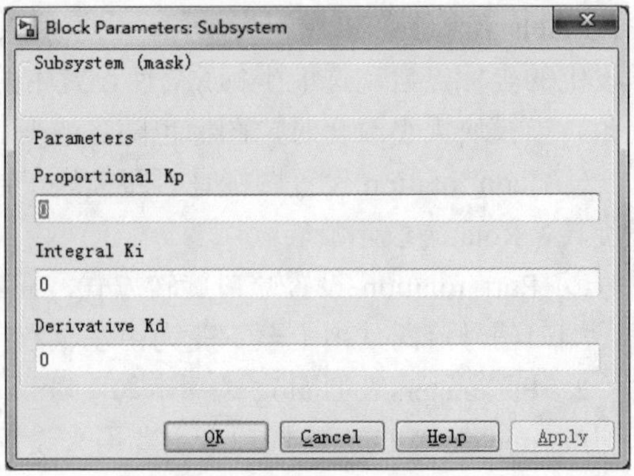

3. Initialization 选项卡的参数设置

Initialization 选项卡用于设置初始化命令。初始化命令的设置在对话框的 Initialization commands 编辑框内进行，在此输入初始化命令，而这些初始化命令将在仿真开始、载入模型、更换模块图标和重设封装子系统的图标时被调用。初始化命令主要用来定义封装子系统的变量，这些变量可以被所有封装定义的初始

图 11-33   PID 控制器子系统的参数对话框

化命令、封装子系统中的模块和绘制图标的命令所使用。

初始化命令由 MATLAB 中的表达式组成，其中包括 MATLAB 函数、操作符和封装子系统工作区中定义的变量，但这些变量不包括基本工作区中的变量。

对于封装子系统工作区中定义的变量，通过初始化命令和模块的参数相联系，也就是说模块的参数在获取数据时，先读取封装子系统工作区中的变量值，再通过初始化命令来取值。

4. Documentation 选项卡的参数设置

Documentation 选项卡用于定义封装模块的类型、描述和帮助文本。Type 编辑框中输入的字符串（如 PID Controller）作为封装模块的名称将显示在封装模块参数对话框的顶部；Description 编辑框中输入的字符串作为封装模块的注释将显示在封装模块参数对话框的上部（封装模块的名称下面）；Help 编辑框输入的字符串作为封装模块的帮助信息，当按下模块参数对话框的 Help 按钮时，将在 MATLAB 浏览器中显示。

封装信息设置完成后，单击 OK 按钮，这样就可以在别的系统模型中直接使用该模块了。

11.5   S 函数的设计与应用

S 函数用于开发新的 Simulink 通用功能模块，是一种对模块库进行扩展的工具。S 函数可以采用 MATLAB 语言以及 C、C++、FORTRAN 等语言编写。在 S 函数中使用文本方式输入公式、方程，非常适合复杂动态系统的数学描述，并且在仿真过程中可以对仿真进行更精确地控制。

S 函数称为系统函数（System Function），采用非图形化的方式描述功能模块。MATLAB 语言编写的 S 函数可以充分利用 MATLAB 所提供的丰富资源，方便地调用各种工具箱函数和图形函数；使用 C 语言编写的 S 函数可以实现对操作系统的访问，如实现与其他进程的通信和同步等。非 MATLAB 语言编写的 S 函数需要用编译器生成 MEX 文件。本节只介绍用 MATLAB 语言设计 S 函数的方法，并通过例子介绍 S 函数的应用。

11.5.1   用 MATLAB 语言编写 S 函数

S 函数有固定的程序格式，可以从 Simulink 提供的 S 函数模板程序开始构建自己的 S 函数。

1．主程序

S 函数主程序的引导语句为：

    function [sys,x0,str,ts]=fname(t,x,u,flag)

其中，fname 是 S 函数的函数名，t、x、u、flag 分别为仿真时间、状态向量、输入向量和子程序调用标志。flag 控制在仿真的各阶段调用 S 函数的哪一个子程序，其含义和有关信息如表 11-1 所示。Simulink 每次调用 S 函数时，必须给出这 4 个参数。sys、x0、str 和 ts 是 S 函数的返回参数。sys 是一个返回参数的通用符号，它得到何种参数，取决于 flag 值。例如，flag = 3 时，sys 得到的是 S 函数的输出向量值。x0 是初始状态值，如果系统中没有状态变量，x0 将得到一个空阵。str 仅用于系统模型同 S 函数 API（应用程序编程接口）的一致性校验。对于 M 文件 S 函数，它将被置成一个空阵。ts 是一个两列矩阵，一列是 S 函数中各状态变量的采样周期，另一列是相应的采样时间的偏移量。采样周期按递增顺序排列，ts 中的一行对应一个采样周期。对于连续系统，采样周期和偏移量都应置成 0。如果取采样周期为−1，则将继承输入信号的采样周期。

表 11-1　flag 参数的含义

取值	功能	调用函数名	返回参数
0	初始化	mdlInitializeSizes	sys 为初始化参数，x0,str,ts 如定义
1	计算连续状态变量的导数	mdlDerivatives	sys 返回连续状态
2	计算离散状态变量的更新	mdlUpdate	sys 返回离散状态
3	计算输出信号	mdlOutputs	sys 返回系统输出
4	计算下一个采样时刻	mdlGetTimeOfNextVarHit	sys 返回下一步仿真的时间
9	结束仿真任务	mdlTerminate	无

此外，在主程序输入参数中还可以包括用户自定义参数表：p1、p2、…、pn，这也就是希望赋给 S 函数的可选变量，其值通过相应 S 函数的参数对话框设置，也可以在命令行窗口赋值。于是 S 函数主程序的引导语句可以写成：

    function [sys,x0,str,ts]=fname(t,x,u,flag,p1,p2,…,pn)

主程序采用 switch-case 语句，引导 Simulink 到正确的子程序。

2．子程序

M 文件 S 函数共有 6 个子程序，供 Simulink 在仿真的不同阶段调用，这些子程序的前缀为 mdl。每一次调用 S 函数时，都要给出一个 flag 值，实际执行 S 函数中与该 flag 值对应的那个子程序。Simulink 在仿真的不同阶段，需要调用 S 函数中不同的子程序。

（1）初始化子程序 mdlInitializeSizes。子程序 mdlInitializeSizes 定义 S 函数参数，如采样时间、输入量、输出量、状态变量的个数以及其他特征。为了向 Simulink 提供这些信息，在子程序 mdlInitializeSizes 的开始处，应调用 simsizes 函数，这个函数返回一个 sizes 结构，结构的成员 sizes.NumContStates、sizes.NumDiscStates、sizes.NumOutputs 和 sizes.NumInputs 分别表示连续状态变量的个数、离散状态变量的个数、输出的个数和输入的个数。这 4 个值可以置为−1，使其大小动态改变。成员 sizes.DirFeedthrough 是直通标志，即输入信号是否直接在输出端出现的标志，是否设定为直通，取决于输出是否为输入的函数，或者是取样时间是否为输入的函数。1 表示 yes，0 表示 no。成员 sizes.NumSampleTimes 是模块采样周期的个数，一般取 1。

按照要求设置好的结构 sizes 用 sys = simsizes(sizes)语句赋给 sys 参数。除了 sys 外，还应该设置系统的初始状态变量 x0、说明变量 str 和采样周期变量 ts。

（2）其他子程序。状态的动态更新使用 mdlDerivatives 和 mdlUpdate 两个子程序，前者用于连续状态的更新，后者用于离散状态的更新。这些函数的输出值，即相应的状态，均由 sys 变量返回。对于同时含有连续状态和离散状态的混合系统，则需要同时写出这两个函数来分别描述连续状态和离散状态。

模块输出信号的计算使用 mdlOutputs 子程序，系统的输出仍由 sys 变量返回。

一般应用中很少使用 flag 为 4 和 9 的情况，mdlGetTimeOfNextVarHit 和 mdlTerminate 两个子程序较少使用。

11.5.2 S 函数的应用

下面来看两个简单的 M 文件 S 函数例子。

例 11-8　采用 S 函数实现 y = nx，即把一个输入信号放大 n 倍。

（1）利用 MATLAB 语言编写 S 函数，程序如下。

```
%*******************************************************
%S 函数 timesn.m，其输出是输入的 n 倍
%*******************************************************
function [sys,x0,str,ts]=timesn(t,x,u,flag,n)
switch flag
    case 0
        [sys,x0,str,ts]=mdlInitializeSizes;        %初始化
    case 3
        sys=mdlOutputs(t,x,u,n);                   %计算输出量
    case {1,2,4,9}
        sys=[];
    otherwise                                      %出错处理
        error(num2str(flag))
end
%*******************************************************
%mdlInitializeSizes：当 flag 为 0 时进行整个系统的初始化
%*******************************************************
function [sys,x0,str,ts]=mdlInitializeSizes()
%调用函数 simsizes 以创建结构 sizes
sizes=simsizes;
%用初始化信息填充结构 sizes
sizes.NumContStates=0;                             %无连续状态
sizes.NumDiscStates=0;                             %无离散状态
sizes.NumOutputs=1;                                %有一个输出量
sizes.NumInputs=1;                                 %有一个输入信号
sizes.DirFeedthrough=1;                            %输出量中含有输入量
sizes.NumSampleTimes=1;                            %单个采样周期
```

```
%根据上面的设置设定系统初始化参数
sys=simsizes(sizes);
%给其他返回参数赋值
x0=[];                                          %设置初始状态为零状态
str=[];                                         %将 str 变量设置为空字符串
ts=[-1,0];                                      %假定继承输入信号的采样周期
%初始化子程序结束
%***************************************************
%mdlOutputs：当 flag 值为 3 时，计算输出量
%***************************************************
function sys=mdlOutputs(t,x,u,n)
sys=n*u;
%输出量计算子程序结束
```

将该程序以文件名 timesn.m 存盘。编好 S 函数后，就可以对该模块进行封装和测试了。

（2）模块的封装与测试。

①建立 S-Function 模块和编写的 S 函数文件之间的联系。新建一个模型，向模型编辑窗口中添加 User-Defined Functions 子模块库中的 S-Function 模块、Sine Wave 模块和 Scope 模块，构建如图 11-34 所示的仿真模型。

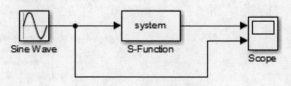

图 11-34　S 函数仿真模型

在模型编辑窗口中双击 S-Function 模块，打开如图 11-35 所示的参数对话框。在 S-function name 编辑框中填入 S 函数名 timesn，在 S-function parameters 编辑框中填入外部参数 n，n 可以在 MATLAB 工作空间中用命令定义。如果有多个外部参数，参数之间用逗号分隔。

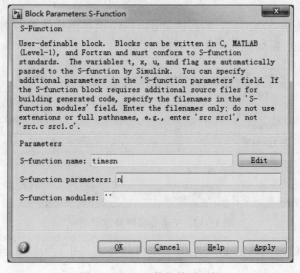

图 11-35　S 函数参数对话框

② 模型封装。其具体操作与子系统的封装类似。在模型编辑窗口选中 S-Function 模块，再选择 Diagram→Mask→Create Mask 命令，或按 Ctrl+M 组合键，打开封装编辑器。选择 Parameters & Dialog 选项卡，在左侧控件工具箱中单击 Edit 工具，往中间的 Dialog box 区域的控件列表中添加编辑框控件#1，选中该控件后，在右侧的 Property editor 中，在 Name 栏填入 n，Prompt 栏填入"放大倍数"，勾选 Evaluate 复选框，如图 11-36 所示。设置完成后单击 OK 按钮。

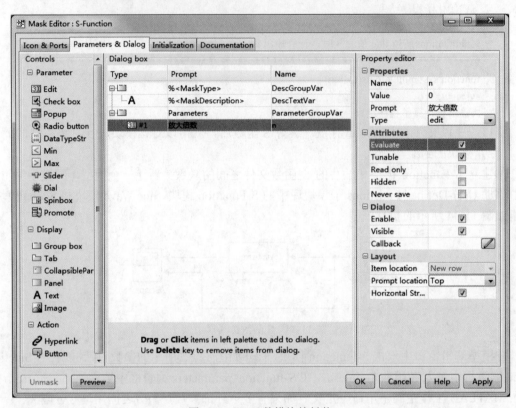

图 11-36　S 函数模块的封装

S 函数模块被封装后，双击它，则得到如图 11-37 所示的模块参数对话框。当输入 n 的值为 10 时，得到的仿真结果如图 11-38 所示。

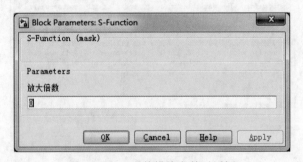

图 11-37　S 函数模块参数对话框

例 11-9　用 S 函数来描述例 11-4 中的二阶微分方程，并利用该 S 函数模块求系统的阶跃响应。

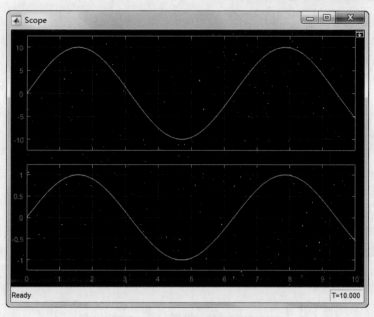

图 11-38　S 函数的仿真结果

（1）利用该微分方程的状态方程描述形式编写 S 函数，程序如下：

```
function [sys,x0,str,ts]=mstate(t,x,u,flag)
%系统状态方程的系数矩阵
A=[0,1;-0.4,-0.2];
B=[0;0.2];
C=[1,0];
D=[0;0];
switch flag
case 0
    [sys,x0,str,ts]=mdlInitializeSizes;
case 1
    sys=mdlDerivatives(t,x,u,A,B,C,D);
case 3
    sys=mdlOutputs(t,x,u,A,B,C,D);
case {2,4,9}
    sys=[];
otherwise
    error('Unhandled Flag=',num2str(flag));
end
function [sys,x0,str,ts]=mdlInitializeSizes
sizes=simsizes;
sizes.NumContStates=2;          %有 2 个连续状态变量
sizes.NumDiscStates=0;          %没有离散状态变量
sizes.NumOutputs=2;             %有 2 个输出变量
sizes.NumInputs=1;              %有 1 个输入信号
```

```
sizes.DirFeedthrough=1;                %输出量中含有输入量
sizes.NumSampleTimes=1;                %单个采样周期
sys=simsizes(sizes);
x0=[0;0];                              %设置初始状态为零状态
str=[];
ts=[0,0];
function sys=mdlDerivatives(t,x,u,A,B,C,D)
sys=A*x+B*u;
function sys=mdlOutputs(t,x,u,A,B,C,D)
sys=C*x+D*u;
```

将该程序以文件名 mstate.m 存盘。

（2）建立如图 11-39 所示的仿真模型，设置 S 函数模块参数。在这里，只在 S-function name 框中填写 S 函数名 mstate，而状态方程的系数矩阵等参数直接从 S 函数的 M 文件中赋值，因而不需要在 S-function parameters 编辑框中填入附加参数。

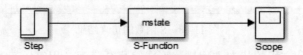

图 11-39　利用 S 函数对系统仿真的模型

（3）设置仿真参数并启动仿真，即可得到和图 11-17 相同的响应曲线。

实验指导

一、实验目的

1. 熟悉 Simulink 的操作环境。
2. 掌握建立系统仿真模型以及进行系统仿真的方法。
3. 掌握子系统模块的建立与封装技术。
4. 掌握 S 函数的功能与设计方法。

二、实验内容

1. 建立如图 11-40 所示的仿真模型并进行仿真。

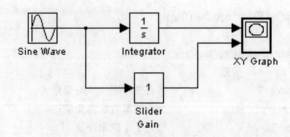

图 11-40　实验第 1 题图

（1）改变 Slider Gain 模型的增益，观察 x-y 波形的变化。

（2）用两个输出端口取代图 11-38 中的 XY Graph 模块。在 Configuraion Parameters 对话框中，把时间和输出选作返回变量，分别填以变量名 t 和 [y$_1$,y$_2$]。进行仿真并用绘图命令画出曲线 t-y$_1$，t-y$_2$ 和 y$_1$-y$_2$。

2．利用 Simulink 仿真 $x(t) = \dfrac{8A}{\pi^2}\left(\cos \omega t + \dfrac{1}{9}\cos 3\omega t + \dfrac{1}{25}\cos 5\omega t\right)$，取 A=1，ω =2π。

3．设系统的微分方程为

$$x'(t) = -2x(t)+u(t)$$

其中，u(t)是一个幅度为 1、角频率为 1 弧度/秒的方波输入信号，试建立系统模型并仿真。

4．在例 6-11 中给出了 Van der Pol 方程的数值解法，试利用 Simulink 构建该方程的仿真模型并仿真，将得出的结果和数值解法的结果进行比较。

5．用 S 函数实现对输入信号取绝对值并且限幅输出，用数学表达式可以描述为：

$$y = \begin{cases} |u|, & |u| \leqslant \text{upper} \\ \text{upper}, & |u| > \text{upper} \end{cases}$$

思考练习

一、填空题

1．Simulink_____（能/不能）脱离 MATLAB 环境运行。

2．建立 Simulink 仿真模型是在_____窗口进行的。

3．Simulink 仿真模型通常包括_____、系统模块和_____3 种元素。

4．由控制信号控制执行的子系统称为_____，它分为_____、_____和_____。

5．为子系统定制参数设置对话框和图标，使子系统本身有一个独立的操作界面，这种操作称为子系统的_____。

6．已知仿真模型如图 11-41（a）所示，示波器的输出结果如图 11-41（b）所示。

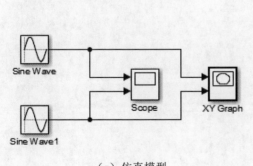

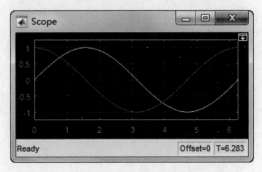

（a）仿真模型　　　　　　　　　　　　（b）示波器输出结果

图 11-41　填空题第 6 题仿真模型及仿真结果

则 XY Graph 图形记录仪的输出结果是_____。

二、问答题

1．Simulink 的主要功能是什么？应用 Simulink 进行系统仿真的主要步骤有哪些？

2．在 Simulink 中，如何建立 Simulink 的仿真模型？为了输出仿真结果，可以采用哪些方法？

3．什么叫子系统？什么叫 S 函数？它们各有什么作用？

4．利用 Simulink 仿真计算 $y = \int \sin t \, dt$，设置积分器 Integrator 的初值为 0 和 1，分别输出 y 的曲线，分析此时曲线的意义。

5．建立如图 11-42 所示的仿真模型，其中 PID 控制器采用 Simulink 子系统封装形式，其内部结构如图 11-22（a）所示。试设置正弦波信号幅值为 5、偏差为 0、频率为 10πHz、初始相位为 0，PID 控制器的参数为 K_p=10.75、K_i=1.2、K_d=5，采用变步长的 ode23t 算法、仿真时间为 2s，对模型进行仿真。

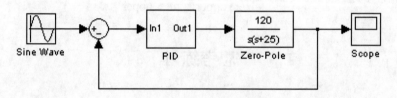

图 11-42　问答题第 5 题图

第 12 章　MATLAB 外部接口技术

MATLAB 提供的应用接口，允许 MATLAB 和其他应用程序进行数据交换，并且容易实现在其他编程语言中调用 MATLAB 的高效算法和在 MATLAB 中调用其他语言编写的程序。MATLAB 与其他语言的混合编程方式可以降低开发难度，缩短编程时间，提高执行效率。

实现 MATLAB 与其他编程语言混合编程的方法很多，通常在混合编程时根据是否需要 MATLAB 运行，可以分为两大类：MATLAB 在后台运行和可以脱离 MATLAB 环境运行。这些方法各有优缺点，具体使用时需要结合开发者的具体情况。

本章主要介绍 MATLAB 与 Word 和 Excel 混合使用的方法、MATLAB 数据文件操作方法与 MAT 文件的应用以及 MATLAB 与其他程序设计语言的混合使用方法。

本章要点

- MATLAB 与 Microsoft Office 的混合使用
- MATLAB 数据接口
- MATLAB 与其他语言的应用接口

12.1　MATLAB 与 Microsoft Office 的混合使用

Microsoft Office 是处理日常办公事务的软件，而 MATLAB 是高性能的数值计算和仿真软件，把两者结合起来，可以构建一个集办公处理与科学计算于一体的工作环境，扩展 Office 的功能。

12.1.1　在 Word 中使用 MATLAB

Microsoft Word 是应用十分广泛的文字处理软件，MathWorks 公司开发的 Notebook 程序将 MATLAB 与 Word 集成在一起，使用户能够在 Word 环境下使用 MATLAB，允许用户把 Word 文档中创建的命令传送到 MATLAB 中加以处理，然后将处理后的结果传回到 Word 文档中。

为了在 Word 环境下使用 MATLAB，需要调用 MATLAB 为 Word 创建的模板 M-book.dot。利用该模板创建的 Word 文档通常称为 M-book 文档。在一个 M-book 文档中，可以包含 MATLAB 的命令、计算结果和输出的图形等，同时还可以对它们进行处理。

1. Notebook 的安装与启动

Notebook 的安装是在 MATLAB 安装完成之后，在 MATLAB 环境下进行的。在 MATLAB 命令行窗口输入命令：

```
>> notebook -setup
```

系统自动识别本机所装的 Word 版本，安装模板文件 M-Book.dot。

启动 Notebook 有以下两种方法。

（1）从 Word 中启动 Notebook，其方法是在 Word 窗口选择"文件"→"新建"命令，并选择 M-Book 模板，新建一个 M-Book 文档。或在 Word 窗口选择"文件"→"打开"命令，打开一个 M-Book 文档。

（2）从 MATLAB 命令行窗口启动 Notebook，其方法是在 MATLAB 的命令行窗口中输入 notebook 命令，命令格式为：

>> notebook 文件名

其中，文件名可以省略。不带文件名的 notebook 命令用于建立一个新的 M-Book 文档，带文件名的 notebook 命令用于打开一个已存在的 M-Book 文档。

2．Notebook 菜单项

M-Book 模板定义了 Word 与 MATLAB 进行通信的宏指令、文档样式和工具栏。调用该模板的 Word 界面与通常的 Word 界面相比，在功能区的"加载项"选项卡中多了一个 Notebook 下拉按钮和 New MATLAB Notebook、About MATLAB Notebook 命令。Notebook 的许多操作都可以通过 Notebook 下拉按钮的命令来完成，这些命令的功能如表 12-1 所示。

表 12-1　Notebook 菜单命令的功能

菜单命令	功能
Define Input Cell	定义输入单元
Define AutoInit Cell	定义自初始化单元
Define Calc Zone	定义计算区
Undefine Cells	去除单元定义
Purge Selected Output Cells	删除选择的输出单元
Group Cells	定义单元组
Ungroup Cells	将单元组转换为单个单元
Hide Cell Markers	隐藏单元标志
Toggle Graph Output for Cell	嵌入生成的图形
Evaluate Cell	运行当前单元或单元组
Evaluate Calc Zone	运行计算区
Evaluate MATLAB Notebook	运行 M-Book 文档中的所有输入单元
Evaluate Loop	循环运行输入单元
Bring MATLAB to Front	将 MATLAB 调到前台运行
Notebook Options	设置 Notebook 的选项

在启动 M-Book 文档时，系统会自动寻找启动的 MATLAB 系统，如果 MATLAB 系统尚未启动，则 Word 将自动启动 MATLAB 系统。

3．单元的使用

在 MATLAB Notebook 中，凡在 Word 与 MATLAB 之间进行传递的内容称为单元（Cell），它是 Notebook 与 MATLAB 交互的基本单位。

（1）输入输出单元。由 M-Book 文档传向 MATLAB 的命令称为输入单元（Input Cell）。在 M-Book 文档中任何合法的 MATLAB 命令都可以定义为输入单元，输入单元可以送到

MATLAB 环境中去执行，执行结果保存在 MATLAB 工作空间，同时送回 Notebook，成为输出单元（Output Cell）。输入单元可以单独存在，但输出单元必须依赖输入单元而存在。

定义输入单元的方法是：首先选中所需命令，然后在 Notebook 菜单中选择 Define Input Cell 命令，被选中的 MATLAB 命令成为输入单元。为了执行输入单元，应选择 Notebook 菜单中的 Evaluate Cell 命令或直接按 Ctrl+Enter 组合键。

输入单元执行后产生输出单元。输出单元中包含 MATLAB 命令的输出结果，即数据、图形和错误信息。输出格式可通过 Notebook 菜单中的 Notebook Options 命令来设置。

例 12-1　在 M-book 文档中定义输入单元，要求产生一个 5 阶魔方阵，并求相应的逆矩阵和各元素的倒数矩阵。

首先在文档中输入 MATLAB 命令：

```
X=magic(5)
Y=inv(X)
Z=X.^(-1)
```

再选中命令行，在 Notebook 菜单项中选 Define Input Cell 命令或直接按 Alt+D 组合键，于是命令行就变成了绿色的输入单元。若要把输入单元送去执行，则可用 Notebook 菜单项中的 Evaluate Cell 命令或直接按 Ctrl+Enter 组合键，执行后会产生蓝色的输出单元。

M-Book 的所有运算都是在 MATLAB 中进行的，参与运算的所有变量都存储在 MATLAB 工作空间。各 M-Book 文档和 MATLAB 命令行窗口共享同一个计算引擎和同一个工作空间。

（2）自动初始化单元。每次打开 M-book 文档时，将自动运行其中所有的自动初始化单元（AutoInit Cell），而一般的输入单元不具备这种功能。采用自动初始化单元的方式来设置 MATLAB 命令，可以很快地恢复上次的 MATLAB 工作空间。自动初始化单元在 M-book 模板中预定义为深蓝色、10 磅大小、Courier New 英文粗体。

可以把文本形式的 MATLAB 命令或已经存在的输入单元定义为自动初始化单元。其方法是：先选中它们，然后选择 Notebook 菜单中的 Define AutoInit Cell 命令。

在打开 M-book 文档以后，新定义的自动初始化并不会自动执行，需另外进行运行操作。运行自动初始化单元的方法同输入单元一样，需要选择 Evaluate Cell 菜单命令或按 Ctrl+Enter 组合键。

（3）单元组。Notebook 允许把多行 MATLAB 命令当作一个整体来运行。在 Notebook 中，把多行输入单元或自初始化单元称为单元组（Cell group）。定义单元组的方法如下。

① 对输入的多行文本型 MATLAB 命令，用鼠标把它们同时选中，然后在 Notebook 菜单中选择 Define Input Cell 或 Define AutoInit Cell 命令，便生成输入单元组或自初始化单元组。

② 对输入的多行文本型 MATLAB 命令，用鼠标把它们同时选中，然后在 Notebook 菜单中选择 Evaluate Cell 命令或按 Ctrl+Enter 组合键，则单元组被定义并执行。

③ 把已有的多个独立输入单元或自动初始化单元同时选中，然后在 Notebook 菜单中选择 Group Cells 命令，于是便获得以第一个独立单元的性质组合而成的单元组。

单元组的用途主要有两个：保证 MATLAB 程序控制结构（如循环结构、条件结构）的完整；保证输出结果（如图形）的完整。

例 12-2　对循环结构使用单元组。

```
clear
x=0:pi/20:2*pi;
```

```
for k=1:10
    y=k*sin(x);
    plot(x,y);
    hold on
end
hold off
```

执行结果如图 12-1 所示。

假如本例中的单元组用一行行独立的输入单元替代，那么当运行它们时，将显示出错警告。

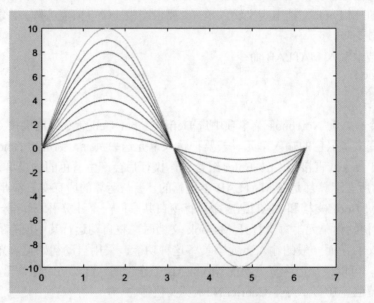

图 12-1　使用单元组产生的图形

单元在 Word 里显示的是绿色，这会影响 Word 文件的印刷效果。可以将 Notebook 中的输入单元、自动初始化单元及单元组转换为普通文本，步骤如下：

先将光标定位在单元中，然后在 Notebook 菜单中选择 Undefine Cells 命令，或者按下 Alt+U 组合键。当单元转换为文本之后，单元中的内容就用一般的文本格式显示，黑色的方括号对也被取消。当把输入单元转换为文本时，对应的输出单元将自动转换为文本，所有绿色的字符均变为黑色字符。

4．计算区

计算区（Calc Zone）是一个由普通 Word 文本、输入单元和输出单元组成的连续区，用于描述某个具体的作业或问题。在计算区里，用户可以根据描述问题的需要，安排段落、标题和分栏，而不受计算区外的有关格式的约束。

定义计算区的方法是：先选定包含普通 Word 文本、输入单元和输出单元的一个连续区，然后选择 Notebook 菜单中的 Define Calc Zone 命令。选择 Evaluate Calc Zone 命令即可执行计算区中的全部输入单元，且在每个输入单元后面以输出单元形式给出相应的计算结果。

12.1.2　在 Excel 中使用 MATLAB

Excel 和 MATLAB 在图形显示和数值计算上各有优势，Spreadsheet Link 程序将 MATLAB

与 Excel 结合在一起，在两个功能强大的数学处理、分析与表示软件之间建立联系。通过 Spreadsheet Link，可以在 Excel 工作区和 MATLAB 工作空间之间进行数据交换，也可以使用插件方式在 Excel 中调用 MATLAB 的算法。

1. Spreadsheet Link 的安装与启动

Spreadsheet Link 的安装是在 MATLAB 安装过程中，随其他组件一起安装的。安装完成后，还需要在 Excel 中进行一些设置后才能使用。以 Excel 2010 为例，启动 Excel 后，选择"文件" → "选项"命令，在弹出的"Excel 选项"对话框中，单击"加载项"下方的"转到"按钮，再在弹出的"加载宏"对话框中，单击"浏览"按钮，在 MATLAB 的安装文件夹下的子文件夹 toolbox\exlink 中找到 excllink.xlam 文件，单击"确定"按钮返回到"加载宏"对话框，这时对话框中多了一个 Spreadsheet Link EX 3.2.1 for use with MATLAB 选项，如图 12-2 所示。勾选该项的复选框后，单击"确定"按钮，返回 Excel 窗口。此时在 Excel 窗口"开始"选项卡中多了一个 MATLAB 命令组，其中有一个 Spreadsheet Link EX 3.2.1 for use with MATLAB and Excel 下拉按钮，其中的菜单命令如图 12-3 所示，这些命令的功能如表 12-2 所示。

图 12-2　"加载宏"对话框

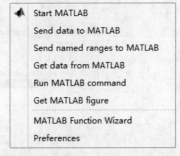

图 12-3　Spreadsheet Link 菜单命令

表 12-2　Spreadsheet Link 菜单命令的功能

命令按钮	功能
Start MATLAB	启动 MATLAB
Send data to MATLAB	导出数据到 MATLAB
Send named ranges to MATLAB	导出命了名的数据到 MATLAB
Get data from MATLAB	从 MATLAB 导入数据
Run MATLAB command	执行 MATLAB 命令
Get MATLAB figure	导入当前 MATLAB 中的图
MATLAB Function Wizard	运行 MATLAB 函数向导
Preference	设置 MATLAB 的运行界面

2. Spreadsheet Link 的操作

利用 Spreadsheet Link 菜单命令可以实现 Excel 和 MATLAB 之间的数据交换。Spreadsheet Link 支持二维数值数组、一维字符数组和二维单元数组，不支持多维数组和结构。

（1）将 Excel 表格中的数据导出到 MATLAB 工作空间中。在 Excel 中选中需要的数据，单击 Spreadsheet Link 的 Send data to MATLAB 菜单命令，在弹出的对话框中填入变量名，单击"确定"按钮完成导出操作。如果指定的变量在 MATLAB 工作空间中不存在，则创建该变量，否则更新指定变量。

（2）从 MATLAB 工作空间中导入数据到 Excel 表格中。在 Excel 中选中要导入数据的起始单元格，单击 Spreadsheet Link 的 Get data from MATLAB 菜单命令，在弹出的对话框中填入变量名，单击"确定"按钮完成导入操作。

（3）调用 MATLAB 函数进行运算。单击 Spreadsheet Link 的 MATLAB Function wizard 菜单命令，弹出 MATLAB Function Wizard 对话框。在 Select a category 下拉列表框内选择函数的类别后，在 Select a function 列表框内出现该类的所有函数。这时选择其中的一个函数，则在 Select a function signature 列表框内出现所选函数的所有调用方法，选择 magic 函数后对话框如图 12-4 所示。

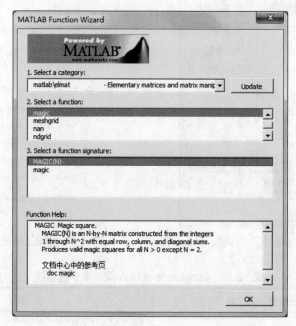

图 12-4　MATLAB Function Wizard 对话框

在 MATLAB Function Wizard 对话框中选择一种调用方法，如 MAGIC(N)，弹出 Function Arguments 对话框，如图 12-5 所示。

在 Function Arguments 对话框中可以设置函数的输入、输出参数。这时可以在 Inputs 编辑框中直接输入一个常量或 MATLAB 变量，也可以单击编辑框右侧的展开按钮，在 Excel 工作表中选择输入数据。然后单击 Optional output cell(s)编辑框右侧的展开按钮，在 Excel 工作表中指定输出单元的起始位置。单击 OK 按钮确认设置，返回前一个对话框。在 MATLAB Function Wizard 对话框中单击 OK 按钮，就可以在 Excel 工作表中看到结果。

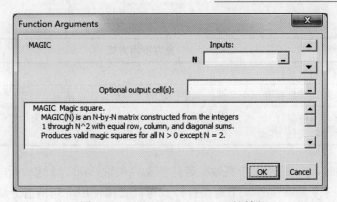

图 12-5　Function Arguments 对话框

12.2　MATLAB 数据接口

在 MATLAB 程序设计中，数据传递是经常用到的。如果处理的数据量较大，就需要和磁盘文件中的数据进行交换。有时要从磁盘中输入数据，有时要把程序处理过的数据输出到磁盘中。MATLAB 支持多种不同层次的数据输入输出方法，例如，在 MATALB 中的数据文件操作以及利用 MAT 文件实现 MATLAB 数据与 C、C++、FORTRAN 语言程序数据传递。

12.2.1　文件操作

MATLAB 提供多种方法将磁盘文件和剪贴板中的数据导入到 MATLAB 的工作区，最简单的办法是使用数据导入向导（可通过在"主页"选项卡"变量"命令组中选择"导入数据"命令按钮或在命令行窗口执行 uiimport 命令来激活它），而在程序中可以使用 MATLAB 文件操作函数。

MATLAB 提供了一系列文件操作函数，这些函数是基于 ANSI 标准 C 语言库实现的，所以两者的格式和用法有许多相似之处。

1. 文件的打开与关闭

在要进行文件操作之前，必须先打开该文件，系统将为其分配一个输入输出缓冲区。当文件操作结束后，还应关闭文件，及时释放缓冲区。

（1）文件的打开。fopen 函数用于打开文件以供读写，其调用格式为：

　　　　fid=fopen(filename,permission)

其中，fid 为文件标识号，filename 为待打开的文件，permission 为文件的允许使用方式。permission 常用取值如表 12-3 所示，默认为只读方式。

表 12-3　文件的允许使用方式

参数	允许使用方式
r	为读数据打开一个文件，要求被打开的文件必须存在。如果指定的文件不存在，则返回值为–1
w	为写数据打开一个文件。如果指定的文件不存在，则自动创建一个新文件。如果存在，则打开该文件，并清空原有内容
a	打开一个文件，可在该文件末尾添加数据。如果指定的文件不存在，则自动创建一个新文件

参数	允许使用方式
r+	为读数据和写数据打开一个文件，文件必须存在
w+	为读数据和写数据打开一个文件。如果指定的文件不存在，则自动创建一个新文件
a+	为读数据和写数据打开一个文件，还可以在文件末尾添加数据。如果指定的文件不存在，则自动创建一个新文件

打开文件成功时，fid 返回一个整数。若打开文件失败，fid 返回值为-1，此时不能对文件进行任何操作。有 3 个标准文件，不需要打开就可以直接使用，句柄值分别为 fid=0，代表标准输入文件，一般指键盘；fid=1 表示标准输出文件，通常为显示器；fid=2 表示错误输出信息文件，一般也为显示器。

数据文件格式有两种形式，一是二进制文件，二是文本文件。fopen 默认打开二进制文件，如果打开的是文本文件，则需在文件允许使用方式后加 "t"。例如：

    f1=fopen(old.txt','rt')   %打开一个名为 old.txt 的文本文件，允许进行读操作
    f2=fopen('new.dat','r+')   %建立一个可读可写的二进制文件

（2）文件的关闭。fclose 函数用于关闭已打开的文件，其调用格式为：

    status=fclose(fid)

该函数关闭标识为 fid 的文件。如果 fid 为 all，则关闭已打开的全部文件，但标准文件除外。status 表示关闭文件操作的返回代码。若关闭成功返回 0，否则返回-1。

2. 文本文件的读写操作

（1）读文本文件。fscanf 函数可以读取文本文件的内容，并按指定格式存入矩阵，其调用格式为：

    [A,count]=fscanf(fid,format,size)

其中，A 用以存放读取的数据，count 返回所读取的数据元素个数，fid 为文件句柄，format 用以控制读取的数据格式，由%加上格式符组成。常见的格式符如表 12-4 所示，在%之后还可以加上数据宽度。例如，%3d 控制读取的整型数据取 3 位数字；%10.3f 控制读取实型数据，取 10 个字符（含小数点），小数部分占 3 位。

表 12-4　数据格式描述符

格式符	含义	格式符	含义
%e	指数形式的实数	%d	十进制整数
%f	小数形式的实数	%u	无符号的十进制整数
%g	根据输出项的大小自动选择 e 格式或 f 格式	%o	八进制整数
%c	字符	%x	十六进制整数（0～9，a～f）
%s	不包含空格的字符串		

size 为可选项，决定矩阵 A 中数据的排列形式，它可以取下列值：N 表示读取 N 个元素到一个列向量；inf 表示读取整个文件；[M,N]表示读数据到 M×N 的矩阵中，数据按列存放。

例如，从指定文件中读取 100 个整数，并存入向量 x 中：

    x=fscanf(fid,'%5d',100);

也可以将读取的 100 个整数存入 10×10 矩阵 y 中：

```
y=fscanf(fid,'%5d',[10,10]);
```

（2）写文本文件。fprintf 函数可以将数据按指定格式写入到文本文件中，其调用格式为：

```
count=fprintf(fid,format,A)
```

其中，A 存放要写入文件的数据，先按 format 指定的格式将数据矩阵 A 格式化，然后写入到 fid 所指定的文件。格式符与 fscanf 函数相同。例如：

```
x=0:0.1:1;
y=[x;exp(x)];
fid=fopen('exp.txt','w');
fprintf(fid,'%6.2f   %12.8f\n',y);
fclose(fid);
```

上述程序段建立一个文本文件 exp.txt，并将矩阵 y 的列向量数据分别以浮点格式%6.2f 和 %12.8f 写入文本文件 exp.txt。%6.2f 控制 x 的值占 6 位，其中小数部分占两位。同样，%12.8f 控制指数函数 exp(x)的输出格式。由于是文本文件，因此可以在 MATLAB 命令行窗口用 type 命令显示其内容。

除上述对文本文件进行读写操作的函数外，读取文本文件的函数还有 fgetl 和 fgets，它们读取一行数据，当作字符串来处理，fgetl 不包含文本的结束符，而 fgets 则包含文本的结束符。

例 12-3　一个文本文件包括若干道是非问答题，从键盘输入该文本文件的名字，然后依次显示每一道题目并提示用户回答，保存用户的答案。

程序如下：

```
% 输入文本文件名
qname=input('Enter file containing questions:','s');
ip=fopen(qname,'rt');            % 打开该文本文件
if ip<0
    error('could not open input file');
end;
op=fopen('qq.log','wt');         % 打开输出文件
if op<0
    error('could not open output file');
end;
% 依次向用户提问
q=fgetl(ip);
while ischar(q)
    fprintf('%s\n',q);
    a=input('Answer T(rue) or F(alse):','s');
    while (a~='T')&(a~='F')
        a=input('Answer T(rue) or F(alse):','s');
    end;
    fprintf(op,'%s\nAnswer: %s\n',q,a);
    q=fgetl(ip);
end;
fclose(ip);
fclose(op);
```

设文本文件 q.txt 的内容为：

> Are you a student?
> Do you like tea?
> Are you going to UTC?
> Are you from China?

则程序运行情况如下：

> Enter file containing questions : q.txt
> Are you a student?
> Answer T(rue) or F(alse) : T
> Do you like tea?
> Answer T(rue) or F(alse) : F
> Are you going to UTC?
> Answer T(rue) or F(alse) : F
> Are you from China?
> Answer T(rue) or F(alse) : F

输出结果同时保存在文本文件 qq.log 中。

3. 二进制文件的读写操作

（1）读二进制文件。fread 函数可以读取二进制文件的数据，并将数据存入矩阵，其调用格式为：

> [A,count]=fread(fid,size,precision)

其中，A 用于存放读取的数据，count 返回所读取的数据元素个数，fid 为文件句柄，size 为可选项，若不选用则读取整个文件内容，若选用则它的值可以是下列值：N 表示读取 N 个元素到一个列向量；Inf 表示读取整个文件；[M,N]表示读数据到 M×N 的矩阵中，数据按列存放。precision 代表读写数据的类型，常用的数据类型见表 12-5。

表 12-5 常用的数据类型

标识符	说明	标识符	说明
char	有符号字符	int	32 位有符号整数
uchar	无符号字符	uint	32 位无符号整数
schar	有符号字符	float	32 位浮点数
int8	8 位有符号整数	float32	32 位浮点数
int16	16 位有符号整数	float64	64 位浮点数
int32	32 位有符号整数	long	32 位或 64 位有符号整数
int64	64 位有符号整数	ulong	32 位或 64 位无符号整数
uint8	8 位无符号整数	short	16 位有符号整数
uint16	16 位无符号整数	ushort	16 位无符号整数
uint32	32 位无符号整数	double	64 位双类型数
uint64	64 位无符号整数		

默认读写数据类型为 uchar，即无符号字符格式。例如：

> fid=fopen(std.dat,r);
> A=fread(fid,100,long);
> sta=fclose(fid);

以读方式打开数据文件 std.dat，然后按长整型数据格式读取该文件的前 100 个数据放入向量 A 中，最后关闭文件。

（2）写二进制文件。fwrite 函数按照指定的数据类型将矩阵中的元素写入到文件中，其调用格式为：

```
count=fwrite (fid,A,precision)
```

其中，count 返回所写的数据元素个数，fid 为文件句柄，A 用来存放写入文件的数据，precision 用于控制所写数据的类型，其形式与 fread 函数相同。例如：

```
fid=fopen(aaa.bin,w);
fwrite(fid,X,float);
```

将矩阵 X 中的数据用浮点格式写入 aaa.bin 文件。

例 12-4　建立一数据文件 magic5.dat，用于存放 5 阶魔方阵。

程序如下：

```
fid=fopen(magic5.dat,w);
cnt=fwrite(fid,magic(5),int32);
fclose(fid);
```

上述程序段将 5 阶魔方阵以 32 位整数格式写入文件 magic5.dat 中。同样，用户也可以读取文件 magic5.dat 的内容。下列程序完成对数据文件的读操作。

```
fid=fopen(magic5.dat,r);
[B,cnt]=fread(fid,[5,inf],int32)
fclose(fid);
```

程序的输出结果如下：

```
B =
    17    24     1     8    15
    23     5     7    14    16
     4     6    13    20    22
    10    12    19    21     3
    11    18    25     2     9
cnt =
    25
```

4. 数据文件定位

当打开文件并进行数据的读写时，需要判断和控制文件的读写位置，例如，判断文件数据是否已读完，或者需要读写指定位置上的数据等。MATLAB 自动创建一个文件位置指针来管理和维护文件读写数据的起始位置。

MATLAB 提供了与文件定位操作有关的函数 fseek 和 ftell。通过这两个函数，用户可以设定或获取文件指针位置，以方便、灵活地进行输入输出操作。

fseek 函数用于定位文件位置指针，其调用格式为：

```
status=fseek(fid,offset,origin)
```

其中，fid 为文件识别号。offset 表示位置指针相对移动的字节数，若为正整数表示向文件尾方向移动，若为负整数表示向文件头方向移动。origin 表示位置指针移动的参照位置，它的取值有 3 种可能：cof 或 0 表示文件的当前位置；bof 或–1 表示文件的开始位置；eof 或 1 表示文件的结束位置。若定位成功，status 返回值为 0，否则返回值为–1。

例如：

```
        fseek(fid,0,-1)                        %指针指向文件头
        fseek(fid,-5,eof)                      %指针指向文件尾前第 5 个字节
```
ftell 函数用来查询文件指针的当前位置，其调用格式为
```
        position=ftell(fid)
```
ftell 函数的返回值为从文件头到指针当前位置的字节数。若返回值为–1，表示获取文件当前位置失败。

例 12-5　下列程序执行后，变量 four、position 和 three 的值各是多少？
```
        a=1:5;
        fid=fopen('fdat.bin','w');             %以写方式打开文件 fdat.bin
        fwrite(fid,a,'int16');                 %将 a 的元素以双字节整型写入文件 fdat.bin
        status=fclose(fid);
        fid=fopen('fdat.bin','r');             %以读数据方式打开文件 fdat.bin
        status=fseek(fid,6,'bof');             %将文件指针从开始位置向尾部移动 6 个字节
        four=fread(fid,1,'int16');             %读取第 4 个数据，并移动指针到下一个数据
        position=ftell(fid);                   %ftell 的返回值为 8
        status=fseek(fid,-4,'cof');            %将文件指针从当前位置往前移动 4 个字节
        three=fread(fid,1,'int16');            %读取第 3 个数据
        status=fclose(fid);
```
程序的分析过程见注释。程序执行后，four、position 和 three 的值分别是 4、8 和 3。

此外，关于数据文件的定位，还有 feof 函数和 frewind 函数。feof 函数判断当前的文件位置指针是否到达文件尾部，而 frewind 函数将文件位置指针返回到文件的起始位置。

12.2.2　MAT 文件及其应用

MAT 文件是 MATLAB 数据存储的标准数据文件格式，以双精度二进制格式保存数据。MAT 文件为其他语言（如 C、C++、FORTRAN）使用、合并 MATLAB 数据提供了一种共享机制。

1. MAT 文件

MAT 文件由 128 字节的 MAT 文件头和尾随其后的数据单元组成。文件头包括 MATLAB 版本、数据、文件被创建的时间等信息。数据单元分为标志和数据两个部分，标志占 8 字节，包含数据类型、数据大小等信息。如果标志中的数据字节数小于 4，那么，MATLAB 使用压缩格式存储单元中的数据。

在 MAT 文件中不仅保存各变量数据本身，而且同时保存变量名以及数据类型等。所以在 MATLAB 中载入某个 MAT 文件后，可以在当前 MATLAB 工作空间完全再现当初保存该 MAT 文件时的那些变量。

MATLAB 的 save 命令可以将 MATLAB 系统内部数据保存为 MAT 文件，而 load 命令可以将磁盘上的 MAT 文件中的数据读入到 MATLAB 系统中。此外，为了有效地管理 MAT 文件，以及在 MATLAB 外部读取和创建 MAT 文件，MATLAB 提供了一个子程序库，用户可以在 C、C++、FORTRAN 程序中直接调用这些子程序来创建和读取 MAT 文件。

MATLAB 提供的用于操作 MAT 文件的 API 函数封装于两个标准库文件中：libmat.lib 和 libmx.lib。前者用于对 MAT 文件的操作，后者用于对 MAT 文件中矩阵的操作。MATLAB 的安装文件夹下的 extern\include 中有与 MAT 文件操作有关的两个头文件：mat.h 和 matrix.h。

mat.h 包含了 MAT 文件的创建、读写等函数的定义，matrix.h 包含了 MATLAB 中基本的数据类型、矩阵的定义和操作方法。

2. C 语言 MAT 文件的应用

（1）常用 MAT 文件操作函数。利用 MATLAB 提供的有关 MAT 文件的编程接口函数可以读写 MAT 文件数据。

① 打开 MAT 文件。函数原型为：

```
MATFile *matOpen(const char *filename,const char *mode)
```

其中，filename 为一个指向字符串的指针，包含了要操作的 MAT 文件名，mode 用来说明对文件的使用方式，它可取以下值：r 表示以只读方式打开文件；u 表示以可读也可写方式打开文件；w 表示以只能写的方式打开文件，如果该文件中有内容，则删除原有内容；wz 表示打开文件用于写入压缩数据。

② 关闭 MAT 文件。函数原型为：

```
int matClose(MATFile *mfp);
```

其中，mfp 为指向要操作的 MAT 文件的 MATFile 类型指针，如果函数执行成功，返回 0；否则返回 EOF，表示写文件失败。

③ 向 MAT 文件中写入一个矩阵。函数原型为：

```
int matPutVariable(MATFile *mfp,const char *name,const mxArray *mp);
```

此函数将一个 mp 指向的 mxArray 结构体写入 mfp 所指向的 MAT 文件中。如果文件中存在同名的 mxArray 结构体，那么将覆盖原来的值；如果不存在同名的 mxArray 结构体，则将此结构体添加到文件末尾。函数执行成功，返回 0，否则返回一个非零值。

④ 向 MAT 文件中写入一个矩阵。函数原型为：

```
int matPutVariableAsGlobal(MATFile *mfp,const char *name,const mxArray *mp);
```

此函数与 matPutVariable 函数功能类似，区别在于执行此函数后，当用 load 命令装入这个 MAT 文件时，该矩阵对应的变量会成为全局变量。

⑤ 获取 MAT 文件中的变量列表。函数原型为：

```
char **matGetDir(MATFile *mfp,int *num);
```

函数执行成功，mfp 返回一个字符指针数组，数组每个元素指向 MAT 文件中矩阵的目录；函数执行失败，mfp 返回一个空指针，num 为–1。如果 num=0，则表示 MAT 文件中没有矩阵。

⑥ 获取 MAT 文件的 C 语言 FILE 句柄。函数原型为：

```
FILE *matGetFp(MATFile *mfp);
```

通过 FILE 句柄，用户可以使用 C 语言的库函数 feof、ferror 来判断错误原因。

⑦ 从 MAT 文件中读取一个矩阵。函数原型为：

```
mxArray *matGetVariable(MATFile *mfp,const char *name);
```

如果函数执行成功，就在内存中创建一个命名为 name 的 mxArray 类型结构体对象，并将读取的数据赋给该对象。

matGetDir、matGetFp、matGetVariable 函数通过 mxCalloc 函数分配内存，在程序结束时，必须使用 mxFree 函数释放内存。

⑧ 从 MAT 文件中删除一个矩阵。函数原型为：

```
int matDeleteVariable(MATFile *mfp,const char *name);
```

其中，name 为要删除的矩阵。如果函数执行成功，将返回 0，否则返回一个非零值。

（2）mx-函数。在 C 程序中使用 MATLAB 数据时还用到 MATLAB 提供的接口函数中的 mx-函数，以完成对 mxArray 对象的操作。MATLAB 的矩阵运算是以 mxArray 结构体（C++ 中是 mwArray 类）为核心构建的，mxArray 结构体的定义在 MATLAB 的 extern\include\matrix.h 文件中。表 12-6 所示为常用 C 语言 mx-函数及功能，其他 mx-函数的用法参见 MATLAB 帮助文件。

表 12-6　常用 C 语言 mx-函数及功能

C 语言 mx-函数	功能
char *mxArrayToString(const mxArray *array_ptr);	将 mxArray 结构体转变为字符串
mxArray *mxCreateDoubleMatrix(int m,int n, mxComplexity ComplexFlag);	创建二维双精度类型 mxArray 矩阵
mxArray *mxCreateString(const char *str)	创建字符串
void mxDestroyArray(mxArray *pm);	释放由 mxCreate 类函数分配的内存
int mxGetM(const mxArray *pm);	获取矩阵的行数
int mxGetN(const mxArray *pm);	获取矩阵的列数
double *mxGetPr(const mxArray *pm);	获取矩阵实数部分的数据指针
double *mxGetPi(const mxArray *pm);	获取矩阵虚数部分的数据指针
double *mxGetScalar(const mxArray *pm);	获取矩阵的第一个元素
void mxSetM(mxArray *pm,int m);	设置矩阵的行数
void mxSetN(mxArray *pm,int m);	设置矩阵的列数
void mxSetPr(mxArray *pm,double *pr);	设置矩阵实数部分的数据指针
void mxSetPi(mxArray *pm,double *pr);	设置矩阵虚数部分的数据指针
void *mxCalloc(size_t n,size_t size);	在内存中分配 n 个大小为 size 字节的单元，并初始化为 0

（3）创建 MAT 文件的基本方法。下面用实例说明在 C 程序中对 MAT 文件的操作方法。

例 12-6　创建对 MAT 文件进行操作的 C 程序。

程序如下：

```
#include <stdio.h>
#include <string.h> /* For strcmp() */
#include <stdlib.h> /* For EXIT_FAILURE,EXIT_SUCCESS */
#include "mat.h"
#define BUFSIZE 256
int main()
{
MATFile *pmat;   /* 定义 MAT 文件指针*/
mxArray *pa1,*pa2,*pa3;
double data[9]={1.1,4.2,7.3,2.4,5.5,8.6,3.7,6.8,9.9};
const char *file="mattest.mat";
char str[BUFSIZE];
int status;
```

```
/* 打开一个 MAT 文件，如果不存在则创建一个 MAT 文件，如果打开失败，则返回 */
    printf("Creating file %s…\n\n",file);
    pmat=matOpen(file,"w");
    if (pmat==NULL) {
        printf("Error creating file %s\n",file);
        printf("(Do you have write permission in this directory?)\n");
        return(EXIT_FAILURE); }
/* 创建 3 个 mxArray 结构体对象，pa1、pa2 分别为 3×3、2×2 的双精度实型矩阵, */
/* pa3 为字符串类型，如果创建失败则返回 */
    pa1=mxCreateDoubleMatrix(3,3,mxREAL);
    if (pa1==NULL) {
        printf("%s : Out of memory on line %d\n",__FILE__,__LINE__);
        printf("Unable to create mxArray.\n");
        return(EXIT_FAILURE); }
    memcpy((void *)(mxGetPr(pa1)),(void *)data,sizeof(data));
    pa2=mxCreateDoubleMatrix(2,2,mxREAL);
    if (pa2==NULL) {
        printf("%s : Out of memory on line %d\n",__FILE__,__LINE__);
        printf("Unable to create mxArray.\n");
        return(EXIT_FAILURE); }
    pa3=mxCreateString("MATLAB: the language of technical computing");
    if (pa3==NULL) {
        printf("%s :　Out of memory on line %d\n",__FILE__,__LINE__);
        printf("Unable to create string mxArray.\n");
        return(EXIT_FAILURE); }
/* 向 MAT 文件中写数据，失败则返回 */
    status=matPutVariable(pmat,"LD",pa1);
    if (status!=0) {
        printf("%s :　Error using matPutVariable on line %d\n",&
        __FILE__,__LINE__);
        return(EXIT_FAILURE); }
    status=matPutVariableAsGlobal(pmat,"GD",pa2);
    if (status!=0) {
        printf("Error using matPutVariableAsGlobal\n");
        return(EXIT_FAILURE); }
    status=matPutVariable(pmat,"LS",pa3);
    if (status!=0) {
        printf("%s :　Error using matPutVariable on line %d\n",&
        __FILE__,__LINE__);
        return(EXIT_FAILURE); }
    /* 清除矩阵 */
    mxDestroyArray(pa1);
    mxDestroyArray(pa2);
    mxDestroyArray(pa3);
    /* 关闭 MAT 文件 */
```

```
    if (matClose(pmat)!=0) {
        printf("Error closing file %s\n",file);
        return(EXIT_FAILURE); }
    printf("Done\n");
    return(EXIT_SUCCESS);
    }
```

C 程序可以在 C 语言的集成开发环境（如 Microsoft Visual Studio 2010）中编译生成应用程序，也可以用 MATLAB 的编译器编译生成应用程序，下面分别介绍这两种方法。

（1）利用 Microsoft Visual Studio 2010 集成环境。

① 创建项目。启动 Microsoft Visual Studio 2010，选择"文件"→"新建"→"项目"命令，打开"新建项目"对话框。在左侧的模板栏中选中"Win32"选项，在中间的类型栏中选中"Win32 控制台应用程序"选项，在名称栏中输入项目名称（如 ex13_7），如图 12-6 所示。单击"确定"按钮，打开"Win32 应用程序向导"对话框，在"概述"页面中单击"下一步"按钮，再在"应用程序设置"页面的"应用程序类型"区域选中"控制台应用程序"选项，在"附加选项"区域中勾选"空项目"复选框，如图 12-7 所示。再单击"完成"按钮，创建一个空项目。

图 12-6　新建控制台应用程序

② 编译环境设置。选择"项目"→"属性"命令，打开"属性页"对话框，在左侧的属性类栏中单击"配置属性"项中的"VC++目录"选项，在展开的右侧面板中的常规栏的对应目录中分别添加以下路径，如图 12-8 所示。

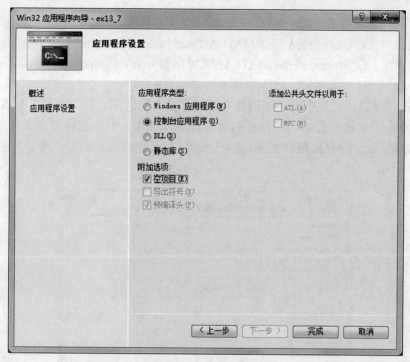

图 12-7　应用程序设置

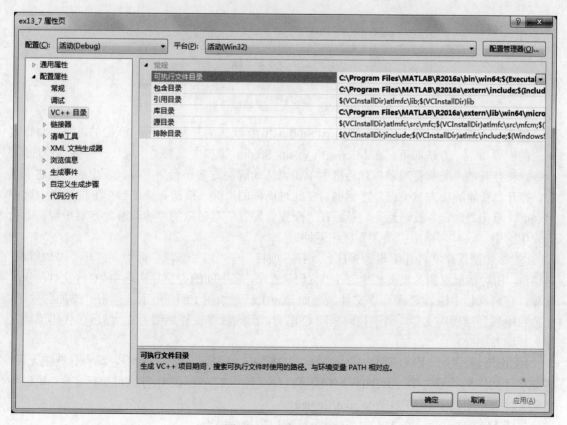

图 12-8　编译路径设置

（a）可执行文件目录：C:\Program Files\MATLAB\R2016a\bin\win64。

（b）包含目录：C:\Program Files\MATLAB\R2016a\extern\include。

（c）库目录：C:\Program Files\MATLAB\R2016a\extern\lib\win64\microsoft。

注意：MATLAB 版本不同，编译环境参数有所不同。

然后单击"配置属性"中的"链接器"下的"输入"选项，在右侧展开面板中的"附加依赖项"栏单击"编辑"按钮，在打开的对话框中添加相应的静态链接库文件：libmx.lib、libmat.lib、libeng.lib、libmex.lib，如图 12-9 所示。配置完成后，单击"确定"按钮返回主界面。

图 12-9　编译附加依赖项设置

如果 MATLAB 是 64 位的，而 Visual Studio 2010 默认的开发配置是 32 位的，就需要修改相应的配置参数，方法如下：在 Microsoft Visual Studio 窗口中选择"生成"→"配置管理器"命令，在打开的"配置管理器"对话框中单击"活动解决方案平台"下拉列表中的"新建"选项，打开"新建解决方案平台"对话框。在此对话框的"键入或选择新平台"下拉列表中选中"x64"，单击"确定"按钮返回。然后在"配置管理器"对话框的"活动解决方案平台"下拉列表中选中"x64"，单击"关闭"按钮返回。

③ 添加源程序文件并编辑源程序。选择"项目"→"添加新项"命令，打开"添加新项"对话框，在对话框左侧的模板栏中选中"代码"选项，在中间的类型栏中选中"C++文件(.cpp)"选项，在名称栏中输入 C 源程序文件名（如 mat01.c），如图 12-10 所示。单击"添加"按钮，在项目中添加源程序文件。由于代码采用 C 语言，因此程序文件后缀为 c。然后在代码编辑区输入代码并保存。

④ 编译源程序，生成应用程序。选择"生成"→"生成 ex12_6"命令，编译、链接无误，将在项目文件夹的子文件夹 Debug 下生成可执行文件 ex12_6.exe。运行该可执行文件，可以看到此文件夹下生成了 MAT 文件 c_matfile.mat。

生成 MAT 文件后，在 MATLAB 命令行窗口中执行命令：

>> load c_matfile.mat

这时可以看到在 MATLAB 工作区中增加了 3 个变量，如图 12-11 所示。

图 12-10　添加源程序文件

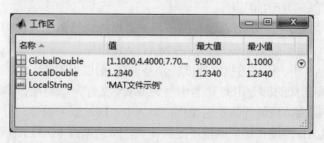

图 12-11　加载 MAT 文件后的工作区

（2）利用 MATLAB 编译器。

① 建立源程序文件。在 MATLAB 主窗口选择"主页"选项卡，单击"文件"命令组中的"新建脚本"命令按钮，在打开的 MATLAB 编辑器中输入程序。编辑完成后单击编辑器的"保存"按钮，在打开的保存对话框中的保存类型栏选择"所有文件"选项，然后在名称栏输入文件名，如 ex1206.c，单击"保存"按钮。

② 编译源程序文件。在 MATLAB 命令行窗口中输入以下命令：

>> mex -v -client engine ex1206.c

这时，在 MATLAB 当前文件夹下生成了文件 ex1206.exe。

③ 设置运行环境。在 Windows 桌面右击"计算机"图标，从快捷菜单中选择"属性"命

令，打开系统属性对话框。在对话框的左侧面板中单击"高级系统设置"链接项，打开"系统属性"对话框。在"系统属性"对话框中单击"环境变量"按钮，打开"环境变量"对话框。在"环境变量"对话框中的"系统变量"列表里找到 Path 变量，单击"编辑"按钮，在打开的"编辑系统变量"的对话框的"变量值"的编辑框中的文字末尾添加以下路径：C:\Program Files\MATLAB\R2016a\bin\win64，单击"确定"按钮返回。然后在"环境变量"对话框中的"系统变量"列表里找到 PATHEXT 变量，单击"编辑"按钮，在打开的"编辑系统变量"的对话框的"变量值"的编辑框中的文字末尾添加文件扩展名.dll，单击"确定"按钮返回。

④ 运行程序。在 Windows 下运行 ex1206.exe，当前文件夹下生成了 MAT 文件 c_matfile.mat，同样可以在 MATLAB 命令行窗口中使用 load 命令装入该文件。

12.3　MATLAB 与其他语言的接口

接口是 MATLAB 与其他语言程序相互调用各自函数的方法，MEX 文件使 MATLAB 可以直接调用或链接 C、C++等语言编写的算法函数，而 MATLAB 引擎使 C、C++等语言又可以调用 MATLAB 函数。下面以 C 语言为例，说明 MEX 文件和 MATLAB 引擎的使用方法。

12.3.1　C 语言 MEX 文件的创建

MEX（MATLAB Executable）动态链接函数接口是 MATLAB 调用其他语言程序的接口，通过 mex 命令将 C、C++等语言编写的函数编译成动态链接程序，使之成为 MATLAB 的一个扩展函数。在 Windows 系统中，MEX 文件是 DLL 格式，使用 DLL 格式可以直接访问 Windows 系统的各种资源，生成图形用户界面，还可以利用 Windows 的动态数据交换能力，与其他的 Windows 应用程序交换数据。

MEX 文件具有以下方面的应用。

（1）对于已有的 C、C++等语言编写的子程序，可以通过添加入口程序 mexFunction，由 MATLAB 进行调用，而不必重新编写相应的 MATLAB 程序。

（2）在 MATLAB 中，程序的执行速度特别是循环迭代的速度远比 C、C++语言慢，因此，可以把要求大量循环迭代的部分用 C 语言编写为 MEX 文件，以提高计算速度。

（3）对于一些需要访问硬件的底层操作，如 A/D、D/A 或中断等，可以通过 MEX 文件直接访问，克服 MATLAB 对硬件访问功能不足的缺点，从而增强 MATLAB 在数据采集、控制等方面的应用。

MEX 文件必须按照 MATLAB 所规定的格式进行编写。如果在 MEX 文件中加入 Windows 资源（如对话框、图形动态数据交换），就必须在 MEX 源程序的头部加上头文件如下：

```
#include <windows.h>
```

MEX 文件能够被 MATLAB 解释器调用执行，在用法上和 M 文件类似，但 MEX 文件优先于 M 文件执行。

1. MEX 函数

MEX 函数用于从 MATLAB 环境中获取必要的矩阵数据和相应信息。所有 MEX 函数均在 MATLAB 的子文件夹 extern\include 中的头文件 mex.h 得到声明。表 12-7 为 C 语言常用 MEX 函数及功能。

表 12-7　C 语言常用 MEX 函数及功能

MEX 函数	功能
mexAtExit	在 MEX 文件被清除或 MATLAB 终止执行时，释放内存并关闭文件
mexCallMATLAB	调用 MATLAB 内部函数或用户定义的函数、MEX 文件
mexErrMsgTxt	输出错误信息
mexEvalString	输入一个表达式命令到 MATLAB 环境中执行。如果该命令执行成功，返回值为 0，否则返回一个错误代码
mexGet	获得指定图形句柄的属性
mexGetVariable	从指定工作区获得变量
mexPrintf	输出字符串
mexPutVariable	将当前 MEX 文件的指定变量输出到指定工作区
mexSet	设置某个图形句柄的属性，参数 handle 代表了一个特定的图形句柄，property 代表句柄的某个属性，value 为设定值
mexWarnMsgTxt	发出警告信息

2. MEX 文件的建立

C 语言的 MEX 文件的源程序由如下两个部分组成。

（1）入口子程序（mexFunction）。入口子程序的作用是在 MATLAB 系统与被调用的外部子程序之间建立通信联系，定义被 MATLAB 调用的外部子程序的入口地址、MATLAB 系统和子程序传递的参数等。入口子程序的定义格式如下：

```
void mexFunction(int nlhs,mxArray *plhs[],int nrhs,const mxArray *prhs[])
{
…
}
```

函数中有 nlhs、plhs、nrhs 和 prhs 4 个参数。其中，nlhs 是输出数据的个数，plhs 是指向输出数据的指针，nrhs 是输入数据的个数，prhs 是指向输入数据的指针。普通的 C 语言程序，只要加上这种接口函数，就能通过 MATLAB 里的 MEX 命令编译成动态链接库函数，从而可以在 MATLAB 环境下编程时直接调用，与 MATLAB 内嵌的函数一样。

（2）计算子程序（Computational Routine）。计算子程序包含所有完成计算功能的程序代码，由入口子程序调用。在 MEX 文件中计算程序可以是普通的 C 语言程序，只要按照 C 语言规则编写即可。

以上两部分可以分别编写，也可合并编写，但都要包括头文件 mex.h，因为该文件包含了所有以 mex 为前缀的函数的声明，另外还要包含 MATLAB 中最基本的头文件 matrix.h。下面用一个实例说明 MEX 文件的基本结构。

例 12-7　编写求两个数的最小公倍数的 C 语言 MEX 文件。

程序如下：

```
#include <mex.h>
/* 求最小公倍数子程序 */
void com_multi(double *z,double *x,double *y)
{
```

```
        int a,b,c;
        a=*x;
        b=*y;
        c=max(a,b);
        while(c%a!=0||c%b!=0)
            c=c+1;
        *z=c;
    }
    /* 入口程序 */
    void mexFunction(int nlhs,mxArray *plhs[], int nrhs,const mxArray *prhs[])
    {
        double *x,*y,*z;
        int m,n,i;
        /* 检查参数数目是否正确 */
        if (nrhs!=2)
            mexErrMsgTxt("Two inputs required.");
        if (nlhs!=1)
            mexErrMsgTxt("One output required.");
        /* 检查输入变量是否为单个的双精度数 */
        for(i=0;i<2;i++)
        {
            m=mxGetM(prhs[i]);
            n=mxGetN(prhs[i]);
            if (!mxIsDouble(prhs[i])||mxIsComplex(prhs[i])||!(m==1&&n==1))
                mexErrMsgTxt("Input must be a noncomplex scalar double.");
        }
        /* 读入输入数据 */
        x=mxGetPr(prhs[0]);
        y=mxGetPr(prhs[1]);
        /* 准备输出空间 */
        plhs[0]=mxCreateDoubleMatrix(m,n,mxREAL);
        z=mxGetPr(plhs[0]);
        /* 计算 */
        com_multi(z,x,y);
    }
```

在 MATLAB 编辑器窗口中输入以上程序并保存到当前工作文件夹，文件名为 cmex.c。

3．MEX 文件的编译

MEX 文件的编译需要具备两个条件：一个是要求已经安装 MATLAB 应用程序接口组件及其相应的工具，另一个是要求有合适的 C 语言编译器。MEX 文件的编译使用 mex 命令，如果第一次使用，需要配置 mex 采用什么编译器。在 MATLAB 命令行窗口下输入命令：

        >> mex -setup

按提示选取一种编译器。这样在进行 MEX 文件编译操作时，系统将会自动使用默认编译器。

配置正确后，才可以进行 MEX 文件编译操作。编译上述 MEX 文件，在 MATLAB 命令行窗口输入如下命令：

```
>> mex cmex.c
```

系统使用默认编译器编译源程序，编译无误，将在当前工作文件夹下生成目标文件 cmex.mexw64。由于使用的是 64 位 Windows 系统，所以扩展名是.mexw64。

在 MATLAB 命令行窗口下输入命令并得到运行结果如下：

```
>> z=cmex(12,27)
z =
    108
```

12.3.2　MATLAB 引擎技术

MATLAB 引擎（Engine）是用于和外部程序结合使用的一组函数和程序库，在 C 语言程序中利用 MATLAB 引擎来调用 MATLAB 中的函数。MATLAB 引擎在 UNIX 系统中通过通道来和一个独立的 MATLAB 进程通信，而在 Windows 操作系统中则通过组件对象模型（COM）接口来通信。

当使用 MATLAB 引擎时，采用客户/服务器模式，相当于在后台启动了一个 MATLAB 进程。MATLAB 引擎函数库在用户程序与 MATLAB 进程之间搭起了交换数据的桥梁，完成两者的数据交换和命令的传送。

MATLAB 引擎有以下典型的功能应用。

（1）调用 MATLAB 特有的函数进行运算和处理。MATLAB 中提供了大量的库函数，通过 MATLAB 引擎，C 语言程序可以方便地实现矩阵运算、图形显示等复杂操作。

（2）利用 MATLAB 的功能特点，可以与其他语言开发集成系统，例如可以为一个特定的任务构建一个完整的系统。前端客户机可以采用通用的编程平台（如 Visual Studio C++），通过 Windows 的动态控件与服务器 MATLAB 通信，向 MATLAB 引擎传递命令和数据信息，并从 MATLAB 引擎接收数据信息。此时，MATLAB 完成较复杂的数值计算、分析和可视化任务，因此，MATLAB 引擎可以简化应用程序的开发，取得事半功倍的效果。

MATLAB 引擎几乎可利用 MATLAB 的全部功能，但是需要在计算机上安装 MATLAB 软件，并且执行效率低。

1．MATLAB 引擎函数

MATLAB 引擎是一组库函数，提供了在 C 程序中打开和关闭引擎、与 MATLAB 工作空间交互数据、调用 MATLAB 命令等函数。C 语言常用引擎函数及功能如表 12-8 所示。

表 12-8　C 语言常用引擎函数及功能

C 语言引擎函数	功能
engOpen	启动 MATLAB 引擎
engClose	关闭 MATLAB 引擎
engGetVariable	从 MATLAB 引擎中获取矩阵
engPutVariable	向 MATLAB 引擎发送矩阵
engEvalString	执行一个 MATLAB 命令

MATLAB 的 extern\include 下的头文件 engine.h 包含了所有 C 语言的 MATLAB 引擎函数的定义。

在 C 程序中使用 MATLAB 引擎还用到 MATLAB 提供的接口函数中的 mx 函数，以完成对 mxArray 对象的操作。

2．MATLAB 引擎的使用

（1）将 mxArray 转换成 MATLAB 可理解的形式。一是用函数 mxCreate 来创建矩阵，然后用 mxSetName 对其命名；二是选择将一个自定义的数据结构复制到 mxArray 中。应注意 C 语言和 MATLAB 语言中数据存储方式的差别，在 MATLAB 中矩阵是按列存储的，而 C 语言数组元素是按行存储的。

（2）将矩阵放入 MATLAB 引擎的工作区中，可以用以 engPut 开头的命令来完成。这些命令是以字符串的形式传递给函数 engEvalString 的。

下面用一个实例说明 MATLAB 引擎的使用方法。

例 12-8　创建一个矩阵，然后将其送到 MATLAB 引擎的工作区中，绘制出结果图。

程序如下：

```c
#include <stdlib.h>
#include <stdio.h>
#include <string.h>
#include <engine.h>
#define BUFSIZE 256
int main()
{
    Engine *ep; /* 定义 MATLAB 引擎变量 */
    mxArray *T=NULL,*result=NULL;
    double ti[100];
    int i;
    for(i=1;i<=100;i++) ti[i]=i/30.0;
    /* 启动 MATLAB 引擎。如果在本地启动，那么函数所带的参数字符串为空 */
    /* 如果在网络中启动，则需要提供服务器名，即 engOpen("服务器名") */
    if (!(ep=engOpen("\0"))){
        printf("不能启动 MATLAB 引擎\n");
        return EXIT_FAILURE;}
    /* 向新启动的 MATLAB 工作区放置数据 */
    T=mxCreateDoubleMatrix(1,100,mxREAL);
    memcpy((void *)mxGetPr(T),(void *)ti,sizeof(ti));
    engPutVariable(ep,"T",T);
    /* 执行 MATLAB 命令 */
    engEvalString(ep," D=exp(-T).*sin(T)");
    engEvalString(ep,"plot(T,D);");
    engEvalString(ep,"title('Position vs. Time for a falling object');");
    engEvalString(ep,"xlabel('Time(seconds)');");
    engEvalString(ep,"ylabel('Position(meters)');");
    /* 从 MATLAB 工作区获取计算结果 */
    result=engGetVariable(ep,"D");
    printf("按回车继续\n");
```

```
    fgetc(stdin);
    /* 释放内存空间，关闭引擎 */
    mxDestroyArray(T);
    engClose(ep);
    return EXIT_SUCCESS;
}
```

在 MATLAB 编辑器窗口中输入以上程序并保存到当前工作文件夹下，文件名为 engdemo.c。

3. MATLAB 引擎程序的编译

将源程序编写并存盘后，使用 mex 命令对源程序文件进行编译。用 Microsoft Visual Studio 2010 编译器编译例 12-8 程序的方法是：

```
>> mex -client engine engdemo.c
```

编译此程序后得到一个可执行文件 engdemo.exe，在 MATLAB 命令行窗口输入命令：

```
>> !engdemo
```

运行结果如图 12-12 所示。

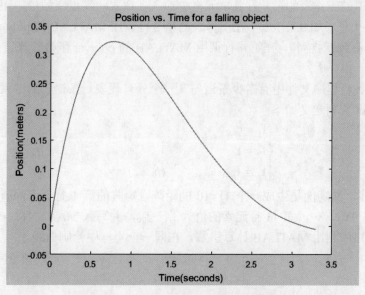

图 12-12　利用 MATLAB 引擎绘制的曲线

注意：如果使用 engOpen()函数打开 MATLAB 引擎总是失败，则需要对 MATLAB 组件进行注册。注册方法是：在 Windows 命令提示窗口下，更改 MATLAB 安装路径\bin，再运行命令 matlab/regserver，注册成功后会弹出 MATLAB 命令行窗口。

实验指导

一、实验目的

1. 掌握 MATLAB 与 Word 和 Excel 的混合使用方法。
2. 掌握 MATLAB 文件的基本操作方法。

3．掌握 MAT 文件的创建和读写方法。

4．掌握 MEX 文件和 MATLAB 计算引擎的使用方法。

二、实验内容

1．有如下程序：
```
clf;
t=0:0.1:10;
y=1-exp(-t).*cos(t);
tt=[0,10,10,0];
yy=[0.95,0.95,1.05,1.05];
fill(tt,yy,y);
hold on
plot(t,y,k);
hold off
```
在 Word 中分别采用单元和单元组执行，分析输出结果的差异。

2．在 Excel 的工作表的第一行各单元格中输入多项式的零点（如{2,-3,1+2i,1-2i,0,-6}），在第 3 行输入多个值（如 0.8,-1.2）。在工作表的第 2 行调用 MATLAB 的 poly 函数输出这个多项式的系数（从高到低排列），在第 4 行调用 MATLAB 的 polyvar 函数计算该多项式在第 3 行指定点的值。

3．统计一个 C 程序文件中有多少条语句（一个分号代表一条语句的结束）。

4．Fibonacci 数列定义如下：

$$\begin{cases} f_1 = 1 \\ f_2 = 1 \\ f_n = f_{n-1} + f_{n-2} \quad (n > 2) \end{cases}$$

编写 C 程序，其功能是生成一个 11×10 的矩阵，矩阵的第 1 行元素的值为 $f_1 \sim f_{10}$，第 2 行元素的值为 $f_2 \sim f_{11}$，…，第 11 行元素的值为 $f_{11} \sim f_{20}$，并写入 MAT 文件。

5．在 C 程序中利用 MATLAB 计算引擎，在同一个坐标中绘制曲线。

$$\begin{cases} r = 2\sin(5\theta) \\ r = 1 - 2\cos(5\theta) \end{cases}$$

思考练习

一、填空题

1．在 Word 与 MATLAB 之间进行传递的内容称为_____，由 M-Book 文档传向 MATLAB 的命令称为_____，M-Book 文档中的 MATLAB 命令的执行结果称为_____。

2．Excel 和 MATLAB 的交互操作，通过_____程序来实现。

3．MATLAB 文件操作的基本步骤是，先_____文件，再对文件进行_____，最后_____文件。

4．打开一个可读写的文本文件，其打开方式为_____。

5．对 MAT 文件进行操作的 C 程序中，一定要包含_____头文件。

6．MEX 函数在头文件_____中得到声明。

二、应用题

1．简述 M-book 文档与一般 Word 文档的区别。

2．什么叫单元？什么叫输入单元？什么叫输出单元？计算区有何作用？如何定义和执行？

3．在 MATLAB 中创建一个 100×200 的随机矩阵，然后将数据导入到 Excel 表格中，在 Excel 中调用 MATLAB 的差分函数按列进行差分运算。

4．简述文件操作的作用与基本步骤。

5．简述 MATLAB 的外部数据接口的主要实现方法。

6．设计一个 MEX 文件求 Fibonacci 数列的第 n 项，编译成库文件，在 MATLAB 环境中调用该库文件求 f_{32}/f_{30}。

附录 1　MATLAB 常用命令与函数分类索引表

MATLAB 常用命令与函数有很多，本附录未列出它们的完整格式，只列出其概要说明，目的是为读者寻求机器帮助提供线索。

1. 通用命令

类别	命令名	作用	类别	命令名	作用
管理命令和函数	addpath	添加 MATLAB 的搜索路径	管理变量和工作空间	clear	从内存中删除变量和函数
	doc	启动超文本帮助		length	求向量的长度
	help	MATLAB 函数和 M 文件在线帮助		disp	显示指定内容
	lasterr	最近一个错误信息		load	从磁盘中载入变量
	lookfor	关键词检索		pack	压缩工作空间
	path	控制 MATLAB 的搜索路径		save	把内存变量存入磁盘
	profile	运行记录		size	求矩阵的维数大小
	rmpath	删除 MATLAB 的搜索路径		who	列出工作空间中的变量名
	type	显示文件内容		whos	列出工作空间中的变量详细内容
	version	MATLAB 版本信息	控制命令窗口	clc	清除命令窗口
	what	列出当前目录上的 M 文件、MAT 文件和 MEX 文件		echo	显示 M 文件执行时是否显示命令的开关
	whatsnew	显示 MATLAB 和工具箱的 readme 文件		format	控制输出格式
	which	显示文件或函数的路径		more	命令窗口分页输出的开关
操作环境和文件管理	cd	改换当前工作目录	操作环境和文件管理	matlabroot	安装 MATLAB 的根目录
	diary	存储命令窗口中的操作内容		tempdir	列出系统的临时目录
	delete	删除文件或图形对象		tempname	列出临时文件名
	dir	列出目录		!	执行外部应用文件
	edit	编辑 M 文件	启动与退出	exit	退出 MATLAB
	fileparts	生成文件的路径、文件名和版本等部分信息		matlabrc	MATLAB 的主启动文件
				quit	退出 MATLAB
	fullfile	生成文件的路径和文件名的全称			

2. 运算符

类别	运算符	作用	类别	运算符	作用
算术运算符	+	加法	关系运算函数	eq(A,B)	等于
	-	减法		ne(A,B)	不等于
	*	矩阵乘法		lt(A,B)	小于
	.*	矩阵元素乘法		gt(A,B)	大于
	^	矩阵乘方		le(A,B)	小于等于
	.^	矩阵元素乘方		ge(A,B)	大于等于
	\	矩阵左除	逻辑运算符	&	逻辑与
	/	矩阵右除		|	逻辑或
	.\	矩阵元素左除		~	逻辑非
	./	矩阵元素右除	逻辑运算函数	and(A,B)	逻辑与
关系运算符	= =	等于		or(A,B)	逻辑或
	~ =	不等于		not(A)	逻辑非
	<	小于		xor(A,B)	逻辑异或。A 与 B 都非零或都是零时返回 0；不相同则返回 1
	>	大于			
	<=	小于等于			
	>=	大于等于			

3. 基本数学函数

类别	函数名	作用	类别	函数名	作用
三角函数	sin	正弦函数	三角函数	asech	反双曲正割函数
	sinh	双曲正弦函数		cot	余切函数
	asin	反正弦函数		coth	双曲余切函数
	asinh	反双曲正弦函数		acot	反余切函数
	cos	余弦函数		acoth	反双曲余切函数
	cosh	双曲余弦函数	其他函数	fix	向零方向取整
	acos	反余弦函数		round	四舍五入到最近的整数
	acosh	反双曲余弦函数		floor	向无穷大方向取整
	tan	正切函数		rem	求两整数相除的余数
	tanh	双曲正切函数		exp	指数函数
	atan	反正切函数		log	自然对数函数
	atanh	反双曲正切函数		log10	以 10 为底的对数函数
	sec	正割函数		sqrt	开方函数
	sech	双曲正割函数		abs	绝对值函数
	asec	反正割函数			

4. 测试函数

函数名	作用
isempty(A)	若参量 A 为空，返回 1；否则，返回 0
isglobal(A)	若参量 A 为全局变量，返回 1；否则，返回 0
ishold	当前绘图状态保持是 ON，返回 1；否则，返回 0
isieee	计算机执行 IEEE 运算，返回 1；否则，返回 0
isinf(A)	若参量 A 无穷大，返回 1；否则，返回 0
isletter(A)	若参量 A 为字母，返回 1；否则，返回 0
isnan(A)	若参量 A 为不定值，返回 1；否则，返回 0
isreal(A)	若参量 A 无虚部，返回 1；否则，返回 0
isspace(A)	若参量 A 为空格字符，返回 1；否则，返回 0
isstr(A)或 ischar(A)	若参量 A 为一个字符串，返回 1；否则，返回 0
isunix(A)	若计算机为 UNIX 系统，返回 1；否则，返回 0
isvms(A)	若计算机为 VMS 系统，返回 1；否则，返回 0
any(A)	向量 A 中有非零元素时返回 1；矩阵 A 中某一列有非零元素时，此列返回 1
all(A)	向量 A 中所有元素非零时返回 1；矩阵 A 中某一列所有元素非零时，此列返回 1

5. 特殊变量名

变量名	变量含义	变量名	变量含义
ans	MATLAB 中默认变量	i, j	复数中的虚数单位
pi	圆周率	nargin	所用函数的输入变量数目
eps	计算机中的最小数	nargout	所用函数的输出变量数目
inf	无穷大，如 1/0	realmin	最小可用正实数
NaN	不定值，如 0/0，∞/∞，$0*\infty$	realmax	最大可用正实数

6. 矩阵函数

类别	函数名	说明
常用矩阵函数	cond	矩阵的条件数值
	condest	1-范数矩阵条件数值
	cross	矩阵的叉积
	det	矩阵的行列式值
	dot	矩阵的点积
	eig	矩阵的特征值
	eigs	矩阵的特征值
	inv	矩阵的逆
	norm	矩阵的范数值

类别	函数名	说明
常用矩阵函数	normest	矩阵的 2-范数值
	rank	矩阵的秩
	orth	矩阵的正交化运算
	rcond	矩阵的逆条件数值
	trace	矩阵的迹
	triu	上三角变换
	tril	下三角变换
	diag	对角变换
	exmp	矩阵的指数运算
	exmp1	Pade 法进行矩阵的指数运算
	exmp2	Taylor 级数进行矩阵的指数运算
	logm	矩阵的对数运算
	sqrtm	矩阵的开方运算
	cdf2rdf	复数对角形矩阵转换成实数块对角形矩阵
	rref	转换成逐行递减的阶梯矩阵
	rsf2csf	实数块对角形矩阵转换成复数对角形矩阵
	rot90	矩阵逆时针方向旋转
	fliplr	左、右翻转矩阵
	flipud	上、下翻转矩阵
	reshape	改变矩阵的维数
	funm	一般的矩阵函数
矩阵分解函数	chol	矩阵的 Cholesky 分解
	eig	矩阵的特征值分解
	hess	矩阵的 Hessenberg 分解
	lu	矩阵的 LU 分解
	null	奇异值分解求得的矩阵的零空间的标准正交基
	qr	矩阵的 QR 分解
	qz	矩阵广义特征值的 QZ 分解
	schur	矩阵的 Schur 分解
	svd	矩阵的奇异值分解
	svds	矩阵的奇异值分解

7. 稀疏矩阵函数

函数名	作用	函数名	作用
sparse	最常用的稀疏矩阵生成函数	spones	用 1 代替非零元素
spdiags	以对角带生成稀疏矩阵	sprank	稀疏矩阵的秩
spconvert	由外部数据输入生成稀疏矩阵	spy	显示稀疏矩阵的结构图

续表

函数名	作用	函数名	作用
find	求出非零元素在稀疏矩阵中的索引	issparse	判断是否是稀疏矩阵
speye	生成稀疏单位矩阵	colmmd	列最小度
sprand	生成稀疏的均匀分布随机矩阵	colperm	按列排列向量
sprandn	生成稀疏的正态分布随机矩阵	dmperm	矩阵的 Dulmage-Mendelsohn 分解
sprandsym	生成稀疏的对称随机矩阵	randperm	随机排列向量
full	把稀疏矩阵转化为满矩阵	symmmd	最小对称度
nnz	稀疏矩阵非零元素的个数	gplot	按图论画图
nonzeros	稀疏矩阵非零元素的值	etree	给出矩阵的消元树
nzmax	存放非零元素所需的内存	etreeplot	画消元树图
spalloc	为非零元素分配内存空间	treeplot	画结构树图
spfun	求非零元素的函数值		

8. 特殊矩阵

函数名	作用	函数名	作用
[]	空矩阵	randn	正态分布的随机矩阵
zeros	零矩阵	compan	伴随矩阵
ones	1 矩阵	magic	魔方矩阵
eye	单位矩阵	hilb	Hibert 矩阵
rand	均匀分布的随机矩阵	invhilb	逆 Hibert 矩阵

9. 多项式运算

函数名	作用	函数名	作用
conv	多项式乘法	polyval	多项式求值
deconv	多项式除法	polyvalm	多项式求值
poly	用根生成多项式	ppval	分段多项式求值
polyder	多项式导数	residue	部分分式展开
polyfit	多项式拟合	roots	多项式求根

10. 数据分析

类别	函数名	作用
通用的数据分析函数	max	求最大元素
	min	求最小元素
	mean	求元素平均值或列元素的平均值
	median	求列元素的中值
	std	求元素标准差

续表

类别	函数名	作用
通用的数据分析函数	sum	求各列元素的和
	prod	求列元素的积
	hist	直方图
	trapz	梯形法求数值积分
	quad	Simpson 法数值积分
	quad8	Cotes 法数值积分
	cumprod	求列元素的累计积
	cumsum	求列元素的累计和
	cumtrapz	梯形法求累积数值积分
	sort	按升序对元素进行排序
	sortrows	按升序排列矩阵各行
有限差分函数	dff	求差分和近似导数
	gradient	求近似梯度
	del2	求离散 Laplace 算子
相关关系函数	corrcoef	求相关系数
	cov	求协方差矩阵
	subspace	求两个子空间之间的夹角

11. 傅里叶变换函数

函数名	作用	函数名	作用
filter	一维离散时间滤波器	ifft2	二维逆快速傅里叶变换
filter2	二维离散时间滤波器	abs	模
conv	卷积	angle	相角
conv2	二维卷积	unwrap	清除相角突变
fft	快速傅里叶变换	fftshift	平移零点到频率中心
fft2	二维快速傅里叶变换	cplxpair	把数字分类为复共轭对
ifft	逆快速傅里叶变换	nexttpow2	最靠近 2 的次幂

12. 符号工具箱函数

类别	函数名	作用
符号表达式运算	sym	建立符号表达式
	syms	建立符号表达式
	numden	提取分子与分母
	symadd	符号加法

类别	函数名	作用
符号表达式运算	symsub	符号减法
	symmul	符号乘法
	symdiv	符号除法
	sympow	符号表达式的幂运算
	symop	符号运算
	compose	符号表达式的复合函数运算
	finverse	符号表达式的反函数运算
	symsum	求表达式的符号和
	symvar	求符号变量
	numeric	符号表达式转换为数值表达式
	eval	符号表达式转换为数值表达式
	sym	数值表达式转换为符号表达式
	poly2sym	将等价系数向量转换成它的符号多项式
	sym2poly	将符号多项式转换成它的等价系数向量
	charpoly	特征多项式
符号可变精度运算	digits	设置可变精度
	vpa	可变精度计算
符号表达式的化简	pretty	显示方便查看的符号表达式
	collect	合并符号表达式的同类项
	horner	把一般的符号表达式转换成嵌套形式的符号表达式
	factor	对符号表达式进行因式分解
	expand	对符号表达式进行展开
	simple	对符号表达式进行化简
	simplify	求解符号表达式的最简形式
符号矩阵的运算	transpose	符号矩阵的转置
	determ	符号矩阵的行列式运算
	det	符号矩阵的行列式运算
	inv	符号矩阵求逆运算
	rank	符号矩阵求秩运算
	eig	求符号矩阵的特征值、特征向量
	eigensys	求符号矩阵的特征值、特征向量
	svd	符号矩阵的奇异值运算
	singvals	符号矩阵的奇异值运算
	jordan	符号矩阵的约当标准型运算

续表

类别	函数名	作用
符号微积分	limit	符号极限
	diff	符号微分
	int	符号积分
	taylor	泰勒级数展开
符号画图	ezplot	符号函数画图
	fplot	符号函数画图
符号方程求解	solve	代数方程求解
	linsolve	齐次线性方程组的求解
	fsolve	非线性方程组的求解
	dsolve	微分方程的求解

13. 文件操作

函数名	作用	函数名	作用
fclose	关闭文件	frewind	将打开的文件的指针反绕
feof	检查是否到文件尾	fscanf	从文件中读格式化数据
ferror	查询文件 I/O 的出错信息	fseek	设置文件指针的位置
fgetl	从文件中读一行，并忽略回车符	ftell	获取文件指针的位置
fgets	从文件中读一行，并包括回车符	fwrite	向一个文件中写入二进制数据
fopen	打开文件	sprintf	把格式化数据写入字符串
fprintf	把格式化数据写到文件中	sscanf	从格式化字符串中读入数据
fread	从文件中读二进制数据		

14. 程序设计与文件调试

类别	函数名	作用
程序设计标识函数	script	命令式 M 文件
	function	函数式 M 文件
	eval	执行字符串
	feval	执行字符串定义的函数
	global	定义全局变量
程序结构控制流	for	预定的次数重复执行的循环语句
	end	与 for,while,if,switch 语句匹配的结束标志语句
	while	不确定次数的循环语句
	if	条件执行语句
	elseif	与 if 匹配使用
	else	与 if 匹配使用

类别	函数名	作用
程序结构控制流	switch	分支选择语句
	case	与 switch 匹配使用
	otherwise	与 switch 匹配使用
	continue	结束本次循环，判断是否执行下一次循环
	break	终止本次循环，跳出最内层的循环
	return	返回调用函数
	echo	显示执行的 M 文件的每条命令
	error	出错信息显示
	try	对异常进行处理
	catch	与 try 匹配使用
交互式输入	input	提示用户输入
	keyboard	通过键盘输入数据
	pause	等候用户响应
调试命令	dbclear	取消断点
	dbcont	断点后重新运行
	dbdown	工作空间下移
	dbquit	退出调试模式
	dbstack	列表显示堆栈调用
	dbstatus	列表显示所有的断点
	dbstep	执行一行或多行
	dbstop	设置断点
	dbtype	列表显示带行号的 M 文件
	dbup	工作空间上移

15. 字符串函数

函数名	作用	函数名	作用
isstr	判断是否是字符	abs	把字符串变成 ASCII 码值
blanks	空格符	setstr	把 ASCII 码值变成字符串
deblank	删除空格符	num2str	把数字变成字符串
eval	执行字符串	str2num	把字符串变成数字
isletter	确定字符串中的字符是否为字母	str2mat	把字符串变成文本矩形
strcmp	字符串比较	hex2num	把十六进制字符串变成 IEEE 浮点数
findstr	在其他字符串中寻找字符串	hex2dec	把十六进制字符串变成十进制数
strrep	用一个字符串代替另一个字符串	dec2hex	把十进制数变成十六进制字符串
upper	把字符串中的字符变成大写形式	sprintf	把带格式的数字变成字符串
lower	把字符串中的字符变成小写形式	sscanf	把字符串变成带格式的数字

16. 二维图形函数

类别	函数名	作用
基本二维绘图函数	plot	二维线形图
	loglog	双对数坐标图
	semilogx	单对数坐标图，x 轴为对数坐标，y 轴为线性坐标
	semilogy	单对数坐标图，y 轴为对数坐标，x 轴为线性坐标
	polar	极坐标图
	plotyy	双(y)轴图
坐标轴控制函数	axis	控制坐标轴比例和外观
	zoom	放大或缩小
	grid	网格显示控制
	box	坐标轴外框显示
	hold	控制是否保持当前图形
	axes	在指定位置创建坐标轴
	subplot	创建子图图区
图形标注函数	plotedit	编辑和标注图形工具
	legend	图形图例
	title	图形标题
	xlabel	x 轴标签
	ylabel	y 轴标签
	textlabel	文本标签
	text	文本注释
	gtext	用鼠标放置文本
硬拷贝和打印函数	print	打印图形或仿真系统，或保存图形到 M 文件
	printopt	打印机默认设置
	orient	设置纸张方向

17. 三维图形函数

类别	函数名	作用
基本三维图形函数	plot3	三维线形图
	mesh	网格图
	surf	表面图
	fill3	填充的三维多边形
颜色控制函数	colormap	颜色查看表
	caxis	颜色按坐标轴比例设置
	shading	颜色阴影模式

类别	函数名	作用
颜色控制函数	hidden	网格隐藏
	brighten	加亮或变暗色图
	colordef	颜色默认设置
	graymon	灰度监视器图形默认设置
光照控制函数	surfl	给三维阴影表面添加光照
	lighting	光照模式
	material	材料反射模式
	specular	特殊反射
	diffuse	漫反射
	surfnorm	表面法向
相机控制函数	campos	相机位置
	camtarget	相机目标
	camva	相机视角
	camup	相机抬升向量
	camproj	相机投影
透明控制函数	alpha	透明模式
	alphamap	透明查看表
	alim	透明比例
高水平相机控制函数	camlight	创建和设置光线的位置
	lightangle	光线的极坐标位置
视点控制函数	view	指定三维图的视点
	viewmtx	查看转换矩阵
	rotate3d	交互旋转三维图

18. 特殊图形函数

类别	函数名	作用
特殊二维图形函数	area	面积图
	bar	二维条形图
	barh	二维水平条形图
	comet	彗星图
	errorbar	误差条图
	ezplot	简易函数绘图器
	ezpolar	简易极坐标绘图器
	feather	羽列图

类别	函数名	作用
特殊二维图形函数	fill	填充的二维多边形
	fplot	函数图形
	hist	直方图
	pareto	帕累托图
	pie	饼图
	plotmatrix	散点图矩阵
	scatter	散点图
	stem	火柴杆图
	stairs	阶梯图
等值线图函数	contour	等值线图
	contourf	填充的等值线图
	contour3	三维等值线图
	clabel	给等值线图添加标签
	ezcontour	简易等值线图生成器
	ezcontourf	简易填充等值线图生成器
特殊三维图函数	bar3	三维条形图
	bar3h	三维水平条形图
	comet3	三维彗星图
	ezgraph3	简易一般表面绘图器
	ezmesh	简易三维网格绘图器
	ezmeshc	简易三维网格图叠加等值线图生成器
	ezplot3	简易三维参数曲线绘图器
	ezsurf	简易曲面绘图器
	ezsurfc	简易三维曲面叠加等值线图绘图器
	meshc	网格图叠加等值线图
	meshz	窗帘图
	pie3	三维饼图
	ribbon	带形图
	scatter3	三维散点图
	stem3	三维火柴杆图
	surfc	曲面图叠加等值线图
	trisurf	三角形表面图
	trimesh	三角形网格图
	waterfall	瀑布图

续表

类别	函数名	作用
体积和向量可视化函数	vissuite	可视组合
	isosurface	等表面提取器
	isonormals	等表面法向
	isocaps	等表面终端帽盖
	isocolors	等表面和阴影颜色
	contourslice	切片面板中的等值线
	slice	体积切片图
	streamline	二维、三维向量数据的流线图
	stream3	三维流线图
	stream2	二维流线图
	quiver3	三维矢量图
	quiver	矢量图
	divergence	向量场的差异
	curl	向量场的卷曲和角速度
	coneplot	三维流锥图
	streamtube	三维流管图
	streamribbon	流带图
	streamslice	切片面板中叠加流线图
	streamparticles	流沙图
	interpstreamspeed	内插源于速度的流线顶点
	reducevolume	减少体积数据
	volumebounds	为体积数据返回 x,y,z 和颜色限制
	smooths	平滑三维数据
	reducepatch	减少阴影表面的个数
	shrinkfaces	减少阴影表面的大小
图形显示和文件 I/O 函数	image	显示图片
	imagesc	数据比例化并图形显示
	colormap	颜色查看表
	gray	线性灰度色图
	contrast	灰度色图，用于改进图片的对比度
	brighten	加亮或变暗色图
	colorbar	显示色图
	imread	从图形文件中读取图片
	imwrite	从图形文件中写图片
	imfinfo	图形文件的信息

类别	函数名	作用
动画和快照函数	capture	抓取当前图形
	moviein	初始化动画框内存
	getframe	获取动画框
	movie	演示记录的动画框
	rotate	旋转指定了原点和方向的对象
	frame2im	将动画框转换为索引图片
	im2frame	将索引图片转换为动画框
与颜色相关的函数	spinmap	旋转色图
	rgbplot	绘色图
	colstyle	用字符串说明颜色和风格
	ind2rgb	将索引图片转换为 RGB 图片
实体模型函数	cylinder	创建柱体
	sphere	创建球体
	ellipsoid	创建椭球体
	patch	创建阴影
	surf2patch	将表面数据转换为阴影数据

19. 图形窗口的创建和控制

函数名	作用	函数名	作用
figure	创建图形窗口	close	关闭图形
gcf	获取当前图形的句柄	refresh	刷新图形
clf	清除当前图形	openfig	打开已保存图形的新拷贝或显示已存在的拷贝
shg	显示图形窗口		

20. 插值与拟合

函数名	作用	函数名	作用
interp1	一维线性插值	spline	三次样条插值
interp2	二维线性插值	polyfit	最小二乘法拟合
interp3	三维线性插值	interft	快速 Fourier 变换得到一维插值
interpn	多数线性插值		

21. 非线性数值解法

函数名	作用	函数名	作用
ode23	二三阶 Runge-Kutta 求解常微分方程	fmin	求一元函数的极小值
ode23p	二三阶 Runge-Kutta 求解常微分方程并画出结果图	fmins	求多元函数的极小值
ode45	四五阶 Runge-Kutta 求解常微分方程	fzero	求一元函数的零点值

22. GUI 图形函数

函数名	作用	函数名	作用
set	设置对象属性	patch	创建区域块对象
get	获取对象属性	surface	创建曲面对象
reset	把对象属性重设为默认值	image	创建图像对象
delete	删除对象	uimenu	创建下拉式菜单对象
gcf	获取当前图形对象的句柄	uicontextmenu	创建内容式菜单对象
gca	获取当前图形窗口内当前坐标轴的句柄	uicontrol	创建控件对象
gco	获取当前图形窗口内当前对象的句柄	dialog	创建对话框
gcbo	获取当前回调对象的句柄	uigetfile	创建文件打开对话框
gcbf	获取当前回调图形的句柄	uiputfile	创建文件保存对话框
findobj	获取指定的属性值的对象的句柄	uisetcolor	创建颜色设置对话框
drawnow	绘图	uisetfont	创建字体设置对话框
copyobj	图形对象拷贝	pagesetupdlg	创建打印页面设置对话框
isappdata	核对应用程序定义的数据是否存在	pagedlg	创建打印页面设置对话框
getappdata	获取应用程序定义的数据的值	printpreview	创建打印预览对话框
setappdata	设置应用程序定义的数据的值	printdlg	创建打印对话框
rmappdata	删除应用程序定义的数据	helpdlg	创建帮助对话框
figure	创建图形对象	errordlg	创建出错信息显示对话框
axes	创建坐标轴对象	msgbox	创建信息提示对话框
line	创建曲线对象	questdlg	创建问题显示对话框
rectangle	创建方框对象	warndlg	创建警告信息显示对话框
light	创建光源对象	inputdlg	创建变量输入对话框
text	创建文本对象	listdlg	创建列表选择对话框

附录 2　MATLAB 常用的 LaTeX 字符

标识符	符号	标识符	符号	标识符	符号
\alpha	α	\upsilon	υ	\sim	~
\beta	β	\phi	φ	\leq	≤
\gamma	γ	\chi	χ	\infty	∞
\delta	δ	\psi	ψ	\clubsuit	♣
\epsilon	ε	\omega	ω	\diamondsuit	♦
\zeta	ζ	\Gamma	Γ	\heartsuit	♥
\eta	η	\Delta	Δ	\spadesuit	♠
\theta	θ	\Theta	Θ	\leftrightarrow	↔
\vartheta	ϑ	\Lambda	Λ	\leftarrow	←
\iota	ι	\Xi	Ξ	\uparrow	↑
\kappa	κ	\Pi	Π	\rightarrow	→
\lambda	λ	\Sigma	Σ	\downarrow	↓
\mu	μ	\Upsilon	Υ	\circ	○
\nu	ν	\Phi	Φ	\pm	±
\xi	ξ	\Psi	Ψ	\geq	≥
\pi	π	\Omega	Ω	\propto	∝
\rho	ρ	\forall	∀	\partial	∂
\sigma	σ	\exists	∃	\bullet	●
\varsigma	ς	\ni	∋	\div	÷
\tau	τ	\cong	≅	\neq	≠
\equiv	≡	\approx	≈	\aleph	ℵ
\Im	ℑ	\Re	ℜ	\wp	℘
\otimes	⊗	\oplus	⊕	\oslash	∅
\cap	∩	\cup	∪	\supseteq	⊇
\supset	⊃	\subseteq	⊆	\subset	⊂
\int	∫	\in	∈	\o	▯
\rfloor	⌋	\lceil	⌈	\nabla	∇
\lfloor	⌊	\cdot	.	\ldots	…
\perp	⊥	\neg	¬	\prime	′
\wedge	∧	\times	×	\0	Ø
\rceil	⌉	\surd	√	\mid	|
\vee	∨	\varpi	ϖ	\copyright	©
\langle	⟨	\rangle	⟩		

主要参考文献

[1] 刘卫国. MATLAB 程序设计教程[M]. 2 版. 北京：中国水利水电出版社，2010.

[2] 刘卫国. MATLAB 程序设计与应用[M]. 2 版. 北京：高等教育出版社，2006.

[3] 刘浩，韩晶. MATLAB R2014a 完全自学一本通[M]. 北京：电子工业出版社，2015.

[4] MOLER C B. MATLAB 数值计算[M]. 2013 修订版. 张志涌等编译. 北京：北京航空航天大学出版社，2015.

[5] MOORE H. MATLAB for Engineers[M]. 3rd ed. New Jersey: Prentice Hall, 2012.

[6] PRATAP R. Getting Started with MATLAB: A Quick Introduction for Scientists and Engineers[M]. New York: Oxford University Press, 2009.

[7] BIRAN A, BREINER M. MATLAB 6 for Engineers[M]. New York: Prentice Hall, 2002.

[8] ETTER D M, KUNCICKY D C, HULL D. Introduction to MATLAB 6[M]. New Jersey: Prentice Hall, 2002.

[9] http://cn.mathworks.com/products/new_products/latest_features.html.

[10] 郑洲顺. 科学计算与数学建模[M]. 上海：复旦大学出版社，2011.